全国高职高专教育土建类专业教学指导委员会规划推荐教材

综合布线技术与通信网络

（建筑智能化工程技术专业适用）

董　娟　主编
黄　河　主审

中国建筑工业出版社

图书在版编目（CIP）数据

综合布线技术与通信网络/董娟主编.—北京：中国建筑工业
出版社，2018.6
全国高职高专教育土建类专业教学指导委员会规划推荐教材
ISBN 978-7-112-22103-5

Ⅰ.①综…　Ⅱ.①董…　Ⅲ.①计算机网络-布线-高等职业
教育-教材②通信网-高等职业教育-教材　Ⅳ.①TP393.03
②TN915

中国版本图书馆 CIP 数据核字（2018）第 078213 号

　　本书是高职高专建筑智能化工程技术专业系列教材之一。全书共分为五部分，内容包括认识综合布线系统、综合布线系统设计、综合布线系统施工、综合布线工程测试技术、计算机网络与设备调试。本书密切结合工程实际和职业能力需求，严格按照现行规范和标准要求编写，内容结构合理，注重实际应用，并搭载 MOOC 全媒体资源使内容呈现更多元化，方便读者学习。

　　本书可作为高职高专建筑智能化工程技术专业、建筑电气工程技术专业以及相关专业的教材。

责任编辑：朱首明　李　慧
责任校对：刘梦然

全国高职高专教育土建类专业教学指导委员会规划推荐教材

综合布线技术与通信网络

（建筑智能化工程技术专业适用）

董　娟　主编
黄　河　主审

*

中国建筑工业出版社出版、发行（北京海淀三里河路 9 号）
各地新华书店、建筑书店经销
北京红光制版公司制版
北京圣夫亚美印刷有限公司印刷

*

开本：787×1092 毫米　1/16　印张：15½　字数：385 千字
2018 年 6 月第一版　　2018 年 6 月第一次印刷
定价：**42.00** 元
ISBN 978-7-112-22103-5
（31991）

建筑设备类教材编审委员会名单

主　任：符里刚

副主任：吴光林　张小明　柴虹亮

委　员：（按姓氏笔画排序）

王　丽　王昌辉　王建玉　朱　繁

汤万龙　杨　婉　吴晓辉　余增元

张　炯　张汉军　张燕文　陈光荣

金湖庭　高绍远　黄奕沄　彭红圃

董　娟　蒋　英　韩应江　翟　艳

颜凌云

建筑设备类专业 MOOC 全媒体教材开发评审委员会名单

主　任：符里刚

副主任：张　炯　朱首明　张小明　王　晖

委　员：汤万龙　黄　河　王建玉　孙　毅

黄奕沄　孙景芝　张彦礼　董　娟

杨　婉　谢社初　张　健

前　言

综合布线技术与通信网络是建筑智能化工程技术专业的主干专业课程之一，也是建筑设备、建筑电气计算机网络及网络通信等相关专业的必修课程。

综合布线工程是现代建筑弱电工程中非常重要的一个组成部分，虽然目前市场上，无线局域网设备的使用已经非常广泛，但有线系统仍然具有无线局域网难以企及的优势，如带宽高、速度快、抗干扰性强、保密性好等。计算机网络组建工程是建立在一个建筑物、一个建筑园区的综合布线系统之上的网络数据连接的实施过程，包含了网络接入、IP设定、网络安全防护、网络维护等内容。

本书是在作者多年的教学、应用工作实践经验的基础上编写而成的，并参照工程市场上对职业技术人才的需求，将综合布线的设计、施工、监理、维护及施工完成后的网络组建等内容合理地结合到了一起，突出项目设计和实训操作，同时列举了大量的工程实例，是供了大量的设计图纸和工程经验。层次清晰，图文并茂，操作实用性强。以培养学生的复合型知识和能力，注重培养具有懂施工、会设计、精管理三方面综合素质的人才。根据综合布线系统施工和设计的实际实施过程，将整个综合布线系统工程技术分为5个模块13个子项目。主要包括：综合布线系统的认知，布线线缆及相关部件的选择，布线系统识图、设计、施工、测试与验收，通信网络概述，局域网组建，路由器及服务器的配置等。

为顺应互联网时代线下与线上学习相融合的教育变革趋势，本书充分利用互联网和图像识别技术，由深圳市松大科技有限公司制作成MOOC全媒体课程资源库，教材中的知识点、技能点通过Flash、3D模型、3D仿真、视频等形式展示，每章节都有习题和案例题库供读者复习巩固使用。上述资源都在书中相应位置设有二维码，读者可以通过扫描封底二维码下载松大MOOC APP，打开软件扫码功能，在书中附有二维码的地方进行扫描识别，实现随时随地的轻松学习。

本书由黑龙江建筑职业技术学院董娟担任主编，王瑞、李明君、翟燕担任副主编，李慧慧、杨喜林、孙希彬参与编写。具体分工如下：项目1、2、3、4由董娟编写，项目6、7由李明君编写，项目8由李慧慧编写，项目5、9、10由杨喜林编写，项目11、12、13由王瑞编写，翟燕负责统稿工作。

由于编者水平有限，书中难免存在不足之处，敬请读者批评指正。

MOOC 全媒体教材使用说明

MOOC 全媒体教材，以全媒体资源库为载体，平台应用服务为依托，通过移动 APP 端扫描二维码和 AR 图形的方式，连接云端的全媒体资源、方便有效地辅助师生课前、课中和课后的教学过程，真正实现助教、助学、助练、助考的理念。

在应用平台上，教师可以根据教学实际需求，通过云课堂灵活检索、查看、调用全媒体资源，对系统提供的 PPT 课件进行个性化修改，或重新自由编排课堂内容，轻松高效的备课，并可以在离线方式下在课堂播放；还可以在课前或课后将 PPT 课件推送到学生的手机上，方便学生预习或复习。学生也可通过全媒体教材扫码方式在手机、平板等多终端获取各类多媒体资源、MOOC 教学视频、云题与案例，实现随时随地直观的学习。

教材内页的二维码中，有多媒体资源的属性标识。其中

- ⓘ 为 MOOC 教学视频
- ⓕ 为平面动画
- ⓘ 为知识点视频
- ③Ⓓ 为三维
- Ⓣ 为云题
- ⓔ 为案例

扫教材封面上的"课程简介"二维码，可视频了解课程整体内容。通过"多媒体知识点目录"可以快速检索本教材内多媒体知识点所在位置。扫描内页二维码可以观看相关知识点多媒体资源。

本教材配套的作业系统、教学 PPT（不含资源）等为全免费应用内容。在教材中单线黑框的二维码为免费资源，双线黑框二维码为收费资源，请读者知悉。

本教材的 MOOC 全媒体资源库及应用平台，由深圳市松大科技有限公司开发，并由松大 MOOC 学院出品，相关应用帮助视频请扫描本页中的"教材使用帮助"二维码。

在教材使用前，请扫描封底的"松大 MOOC APP"下载码，安装松大 MOOC APP。

目　录

综合布线系统是智能建筑中必不可少的组成部分，它为智能建筑的各应用系统提供了可靠的传输通道，使智能建筑内各应用系统可以集中管理。综合布线的设计与实施是一项系统工程，它是建筑、通信、计算机和监控等方面的先进技术相互融合的产物。要掌握综合布线技术，关键是掌握综合布线的设计要点及相关技术施工规范，积累一定的综合布线工程施工经验和设计经验。

01.00.001

MOOC教学视频

模块一　认识综合布线系统

项目 1　综合布线系统简介

【学习目标】

1. 了解智能建筑的概念及相关知识。

2. 能初步认识综合布线系统的标准和发展趋势。

3. 能概括综合布线系统的概念、特点和组成。

【学习任务】

本项目的学习任务是通过参观一个智能建筑的综合布线系统工程，初步了解系统的功能、结构、原理和组成。

【任务实施】

通过对整个校园网络综合布线系统的情况进行介绍，使学生从实际的综合布线环境中理解综合布线系统的基本组成。参观结束后，请学生分组讨论、思考并回答以下的问题：

（1）智能建筑的综合布线系统包含哪些部分？

（2）计算机网络中心在什么位置？网络中使用了哪些网络设备？

（3）电话系统与计算机网络系统的缆线是共用的吗？

（4）综合布线系统中使用了哪些传输介质、连接器件和布线器件？缆线是怎样布放的？是暗埋还是明敷？分析各种产品在综合布线系统中的作用。

（5）办公室是如何上网的？

（6）弱电井里有哪些布线设备？

（7）调查采用综合布线系统的网络的实际工程结构，画出相应的综合布线系统构成图。

【知识链接】

1.1　智能建筑的概述及组成

1. 智能建筑的兴起

在 20 世纪 50 年代，经济发达的国家在城市中兴建新式大型高层建筑，为了加强和提高建筑物的使用功能和服务水平，首先提出了楼宇自动化的需求，在建筑物内安装了各种仪表、控制装置和信号显示设备，实现大楼的集中控制、监视，以便于运行操作和维护管理。20世纪80年代以来，随着科学技术的不断发展，大型建筑的服务功能不断增加，尤其计算机、通信、控制技术及图形显示技术的相互融合和发展，使得大厦的智能化程度越来越强，满足了现代化办公的多方面需求。1984年1月，由美国联合技术公司（UTC）在美国康涅狄格州哈特福德市，将一座金融大厦进行改建，改建后的大厦称为都市大厦。这幢大厦内添置了计算机、数字程控交换机等先进的办公设备以及高速通信等基础设施。大楼的客户不必购置设备便可获得语音通信、文字处理、电子邮件收发、情报资料检索等服务。

此外，大楼内的给水排水、消防、保安、供配电、照明、交通等系统均由计算机控制，实现了自动化综合管理，使用户感到更加舒适、方便和安全，这引起了人们对智能大厦的关注。"智能大厦"这一名词从此出现。随后，智能大厦在欧美、日本等世界各国蓬勃发展，先后出现了一批智能化程度不同的智能大厦。美国自20世纪90年代以来新建和改建的办公大楼约有70％为智能化大厦，日本则制定了从智能设备、智能家庭、智能建筑到智能城市的发展计划，计划在21世纪末将65％的建筑智能化。新加坡政府也拨巨资进行了专项研究，准备把新加坡建设成为"智能城市花园"。

20世纪80年代后期，智能大厦的概念开始引入国内。随着改革开放的深入，国民经济持续发展，综合国力不断地增强，人们对工作和生活环境的要求也不断提高，一个安全、高效和舒适的工作和生活环境已成为人们的迫切需要。这一时期智能大厦主要是一些涉外的酒店和特殊需要的工业建筑，采用的技术和设备主要是从国外引进的。虽然普及程度不高，但是人们的热情是高涨的，得到设计单位、产品供应商以及业内专家的积极响应，可以说他们是智能大厦的第一推动力。

2. 智能建筑的概念

在2015年11月起实施的国家标准《智能建筑设计标准》GB/T 50314—2015中对智能建筑（Intelligent Building，IB）作了如下定义：以建筑物为平台，基于对各类智能化信息的综合应用，集架构、系统、应用、管理及优化组合为一体，具有感知、传输、记忆、推理、判断和决策的综合智慧能力，形成以人、建筑、环境互为协调的整合体，为人们提供安全、高效、便利及可持续发展功能环境的建筑。

3. 智能建筑的构成

根据国家标准《智能建筑设计标准》GB/T 50314—2015，从设计的角度出发，智能建筑的智能化系统工程设计应由信息化应用系统、智能化集成系统、信息设施系统、建筑设备管理系统、公共安全系统、应急响应系统、机房工程等设计要素构成。以建筑物的应用需求为依据，通过对智能化系统工程的设施、业务及管理等应用功能作层次化结构规划，从而构成由若干智能化设施组合而成的架构形式。

智能建筑是信息时代的必然产物，是建筑业和电子信息业共同谋求发展的方向，现代计算机技术、现代控制技术、现代通信技术、现代图形显示技术（简称4C技术）密切结合的结晶。它将计算机（Computer）、通信（Communication）、图形显示（CRT）、控制（Control）技术和建筑等各方面的先进技术相互融合，集成为最优化的整体。它是指在建筑物内建立一个以计算机综合网络为主体的系统，使建筑物实现智能化的信息管理控制，并结合现代化的服务和管理方式，给人们提供一个安全和舒适的生活、学习、工作的环境空间。20世纪90年代，在房地产开发热潮中，房地产开发商发现了智能建筑这个"标签"的商业价值，为开发方建筑冠以"智能大厦"、"3A 建筑"、"5A 建筑"，甚至"7A 建筑"等名词。智能建筑的基本功能主要由三大部分构成，即建筑自动化或楼宇自动化（Building Automation，BA）、通信自动化（Communication Automation，CA）和办公自动化（Office Automation，OA），这就是上述的"3A"。某些房地产开发商为了突出某项功能，以提高建筑等级、工程造价和增加卖点，又提出防火自动化（FA）和信息管理自动化（MA），即形成"5A"智能建筑，如图 1-1 所示。

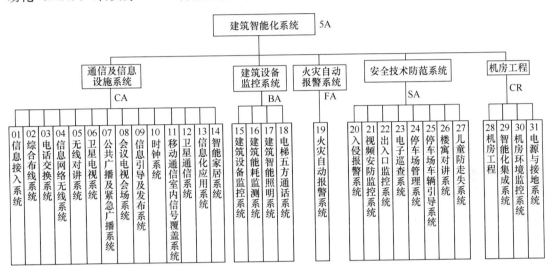

图 1-1   "5A"智能建筑

4. 智能建筑与综合布线系统的关系

综合布线系统是智能建筑的非常重要的组成部分，它是智能建筑信息传输的通道，为其他子系统的构建提供了灵活、可靠的通信基础。我们可以将智能大厦简单看成是一个人的身体，各个应用系统看成是人的各个肢体，而综合布线系统则是遍布人体的神经网络，连接各个肢体，传输各种信息。由于综合布线系统充分考虑了用户的未来应用，能够适应未来科技发展的需要，因此大厦建成以后，完全可以根据时间和需要决定安装新的应用系统，而不需要重新布线，节省系统扩展带来的新投资。

综合布线系统在建筑内和其他设施一样，都是附属于建筑物的基础设施，为智能化建筑中的用户服务。虽然综合布线系统和房屋建筑彼此结合形成不可分离的整体，但是它们是不同类型和工程性质的建设项目。它们在规划、设计、施工、测试验收及使用的全过程中，关系是极为密切的，具体表现在以下几点。

（1）综合布线系统是智能化建筑中必备的基础设施。综合布线系统将智能建筑内的通信、计算机、监控等设备及设施，相互连接形成完整配套的整体，从而实现高度智能化的要求。综合布线系统是智能化建筑能够保证提供高效优质服务的基础设施之一。在智能建筑中，如果没有综合布线系统，各种设施和设备会因无信息传输媒质连接而无法相互联系和正常运行，智能化也难以实现，这时也就不能称为智能化建筑。在建筑物中，只有敷设了综合布线系统，才有实现智能化的可能性，这是智能建筑中的关键内容。

（2）综合布线系统是衡量智能建筑智能化程度的重要标志。在衡量智能建筑的智能化程度时，主要是看建筑物内综合布线系统承载信息系统的种类和能力，设备配置是否成套、各类信息点分布是否合理、工程质量是否优良，这些都是决定智能化建筑的智能化程度高低的重要因素。智能化建筑能否为用户更好地服务，综合布线系统是具有决定性作用的。

（3）综合布线系统能适应智能建筑今后的发展需要。综合布线系统具有较高的适应性和灵活性，能在今后相当长一段时间内满足通信的发展需要，为此，在新建的公共建筑中，应根据建筑物的使用对象和业务性质以及今后发展等各种因素，积极采用综合布线系统。对于近期不拟设置综合布线系统的建筑，应在工程中考虑今后设置综合布线系统的可能性，在主要部位、通道或路由等关键地方，适当预留房间（或空间）、洞孔和线槽，以避免今后安装综合布线系统时，打洞穿孔或拆卸地板及吊顶等装置，这样做有利于扩建和改建。

总之，综合布线系统分布于智能建筑中，必然会有互相融合的需要，同时又可能发生彼此矛盾的问题。因此，在综合布线系统的规划、设计、施工、测试验收及使用等各个环节，都应与负责建筑工程的有关单位密切联系和配合协调，采取妥善合理的方式来处理，以满足各方面的要求。

1.2 综合布线系统概述

综合布线系统是一种模块化的、灵活性极大的建筑物内或建筑物之间的信息传输通道。它将数据通信设备、交换设备和语音系统及其他信息管理系统集成，形成一套标准的、规范的信息传输系统。

1. 综合布线系统的起源

综合布线系统的兴起与发展，是在计算机技术和通信技术发展的基础上进一步适应社会信息化和经济国际化的需要，也是办公自动化进一步发展的结果。传统的布线，如电话线缆、有线电视线缆、计算机网络线缆等都是由不同的单位各自设计和安装，采用不同的线缆及终端插座，各个系统互相独立。由于各个系统的终端插座、终端插头、配线架等设备都无法兼容，所以当设备需要移动或新技术的发展，需要更换设备时，就必须重新布线。这样既增加了资金的投入，也使得建筑物内线缆杂乱无章，增加了管理和维护的难度。

早在 20 世纪 50 年代初期，一些发达国家就在高层建筑中采用电子器件组成控制系统，各种仪表、信号灯以及操作按键通过各种线路接至分散在现场各处的机电设备上，用来集中监控设备的运行情况，并对各种机电系统实现手动或自动控制。由于电子器件较多，线路又多又长，因此控制点数目受到很大的限制。随着微电子技术的发展，建筑物功能的日益复杂化，到了 20 世纪 60 年代，开始出现数字式自动化系统。20 世纪 70 年代，建筑物自动化系统迅速发展，采用专用计算机系统进行管理、控制和显示。20 世纪 80 年代中期开始，随着超大规模集成电路技术和信息技术的发展，出现了智能化建筑物。

1984 年首座智能建筑在美国出现后，传统布线的不足就更加暴露出来。随着全球社会的信息化与经济国际化的深入发展，人们对信息共享的需求日趋迫切，急需一个适合信息时代的布线方案。美国朗讯科技（原 AT&T）公司贝尔实验室的科学家们经过多年的研究，在该公司的办公楼和工厂试验成功的基础上，20 世纪 80 年代末期在美国率先推出了结构化布线系统（SCS），其代表产品是 SYSTIMAX PDS（建筑与建筑群综合布线系统）。

我国在 20 世纪 80 年代末期也开始引入综合布线系统，但由于经济发展有限，综合布线系统发展缓慢。20 世纪 90 年代中后期，随着经济飞速发展，综合布线系统发展迅速。目前现代化建筑中广泛采用综合布线系统。综合布线系统也已成为我国现代化建筑工程中的热门课题，也是建筑工程和通信工程设计及安装施工中相互结合的一项十分重要的内容。

计算机网络发展到现在大面积普及的 1000Base-T，大约经历了 20 多年的时间。数字通信技术也大致上经历了虚拟电路、帧中继、B-ISDN 和 ATM 的几个阶段。网络在世界范围内的迅速扩展直接导致了 20 世纪 80 年代中后期对于综合布线系统的深入思考。

综合布线系统应该说是跨学科跨行业的系统工程，内容非常广泛。作为信息产业体现在楼宇自动化系统、通信自动化系统、办公自动化系统、计算机网络几个方面。随着因特网和信息高速公路的发展，各国的政府机关、大的集团公司也都在针对自己的领域特点，进行综合布线，以适应新的需要。智能化大厦、智能化小区已成为新世纪的开发热点。

综合布线比传统布线在材料和工程费等方面可以节约大量开支，而且一个系统的集成度越高，它的总支出也就越低。

2. 综合布线系统的发展趋势

综合布线技术从提出到成熟一直到今天的广泛应用，虽然只有 20 多年的时间，但其发展同其他 IT 技术一样迅猛。随着网络在国民经济及社会生活各个领域的不断扩展，综合布线技术已成为 IT 行业炙手可热的发展方向。由于宽带网络公司、宽带智能社区以及研究院所、高等院校的宽带管理、宽带科研、宽带教学等像雨后春笋般成长，导致网络充斥整个空间，因而综合布线的需求连年增长。

随着计算机技术、通信技术的迅速发展，综合布线系统也在发生变化，但总的目标是向集成布线系统、智能大厦、智能小区家居布线系统方向发展。

（1）集成布线系统

集成布线系统是美国西蒙公司于 1999 年 1 月在我国推出的。它的基本思想是："现在的结构化布线系统对语音和数据系统的综合支持给我们带来一个启示，能否使用相同或类似的综合布线思想来解决楼房自动控制系统的综合布线问题，使各楼房控制系统都像电话/计算机一样，成为即插即用的系统，西蒙公司根据市场的需要，在 1999 年初推出了整体大厦集成布线系统 TBIC。TBIC 系统扩展了结构化布线系统的应用范围，以双绞线、光缆和同轴电缆为主要传输介质，支持语音、数据及所有楼宇自动控制系统弱电信号远传的连接。为大厦铺设一条完全开放的、综合的信息高速公路。它的目的是为大厦提供集成布线平台，使大厦真正成为即插即用大厦。

（2）智能大厦布线

根据智能楼宇智能化（5AS）要求，一个 5AS 系统应主要有：通信自动化系统（CAS）、办公自动化系统（OAS）、大厦管理自动化系统（BAS）、安全保卫自动化系统（SAS）及消防自动化系统（FAS）等子系统。主子系统的物理拓扑结构采用常规的星形结构，即从主跳接 MC（入网总配线架）、经过互联中间跳接 IC（总配线架）到楼层水平跳接 HC（层间配线架），或直接从 MC 到 HC。水平布线子系统从 HC 配置成单星形或多星形结构。单星形结构是指从 HC 直接连到设备上，而多星形结构则要通过一层星形结构一区域配线跳接 ZC，为应用系统提供更大的灵活性。

（3）智能小区布线

智能小区布线将成为今后一段时间内布线系统的新热点。这其中有两个原因，一是标准已经成熟，二是市场推动，已有越来越多的人在家庭办公或在家上网，并且多数家庭拥有不止一部电话和一台电视机，他们对宽带要求越来越高，所以家庭也需要一套系统来对这些接线进行有效管理。

发展家居综合布线系统，由此可以满足随着智能住宅小区的迅速发展以及人们对家庭信息服务和改善生活环境愿望的增加。家居布线属于多媒体系统，光纤和 7 类双绞线可能为未来家庭布线系统具有竞争力的两种传输介质。

综合布线系统（GCS）是建筑物内部或建筑群之间的传输网络。它能使建筑物内部的语音、数据、图文、图形及多媒体通信设备、信息交换设备、建筑物物业管理及建筑物自动化管理设备等系统之间彼此相联，也能使建筑物内部通信网络设备与外部网络相联。展望未来，综合布线系统领域正致力于电缆技术方面开辟新的研究领域，并将在下一代电缆技术方面不断取得突破。这种新一代的电缆不仅支持当今的应用，而且会支持未来的应用，还能保证用户的网络不会随着 21 世纪技术的发展而过时。

1.3　综合布线系统的特点

与传统布线技术相比，综合布线系统具有以下六个特点：

1. 兼容性

旧式的建筑物中都提供了电话、电力、闭路电视等服务，采用传统的专业布线方式，每项应用服务都要使用不同的电缆及开关插座。例如，电话系统采用一般的对绞线电缆，闭路电视系统采用专用的视频电缆，计算机网络系统采用同轴电缆或双绞线电缆。各个应用系统的电缆规格差异很大，彼此不能兼容，因此只能各个系统独立安装，布线混乱无序，直接影响建筑物的美观和使用。综合布线系统具有综合所有系统和互相兼容的特点，采用光缆或高质量的布线材料和接续设备能满足不同生产厂家终端设备的需要，使话音、数据和视频信号均能高质量地传输。

2. 开放性

开放性是指综合布线系统采用开放式体系结构，符合多种国际上现行的标准，几乎对所有著名厂商的产品都是开放的，如计算机设备、交换机设备等，并对所有通信协议也是支持的，如 ISO/IEC 8802－3，ISO/IEC 8802－5 等。

3. 灵活性

传统的布线系统的体系结构是固定的，不考虑设备的搬迁或增加，因此设备搬移或增加后就必须重新布线，耗时费力。综合布线采用标准的传输线缆和相关连接硬件，模块化设计，所有的通道都是通用性的。所有设备的开通及变动均不需要重新布线，只需增减相应的设备以及在配线架上进行必要的跳线管理即可实现。综合布线系统的组网也是灵活多样的，同一房间内可以安装多台不同的用户终端，如以太网工作站和令牌环网工作站并存。

4. 可靠性

传统布线方式是各个系统独立安装，不考虑互相兼容，往往因为各应用系统布线不当会造成交叉干扰，无法保障各应用系统的信号高质量传输。综合布线采用高品质的材料和组合压接的方式构成一套高标准的信息传输通道。所有线缆和相关连接器件均通过 ISO 认证，每条通道都要经过专业测试仪器进行严格测试链路阻抗及衰减，以保证其电气性能。

5. 先进性

综合布线系统采用光纤与双绞线电缆混合布线方式，合理地组成了一套完整的布线体系。所有布线均采用世界上最新通信标准，链路均按八芯双绞线配置。超 5 类双绞线电缆引到桌面，可以满足 100Mpbs 数据传输的需求，特殊情况下，还可以将光纤引到桌面，实现千兆数据传输的应用需求。

6. 经济性

综合布线与传统的布线方式相比，它是一种既具有良好的初期投资特性，又具有很高的性能价格比的高科技产品。综合布线系统可以兼容各种应用系统，又考虑了建筑内设备的变更及科学技术的发展，因此可以确保大厦建成后的较长一段时间内，满足用户应用不断增长的需求，节省了重新布线的额外投资。

由于综合布线是将原来相互独立、互不兼容的若干种布线，集中成为一套完整的布线体系，统一设计，并由一个施工单位完成几乎全部弱电线缆的布线，因而可省去大量的重复劳动和设备占用。并且，随着系统个数的增加，综合布线的初投特性体现越明显。

1.4　综合布线系统的适用范围

1. 综合布线系统的范围

综合布线系统的范围应根据建筑工程项目范围来定，主要有单幢建筑和建筑群体两种范围。

（1）单幢建筑中的综合布线系统工程范围，一般指在整幢建筑内部敷设的通信线路，还应包括引出建筑物的通信线路。如建筑物内敷设的管路、槽道系统、通信缆线、接续设备以及其他辅助设施（如电缆竖井和专用的房间等）。此外，各种终端设备（如电话机、传真机等）及其连接软线和插头等，在使用前随时可以连接安装，一般不需设计和施工。综合布线系统的工程设计和安装施工是单独进行的，所以，这两部分工作应该与建筑工程中的有关环节密切联系和互相配合。

（2）建筑群体因建筑幢数不一而规模不同，但综合布线系统的工程范围除包括每幢建筑内的通信线路外，还需包括各幢建筑之间相互连接的通信线路。我国颁布的通信行业标准《大楼通信综合布线系统》D/T 926）的适用范围是跨越距离不超过 3000m、建筑总面积不超过 100 万 m^2 的布线区域，区域内的人员为 5～50 万人。如布线区域超出上述范围时可参考使用 D 标准中大楼指各种商务、办公和综合性大楼等，但不包括普通住宅楼。上述范围是从基本建设和工程管理的要求考虑的，与今后的业务管理和维护职责等的划分范围有可能不同。因此，综合布线系统的具体范围应根据网络结构、设备布置和维护办法等因素来划分。为了适应信息社会的需要，综合布线系统应能满足传输语音、资料和图像以及其他信息的要求，尤其是当今时代出现的智能化建筑和先进技术装备的建筑群体更是如此。

2. 综合布线系统的适用场合和服务对象

综合布线系统的适用场合和服务对象有以下几类：商业贸易类型，如商务贸易中心（包括商业大厦）、金融机构（包括专业银行和保险公司等）、高级宾馆饭店、股票证券市场和高级商城大厦等高层建筑；综合办公类型，如政府机关、群众团体、公司总部等办公大厦以及办公、贸易和商业兼有的综合业务楼和租赁大楼等；交通运输类型，如航空港、人车站、长途汽车客运枢纽站、江海港区（包括航运客货站）、城市公共交通指挥中心、出租车调度中心、邮政、电信通信枢纽楼等公共服务建筑；新闻机构类型，如广播电台、电视台和新闻通信及报社业务楼等；其他重要建筑类型，如医院、急救中心、科学研究机构、高等院校和工业企业及气象中心的高科技业务楼等；此外，在军事基地和重要部门的建筑、高等院校中的校园建筑、高级住宅小区等也需要采用综合布线系统。

3. 综合布线在弱电系统中的应用

综合布线系统应支持具有 TCP/IP 通信协议的视频安防监控系统、出入口控制系统、停车库（场）管理系统、访客对讲系统、智能卡应用系统。建筑设备管理系统、能耗计量及数据远传系统、公共广播系统、信息导引（标识）及发布系统等弱电系统的信息传输。综合布线系统支持弱电各子系统应用时，应满足各子系统提出的下列条件：

（1）传输带宽与传输速率；

（2）缆线的应用传输距离；

（3）设备的接口类型；

（4）屏蔽与非屏蔽电缆及光缆布线系统的选择条件；

（5）以太网供电（POE）的供电方式及供电线对实际承载的电流与功耗；

（6）各弱电子系统设备安装的位置、场地面积和工艺要求。

随着科学技术的发展和人们生活水平的提高，综合布线系统的应用范围和服务对象会逐步扩大和增加。在 21 世纪，民用的高层住宅建筑将要走向智能化，这时建筑中有必要采用相应类型级别的综合布线系统。

总之，综合布线系统具有广泛的应用前景，所以，在综合布线系统工程设计中，应留有一定的发展余地，为智能化建筑中实现传输各种信息创造有利条件。

1.5 综合布线系统的标准

随着综合布线系统产品和应用技术的不断发展，与之相关的综合布线系统的国内和国际标准也更加系列化、规范化、标准化和开放化。国际标准化组织和国内标准化组织都在努力制定更新的标准以满足技术和市场的需求，标准的完善才会使市场更加规范化。

从综合布线系统出现到现在已有近 30 年的时间，期间相关标准不断完善和提高。不论国外标准（包括国际标准、其他国家标准），还是国内标准都是从无到有、从少到多的，而且标准的类型、品种和数量都在逐渐增加，标准的内容也日趋完善丰富。在实际工程项目中，虽然并不需要涉及所有的标准和规范，但作为综合布线系统的设计人员，在进行综合布线系统方案设计时，应遵守综合布线系统性能、系统设计标准。综合布线施工工程应遵守布线测试、安装、管理标准以及防火、防雷接地标准。

1. 美国布线标准

美国国家标准委员会（ANSI）是 ISO 的主要成员，在国际标准化方面扮演重要的角色。ANSI 布线的美洲标准主要由 TIA/EIA 制定，ANSI/TIA/EIA 标准在全世界一直起着综合布线产品的导向工作。美洲标准主要包括 TIA/EIA-568-A、TIA/EIA-568-B、TIA/EIA-568-C、TIA/EIA-569-A、TIA/EIA-569-B、TIA/EIA-570-A、EIA/TIA-606-A 和 TIA/EIA-607-A 等。

2. 国际布线标准

国际标准组织由 ISO（国际标准化组织）和 IEC（国际电工技术委员会）组成，1995年制定颁布了 ISO/IEC11801 国际标准，名为"信息技术——用户通用布线系统"。该标准是根据 ANSI/TIA/EIA568 制定的，主要针对欧洲使用的电缆。目前，该标准有以下 3个版本。

(1) ISO/IEC11801—1995。

(2) ISO/IEC11801—2000。

(3) ISO/IEC11801—2002（E）。

在 ISO/IEC11801—2002（E）中，定义了 6 类（250MHz）、7 类（700MHz）缆线的标准，把 CAT5/Class D 的系统按照 CAT5＋重新定义，以确保所有的 CAT5/ClassD 系统均可运行吉比特以太网；定义了 CAT6/ClassE 和 CAT7/ClassF 链路，并考虑了电磁兼容性（EMC）问题。

3. 中国布线标准

现在国内综合布线系统标准分为两类，即国家标准和通信行业标准。

(1) 国家标准

在国内进行综合布线系统设计施工时，必须参考中华人民共和国国家标准和通信行业标准。国家标准的制定主要是以 ANSI/TIA/EIA-568-A 和 ISO/IEC11801 等作为依据，并结合国内具体实际情况进行相应的修改。

与综合布线系统设计、实施和验收有关的国家标准如下：

《综合布线系统工程设计规范》GB 50311—2016；

《智能建筑设计标准》GB 50314—2015；

《通信管道与通信工程设计规范》GB 50373—2006；

《通信管道工程施工及验收规范》GB 50374—2006；

《智能建筑工程质量验收规范》GB 50339—2013。

(2) 行业标准

相关的通信行业标准如下：

《住宅通信综合布线系统》YD/T 1384—2005；

《综合布线系统工程施工监理暂行规定》YD 5124—2005；

《通信管道和光（电）缆通道工程施工监理规范》YD 5072—2005；

《接入网工程设计规范》YD/T 5097—2001；

《本地通信线路工程设计规范》YD 5137—2005；

《大楼通信综合布线系统》YD/T 926—2009。

1.6 综合布线系统的组成

1. 国家标准《综合布线系统工程设计规范》GB 50311—2016 中综合布线系统的组成。

目前，在国内对于综合布线系统的组成及各子系统组成，说法不一，甚至在国内标准中也不一样。在国家标准《综合布线系统工程设计规范》GB 50311—2016 中，将综合布线系统分为工作区、配线子系统、干线子系统、建筑群子系统、设备间、进线间、管理共 7 部分。

01.01.001

综合布线系统的
组成结构

综合布线系统采用模块化结构。按照每个模块的作用，依照国家标准《综合布线系统工程设计规范》GB 50311—2016，园区网综合布线系统应按以下 7 个部分进行设计，如图 1-2 所示。

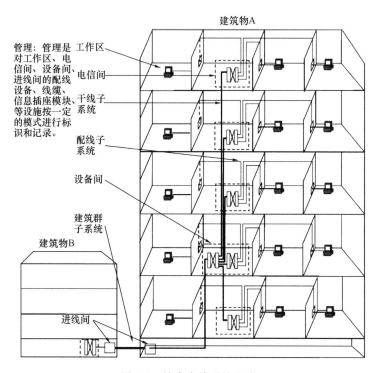

图 1-2 综合布线系统组成

（1）工作区子系统

工作区子系统是一个独立的需要设置终端设备（TE）的区域宜划分为一个工作区。工作区子系统应包括信息插座模块（TO）、终端设备处的连接缆线及适配器。工作区子系统是包括办公室、写字间、作业间、机房等需要电话、计算机或其他终端设备（如网络打印机、网络摄像头等）设施的区域或相应设备的统称。

01.01.002

工作区子系统结构

（2）配线子系统

配线子系统应由工作区内的信息插座模块、信息插座模块至电信间配线设备（FD）的水平缆线、电信间的配线设备及设备缆线和跳线等组成。配线子系统应由工作区的信息插座模块、信息插座模块至电信间配线设备（FD，Floor Distributor）的配线电缆和光缆、电信间的配线设备及设备缆线和跳线等组成。配线子系统水平线缆的一端与管理子系统（每个电信间的配线设备）相连，另一端与工作区子系统的信息插座相连，以便用户通过跳线连接各种终端设备，从而实现与网络的连接，如图 1-3 所示。

01.01.003

配线间子系统

配线子系统通常由超 5 类（5e 类）、6 类或超 6 类 4 对非屏蔽双绞线组成，连接至本层电信间的配线柜内。当然，根据传输速率或传输距离的需要，也可以采用多模光纤。配线子系统应当按楼层各工作区的要求设置信息插座的数量和位置，设计并布放相应数量的

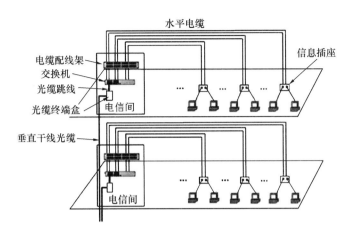

图 1-3 配线子系统的连接

水平线路。为了简化施工程序，配线子系统的管路或槽道的设计与施工最好与建筑物同步进行。

（3）干线子系统

干线子系统应由设备间至电信间的主干缆线、安装在设备间的建筑物配线设备（BD）及设备缆线和跳线组成。

干线子系统是建筑物内综合布线系统的主干部分，是指从主配线架（BD）至楼层配线架（FD）之间的缆线及配套设施组成的系统。两端分别敷设到设备间子系统或管理子系统及各个楼层配线子系统引入口处，提供各楼层电信间、设备间和引入口设备之间的互连，实现主配线架与楼层配线架的连接。

在通常情况下，干线子系统主干布线可采用大对数超 5 类或 6 类双绞线。如果考虑可扩展性或更高传输速率等，则应当采用光缆。干线子系统的主干线缆通常敷设在专用的上升管路或电缆竖井内。

（4）建筑群子系统

建筑群子系统应由连接多个建筑物之间的主干缆线、建筑群配线设备（CD）及其他建筑物的楼宇配线架（BD）之间的缆线、跳线及配套设施组成。

大中型网络中都拥有多幢建筑物，建筑群子系统（Campus Backbone Subsystem）用于实现建筑物之间的各种通信。建筑群子系统是指建筑物之间使用传输介质（电缆或光缆）和各种支持设备（如配线架、交换机）连接在一起，构成一个完整的系统，从而实现语音、数据、图像或监控等信号的传输。

建筑群子系统的主干缆线采用多模或单模光缆，或者大对数双绞线，既可采用地下管道敷设方式，也可采用悬挂方式。线缆的两端分别是两幢建筑的设备间子系统的接续设备。

（5）设备间

设备间是在每幢建筑物的适当地点进行网络管理和信息交换的场地。对于综合布线系统工程设计，设备间主要安装建筑物配线设备。电话交换机、计算机主机设备及入口设施也可与配线设备安装在一起。

设备间是一个安放共用通信装置的场所，是通信设施、配线设备所在地，也是线路管理的集中点。设备间子系统由引入建筑的线缆、各个公共设备（如计算机主机、各种控制系统、网络互联设备、监控设备）和其他连接设备（如主配线架）等组成，把建筑物内公共系统需要相互连接的各种不同设备集中连接在一起，完成各个楼层配线子系统之间的通信线路的调配、连接和测试，并建立与其他建筑物的连接，从而形成对外传输的路径。

设备间子系统结构

（6）进线间

进线间一般提供给多家电信业务经营者使用，通常设于地下一层。进线间主要作为室外电缆和光缆引入楼内的成端与分支及光缆的盘长空间位置。对于光缆至大楼（FTTB）、至用户（FTTH）、至桌面（FTTO）的应用及容量日益增多，进线间就显得尤为重要。

进线间子系统结构

（7）管理

管理应对工作区、电信间、设备间、进线间、布线路径环境中的配线设备、缆线、信息插座模块等设施按一定的模式进行标识、记录和管理。

管理子系统设置在各楼层的电信间内，由配线架、接插软线和理线器、机柜等装置组成，其主要功能是实现配线管理及功能转换，以及连接配线子系统和干线子系统。管理是针对设备间和工作区的配线设备和缆线按一定的规模进行标识和记录的规定，其内容包括管理方式、标识、色标、交叉连接等。管理子系统交连或互连等管理垂直电缆和各楼层配线子系统的电缆，为连接其他子系统提供连接手段。

管理间子系统

2. 综合布线系统的典型结构

综合布线系统是一个开放式的结构，该结构下的每个分支子系统都是相对独立单元，对每个分支单元系统的改动都不会影响其他子系统。只要改变结点连接可在星状、总线型、环状等各种类型网络拓扑间进行转换，它应能支持当前普遍采用的各种局域网及计算机系统，同时支持电话、数据、图像、多媒体业务等信息的传递。

《综合布线系统工程设计规范》GB 50311—2016、《综合布线系统工程设计与施工》08X101—3 和《大楼通信综合布线系统第一部分总规范》YD/T 926.1—2009 都规定综合布线系统由 3 个子系统为基本组成，综合布线系统基本构成应符合图 1-4 所示的构成原理图。

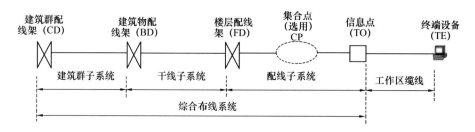

图 1-4 综合布线系统基本构成

为了便于理解，在综合布线系统实际工程中，综合布线系统构成示意图如图 1-5 所示。

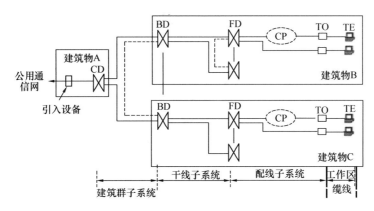

图 1-5 综合布线系统构成

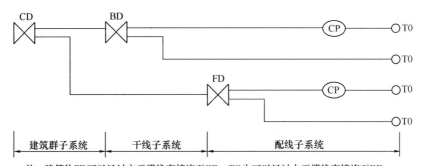

注：建筑物FD可以经过主干缆线直接连至CD，TO也可以经过水平缆线直接连至BD。

图 1-6 综合布线系统构成

在图 1-6 中，根据工程的实际情况，TO 与 BD、FD 与 CD 间可以建立直达的路由。

引入部分构成。综合布线进线间的入口设施及引入线缆构成，如图 1-7 所示。其中对设置了设备间的建筑物，设备间所在楼层的 FD 可以和设备间中的 BD/CD 及入口设施安装在同一场地。

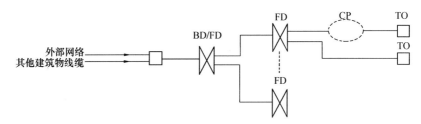

图 1-7 综合布线系统引入部分构成

在实际综合布线系统中，各个子系统有时叠加在一起。例如，位于大楼一层的电信间也常常合并到大楼一层的网络设备间，进线间也经常设置在大楼一层的网络设备间。

【任务验收】

1. 在参观之前，将班级学生划分为几个小组，便于参观和组内讨论。

2. 按照任务的要求，通过小组交流讨论形成相对完整的系统描述，每位同学认真准备，积极发表意见，形成完整的实训任务报告，并进行交流汇报。

【理论知识考评】

1. 什么是智能建筑？什么是综合布线系统？
2. 简述综合布线系统和智能建筑的关系？
3. 综合布线系统和传统布线系统比较，其主要优点是什么？
4. 综合布线系统通常应用在什么场所？
5. 在中国综合布线系统标准有哪些？
6. 综合布线系统主要由哪些子系统组成？各子系统包括哪些组成？

项目 2 常用综合布线线缆与相关部件介绍

【学习目标】

1. 识别基本的网络传输介质、布线相关部件。
2. 熟悉各种常用产品性能，主要性能指标。
3. 培养对各种产品在不同应用场所中的正确选择能力。

【学习任务】

本项目的学习任务是通过到综合布线产品销售市场进行调研，了解传输介质和布线相关部件的性能及使用场所，记录产品价格，了解布线品牌厂商。

【任务实施】

通过对双绞线、同轴电缆、光纤、光缆、连接器件、配线设备等进行调研，使学生从实际中了解产品的性能。参观结束后，请学生分组汇报调研情况：

（1）调研各类传输介质的结构、传输距离及分类；

（2）调研连接器件、配线设备的种类；

（3）调研各类不同型号产品的价格；

（4）到市场上调查目前常用的五个品牌的 4 对 5e 类和 6 类非屏蔽双绞线电缆，观察双绞线的结构和标记，对比两种双绞线电缆的价格和性能指标；

（5）到市场上或互联网上调查目前常用的五个品牌的综合布线系统产品，并列出其生产的电缆产品系列；

（6）了解目前中国市场常用的综合布线系统产品的生产厂家。

【知识链接】

在综合布线工程中，首先将面临通信传输介质的选择问题。是选择安装铜缆介质、光纤介质、还是无线介质或者选择混用三种传输介质，形成网络。在选择网络通信传输介质时，主要的依据是用户目前和未来的网络应用和业务的范围，并需要考虑网络的性能、价格、使用原则、工程实施的难易程度、可扩展性及其他一些决定因素。

综合布线系统在设计中根据连接的各类应用系统的情况，可以选用不同的传输介质。一般而言，计算机网络系统主要采用 4 对非屏蔽或屏蔽双绞线电缆、大对数电缆、光缆，语音通信系统主要采用 4 对非屏蔽双绞线电缆、3 类大对数电缆，有线电视系统主要采用 75Ω 同轴电缆和光缆，闭路视频监控系统主要采用视频同轴电缆。下面详细介绍综合布线系统常用的双绞线、同轴电缆、光纤、大对数电缆等传输介质。

2.1 线缆的识别

2.1.1 双绞线的结构及分类

1. 双绞线的结构

双绞线电缆（Twisted Pair wire，TP）是综合布线系统工程中最常用的有线通信传输介质，也称双扭线电缆或对称双绞电缆，为便于统一，本书中统一用双绞线表示。主要应用于计算机网络、电话语音等通信系统。双绞线由按规则螺旋结构排列的两根、四根或八根绝缘导线组成。一个线对可以作为一条通信线路，各线对螺旋排列的目的是为了使各线对发出的电磁波相互抵消，从而使相互之间的电磁干扰最小。如图 2-1 所示。

双绞线的结构及分类

双绞线是由两根具有绝缘保护层的铜导线（22～26 号）互相缠绕而成，每根铜导线的绝缘层上分别涂有不同的颜色，如果把一对或多对双绞线放在一个绝缘套管中便构成了双绞线电缆（简称双绞线）。

在双绞线电缆内，不同线对具有不同的扭绞长度，按逆时针方向扭绞。把两根绝缘的铜导线按一定密度互相绞合在一起，可降低信号干扰的程度，每一根导线在传输中辐射出来的电波会被另一根线上发出的电波抵消，一般扭线越密其抗干扰能力就越强。

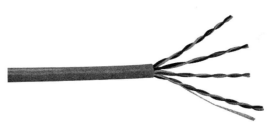

图 2-1 双绞线

双绞线较适合于近距离、环境单纯（远离磁场、潮湿等）的局域网络系统。双绞线可用来传输数字和模拟信号。

铜电缆的直径通常用 AWG（American Wire Gauge）单位来衡量。AWG 数越小，电线直径却越大。直径越大的电线越有用，它们具有更大的物理强度和更小的电阻。

双绞线的绝缘铜导线线芯大小有 22、24 和 26 等规格，常用的 5 类和超 5 类非屏蔽双绞线是 24AWG，直径约为 0.51mm。

双绞线电缆内每根铜导线的绝缘层都有色标标记，导线的颜色标记具体为白橙/橙、白蓝/蓝、白绿/绿、白棕/棕。根据双绞线电缆内铜导线直径大小，分为多种规格双绞线，如 22～26AWG 规格线缆（AWG 是美国制定的线缆规格，也是业界常用的参考标准，如 24AWG 是指直径为 0.5mm 的铜导线）。100Ω 和 120Ω 的双绞线铜导线直径为 0.4～0.65mm，150Ω 的双绞线铜导线直径为 0.6～0.65mm。

2. 双绞线的分类

按屏蔽层分类双绞线分为屏蔽双绞线（Shielded Twisted Pair，STP）和非屏蔽双绞线（Unshielded Twisted Pair，UTP）两类。

（1）屏蔽双绞线电缆的外层由铝箔包裹，相对非屏蔽双绞线具有更好的抗电磁干扰能力，造价也相对高一些。屏蔽双绞线电缆和非屏蔽双绞线电缆的结构，如图 2-2 所示。

在双绞线电缆中增加屏蔽层就是为了提高电缆的物理性能和电气性能，减少周围信号对电缆中传输的信号的电磁干扰。

电缆屏蔽层的形式

电缆屏蔽层的设计有如下几种形式：屏蔽整个电缆；屏蔽电缆中的线对；屏蔽电缆中的单根导线。

屏蔽双绞线电缆的类型

电缆屏蔽层由金属箔、金属丝或金属网构成。屏蔽双绞线电缆与非屏蔽双绞线电缆一样，电缆芯是铜双绞线电缆，护套层是塑橡皮。

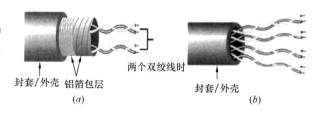

图 2-2　屏蔽双绞线电缆和非屏蔽双绞线电缆的结构
（a）屏蔽双绞线电缆的结构；（b）非屏蔽双线电缆的结构

（2）非屏蔽双绞线电缆（UTP，Unshielded Twisted Pair），是指没有用来屏蔽双绞线的金属屏蔽层，它在绝缘套管中封装了一对或一对以上的双绞线，每对双绞线按一定密度互相绞在一起，提高了抗系统本身电子噪声和电磁干扰的能力，但不能防止周围的电子干扰。

UTP 电缆是有线通信系统和综合布线系统中最普遍的传输介质，并且因其灵活性而应用广泛。UTP 电缆可以用于传输语音、低速数据、高速数据等。UTP 电缆还可以同时用于干线布线子系统和水平布线子系统。

非屏蔽双绞线由于没有屏蔽层，因此在传输信息过程中会向周围发射电磁波，使用专用设备就可以很容易地窃听到，因此在安全性要求较高的场合应选用屏蔽双绞线。屏蔽双绞线相对于非屏蔽双绞线的价格会高一些，而且与屏蔽器件的连接要求较为严格，因此安装要相对非屏蔽双绞线更复杂些，在考虑性价比较高的民用建筑中多采用非屏蔽双绞线。

按性能指标分类。双绞线电缆分为 1 类、2 类、3 类、4 类、5 类、5e、6 类、7 类双绞线电缆。

按特性阻抗分类。双绞线电缆有 100、120、150Ω 等几种。常用的是 100Ω 的双绞线电缆。

按双绞线对数进行分类。有 1 对、2 对、4 对双绞线电缆，其中 4 对最常用。另外还有 25 对、50 对、100 对的大对数双绞线电缆。

双绞线的传输性能与带宽有直接关系，带宽越大，双绞线的传输速率越高。根据双绞线带宽不同，可将双绞线分为 3～6 类线缆。

目前网络布线中常用超 5 类双绞线和 6 类双绞线，6 类双绞线主要用于千兆以太网的数据传输。语音系统的布线常用 3 类、4 类双绞线。双绞线的传输距离与传输速率有关。在 10Mbps 以太网中，3 类双绞线最大传输距离为 100m，5 类双绞线最大传输距离可达 150m。在 100Mbps 以太网中，5 类双绞线最大传输距离为 100m，在 1000Mbps 以太网中，6 类双绞线最大传输距离为 100m。

3. 双绞线的特性参数

双绞线的电气特性直接影响其传输质量，其电器特性参数同时也是布线工程的测试参数。在此做简要介绍。

（1）特性阻抗。特性阻抗是指链路在规定工作频率范围内呈现的电阻。无论使用何种双绞线，使每对芯线的特性阻抗在整个工作带宽范围内应保证恒定、均匀。链路上任何点的阻抗不连续性将导致该链路信号发生反射和信号畸变。

特性阻抗包括电阻及频率范围内的感性阻抗和容性阻抗，与线对间的距离及绝缘体的电气性能有关。双绞线的特性阻抗有 100、120、150Ω 几种，综合布线中通常使用 100Ω 的双绞线。

（2）直流电阻。直流电阻是指一对导线电阻的和。

（3）衰减。衰减（A，Attenuation）是指信号传输时在一定长度的线缆中的损耗，它是对信号损失的度量。单位为分贝（dB），应尽量得到低分贝的衰减。

衰减与线缆的长度有关，长度增加，信号衰减随之增加，同时衰减量与频率有着直接的关系。双绞线的传输距离一般不超过 100m。

（4）近端串音。在一条链路中处于线缆一侧的某发送线对，对于同侧的其他相邻（接收）线对通过电磁感应所造成的信号耦合（由发射机在近端传送信号，在相邻线对近端测出的不良信号耦合）为近端串音（NEXT，Near End Cross Talk）。应尽量得到高分贝的近端串扰。

（5）近端串音功率和。近端串音功率和（PSNEXT，Power Sum NEXT）是指在 4 对对绞电缆一侧测量 3 个相邻线对对某线对近端串扰总和（所有近端干扰信号同时工作时，在接收线对上形成的组合串扰）。

（6）衰减串音比值。衰减串音比值（ACR，Attenuation-to-Crosstalk Ratio）是指在受相邻发送信号线对串扰的线对上，其串扰损耗（NEXT）与本线对传输信号衰减值（A）的差值。ACR 是系统信号噪声比的唯一衡量标准，它对于表示信号和噪声串扰之间的关系有着重要的价值。ACR 值越高，意味着线缆的抗干扰能力越强。

（7）远端串扰。与近端串扰相对应，远端串扰（FEXT，Far End Cross Talk）是信号从近端发出，而在链路的另一端（远端），发送信号的线对向其他铜测相邻线对通过电磁耦合而造成的串扰。

（8）等电平远端串音。等电平远端串音（ELFEXT，Equal Level FEXT）：某线对上远端串扰损耗与该线路传输信号衰减的差值。

从链路或信道近端线缆的一个线对发送信号，经过线路衰减从链路远端干扰相邻接收线对（由发射机在远端传送信号，在相邻线对近端测出的不良信号耦合）为远端串音（FEXT）。

（9）等电平远端串音功率和。等电平远端串音功率和（PS ELFEXT，Power Sum ELFEXT）：在 4 对对绞电缆一侧测量 3 个相邻线对对某线对远端串扰总和（所有远端干扰信号同时工作，在接收线对上形成的组合串扰）。

（10）回波损耗。回波损耗（RL，Return Loss）：由于链路或信道特性阻抗偏离标准值导致功率反射而引起（布线系统中阻抗不匹配产生的反射能量）。由输出线对的信号幅度和该线对所构成的链路上反射回来的信号幅度的差值导出。回波损耗对于全双工传输的应用非常重要。电缆制造过程中的结构变化、连接器类型和布线安装情况是影响回波损耗数值的主要因素。

（11）传播时延。传播时延是指信号从链路或信道一端传播到另一端所需的时间。

（12）传播时延偏差。传播时延偏差是指以同一缆线中信号传播时延最小的线对作为参考，其余线对与参考线对时延差值（最快线对与最慢线对信号传输时延的差值）。

（13）插入损耗。插入损耗是指发射机与接收机之间插入电缆或元器件产生的信号损耗。通常指衰减。

2.1.2 同轴电缆的结构及分类

1. 同轴电缆的结构

同轴电缆由外层、外导体（屏蔽层）、绝缘体、内导体组成，外层为防水、绝缘的塑料用于电缆的保护，外导体为网状的金属网用于电缆的屏蔽，绝缘体为围绕内导体的一层绝缘塑料，内导体一根圆柱形的硬铜芯。同轴电缆内部结构如图 2-3 所示。

同轴电缆分为粗缆和细缆两种。在早期的网络中经常使用粗同轴电缆作为连接网络的主干，后来随着光纤的广泛使用，粗同轴电缆已经不再使用。细同轴电缆的直径与粗同轴电缆相比要小一些，用于将桌面工作站连接到网络中，目前已经被价廉物美的双绞线所取代。

根据不同的应用，同轴电缆分为基带同轴电缆和宽带同轴电缆两种。基带同轴电缆为 50Ω 阻抗，主要用于计算机网络通信，可以传输数字信号。宽带同轴电缆为 75Ω 阻抗，主要用于有线电视系统传输模拟信号，通过改造后也可以用于计算机网络通信。

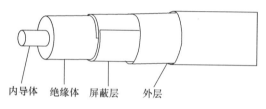

图 2-3 同轴电缆内部结构

2. 同轴电缆的类型

（1）RG6/RG-59 同轴电缆。RG6/RG-59 电缆用于视频、CATV 和私人安全视频监视网络。特性阻抗为 75Ω；

RG6 是支持住宅区 CATV 系统的主要传输介质。

（2）RG-8 或 RG-11 同轴电缆。即通常所说的粗缆，特性阻抗为 50Ω。可组成粗缆以太网，即 10Base-5 以太网。

（3）RG-58/U 或 RG-58C/U 同轴电缆。即通常所说的细缆，特性阻抗为 50Ω。可组成细缆以太网，即 10Base-2 以太网。

2.1.3 光纤的结构与分类

1. 光纤结构

光纤是一种能传导光波的介质，可以使用玻璃和塑料制造光纤，超高纯度石英玻璃纤维制作的光纤可以得到最低的传输损耗。光纤质地脆，易断裂，因此纤芯需要外加一层保护层，光纤结构，如图 2-4 所示。

2. 光纤传输特性

光导纤维通过内部的全反射来传输一束经过编码的光信号。由于光纤的折射系数高于外部包层的折射系数，因此可以使入射的光波在外部包层的界面上形成全反射现象，如图 2-5 所示。

3. 光传输系统的组成

光传输系统由光源、传输介质、光发送器、光接收器组成，如图 2-6 所示。光源有发光二极管（LED）、光电二极管（PIN）、半导体激光器等，传输介质为光纤介质，光发送器主要作用是将电信号转换为光信号，再将光信号导入光纤中，光接收器主作用是从光纤上接收光信号，再将光信号转换为电信号。

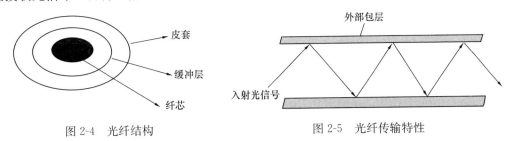

图 2-4　光纤结构　　　　　　　　　图 2-5　光纤传输特性

4. 光纤种类

光纤主要分为两大类，即单模光纤和多模光纤。

（1）单模光纤

单模光纤主要用于长距离通信，纤芯直径很小，其纤芯直径为 $8\sim10\mu m$，而包层直径为 $125\mu m$。由于单模光纤的纤芯直径接近一个光

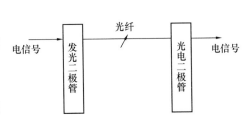

图 2-6　光传输系统

波的波长，因此光波在光纤中进行传输时，不再进行反射，而是沿着一条直线传输。正由于这种特性使单模光纤具有传输损耗小、传输频带宽、传输容量大的特点。在没有进行信号增强的情况下，单模光纤的最大传输距离可达 3000m，而不需要进行信号中继放大。

（2）多模光纤

多模光纤的纤芯直径较大，不同入射角的光线在光纤介质内部以不同的反射角传播，这时每一束光线有一个不同的模式，具有这种特性的光纤称为多模光纤。多模光纤在光传输过程中比单模光纤损耗大，因此传输距离没有单模光纤远，可用带宽也相对较小些。

目前单模光纤与多模光纤的价格差价不大，但单模光纤的连接器件比多模光纤的昂贵得多，因此整个单模光纤的通信系统造价相比多模光纤的也要贵得多。单模光纤与多模光纤的各种特性比较详见表 2-1。

单模光纤与多模光纤的特性比较表　　　　　　　　　　　　表 2-1

项目	单模光纤	多模光纤
纤芯直径	细（$8.3\sim10\mu m$）	粗（$50\mu m/62.5\mu m$）
耗散	极小	大
效率	高	低
成本	高	低
传输速率	高	低
光源	激光	发光二极管

5. 光缆

光缆由一捆光导纤维组成，外表覆盖一层较厚的防水、绝缘的表皮，从而增强光纤的防护能力，使光缆可以应用在各种复杂的综合布线环境，如图 2-7 所示为 $62.5\mu m/125\mu m$ 的室内多模光缆。

光纤只能单向传输信号，因此要双向传输信号必须使用两根光纤，为了扩大传输容量，光缆一般含多根光纤且多为偶数，例如 6 芯、8 芯、12 芯、24 芯、48 芯光缆等，一

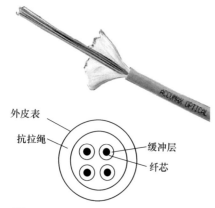

外皮表
抗拉绳
缓冲层
纤芯

图 2-7　62.5μm/125μm 室内多模光缆

根光缆甚至可容纳上千根光纤。

在综合布线系统中，一般采用纤芯为 62.5μm/125μm 规格的多模光缆，有时也用 50μm/125μm 和 100μm/140μm 的多模光缆。户外布线大于 2km 时可选用单模光缆。

光缆的分类有多种方法，通常的分类方法如下：按照应用场合分类：室内光缆、室外光缆、室内外通用光缆等；按照敷设方式分类：架空光缆、直埋光缆、管道光缆、水底光缆等；按照结构分类：紧套管光缆、松套管光缆、单一套管光缆等；按照光缆缆芯结构分类：层绞式、中心束管式、骨架式和带状式四种基本型式；按照光缆中光纤芯数分类：4 芯、6 芯、8 芯、12 芯、24 芯、36 芯、48 芯、72 芯、…、144 芯等。

在综合布线系统中，主要按照光缆的使用环境和敷设方式进行分类。

2.1.4　电缆布线系统的分级、类别及选用

综合布线电缆布线系统的分级与类别见表 2-2。

电缆布线系统的分级与类别　表 2-2

系统分级	系统产品类别	支持最高宽带（Hz）	支持应用器件	
			电缆	连接硬件
A	—	100k	—	—
B	—	1M	—	—
C	3 类（大对数）	16M	3 类	3 类
D	5 类（屏蔽和非屏蔽）	100M	5 类	5 类
E	6 类（屏蔽和非屏蔽）	250M	6 类	6 类
E$_A$	6$_A$ 类（屏蔽和非屏蔽）	500M	6A 类	6A 类
F	7 类（屏蔽）	600M	7 类	7 类
F$_A$	7$_A$ 类（屏蔽）	1000M	7A 类	7A 类

综合布线系统工程的产品类别及链路、信道等级的确定应综合考虑建筑物的性质、功能、应用网络和业务对传输带宽及缆线长度的要求、业务终端的类型、业务的需求及发展、性能价格、现场安装条件等因素，并应符合表 2-3 的规定。

布线系统等级与类别的选用　表 2-3

业务种类		配线子系统		干线子系统		建筑群子系统	
		等级	类型	等级	类型	等级	类型
语音		D/E	5/6（4 对）	C/D	3/5（大对数）	C	3（室外大对数）
数据	电缆	D、E、E$_A$、F、F$_A$	5、6$_A$、7、7$_A$（4 对）	E、E$_A$、F、F$_A$	6、6$_A$、7、7$_A$（4 对）	—	—
	光纤	OF＝−300 OF＝−500 OF＝−2000	OM1、OM2、OM3、OM4 多模光纤、OS1、OS2 单模光纤及相应等级连接器件	OF＝−300 OF＝−500 OF＝−2000	OM1、OM2、OM3、OM4 多模光纤、OS1、OS2 单模光纤及相应等级连接器件	OF＝−300 OF＝−500 OF＝−2000	OS1、OS2 单模光纤及相应等级连接器件
其他应用		可采用 5/6/6$_A$ 类 4 对对绞电缆和 OM1、OM2、OM3、OM4 多模、OS1、OS2 单模光纤及相应等级连接器件					

2.2　综合布线相关部件的选择

2.2.1　双绞线连接器的选择

双绞线的主要连接器件有配线架、信息插座和接插软线（跳接线）。

信息插座采用信息模块和 RJ-45 连接器。在电信间，双绞线电缆端接至配线架，再用跳接线连接。

1. RJ-45 连接器

RJ-45 连接器是一种塑料接插件，又称作 RJ-45 水晶头。用于制作双绞线跳线，实现与配线架、信息插座、网卡或其他网络设备（如集线器、交换机、路由器等）的连接。RJ-45 连接器是 8 针的。

根据端接的双绞线的类型，有 5 类、5e 类、6 类 RJ-45 连接器；有非屏蔽 RJ-45 连接器（如图 2-8 所示，用于和非屏蔽双绞线端接）和屏蔽的 RJ-45 连接器（如图 2-9 所示，用于和屏蔽双绞线端接）。

图 2-8　非屏蔽 RJ-45 连接器　　　　图 2-9　屏蔽 RJ-45 连接器

双绞线跳线，是指两端带有 RJ-45 连接器的一段双绞线电缆，如图 2-10 所示。如图 2-11 所示为双绞线跳线的两端。

在计算机网络中使用的双绞线跳线有直通线、交叉线、反接线等三种类型。制作双绞线跳线时可以按照 EIA/TIA 568A 或 EIA/TIA 568B 两种标准之一进行，但在同一工程中只能按照同一个标准进行，一般多采用 EIA/TIA 568B 标准。

图 2-10　双绞线跳线　　　　　　图 2-11　双绞线跳线的两端

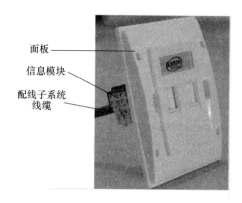

面板
信息模块
配线子系统
线缆

图 2-12　信息插座的结构

2. 信息插座

信息插座通常由信息模块、面板和底盒三部分组成。信息模块是信息插座的核心，双绞线电缆与信息插座的连接实际上是与信息模块的连接。如图 2-12 所示给出了信息插座的结构图。

信息插座中的信息模块通过配线子系统与楼层配线架相连，通过工作区跳线与应用综合布线的终端设备相连。信息模块的类型必须与配线子系统和工作区跳线的线缆类型一致。

RJ-45 信息模块（图 2-13）用于端接水平电缆，模块中有 8 个与电缆导线连接的接线。

RJ-45 信息模块的类型是与双绞线电缆的类型相对应的，比如根据其对应的双绞线电缆的等级，RJ-45 信息模块可以分为 3 类、5 类、5e 类和 6 类 RJ-45 信息模块等。RJ-45 信息模块也分为非屏蔽模块和屏蔽模块。如图 2-14 所示是非屏蔽信息模块。如图 2-15 所示是屏蔽信息模块。如图 2-16 所示是免工具双绞线信息模块。

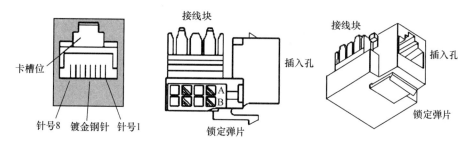

卡槽位
针号8　镀金钢针　针号1
接线块
A
B
锁定弹片
插入孔
接线块
插入孔
锁定弹片

图 2-13　RJ-45 模块的正视图、侧视图、立体图

01.02.007
非屏蔽信息模块

01.02.008
六类屏蔽信息模块

01.02.009
免打超五类
网络模块

图 2-14　非屏蔽信息模块

图 2-15　屏蔽信息模块

图 2-16　免工具双绞线信息模块

当安装屏蔽电缆系统时，整个链路都必须屏蔽，包括电缆和连接器。屏蔽双绞线的屏蔽层和连接硬件端接处屏蔽罩必须保持良好接触。电缆屏蔽层应与连接硬件屏蔽罩 360°圆周接触，接触长度不宜小于 10mm。信息插座面板如图 2-17 所示，信息插座单接线底盒如图 2-18 所示，桌面型插座如图 2-19 所示，弹起式地面型插座如图 2-20 所示。

图 2-17　信息插座面板

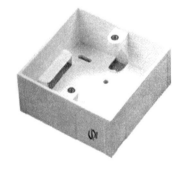

图 2-18　信息插座单接线底盒

3. 双绞线电缆配线架

配线架是电缆或光缆进行端接和连接的装置。在配线架上可进行互连或交接操作。建筑群配线架是端接建筑群干线电缆、光缆的连接装置。建筑物配线架是端接建筑物干线电缆、干线光缆并可连接建筑群干线电缆、干线光缆的连接装置。楼层配线架是端接水平电缆、水平光缆与其他布线子系统或设备相连接的装置。光纤配线架在后面部份还会单独介绍，这里介绍的都是铜缆配线架。

图 2-19　桌面型插座

图 2-20　弹起式地面型插座

铜缆配线架系统分 110 型配线架系统和模块式快速配线架系统。相应地，许多厂商都有自己的产品系列，并且对应 3 类、5 类、5e 类、6 类和 7 类缆线分别有不同的规格和型号。

（1）110 型连接管理系统

110 型配线架是 110 型连接管理系统核心部分，110 配线架是阻燃、注模塑料做的基本器件，布线系统中的电缆线对就端接在其上。

110 型配线架有 25 对、50 对、100 对、300 对多种规格，它的套件还应包括 4 对连接块或 5 对连接块（如图 2-21 所示）、空白标签和标签夹、基座。

110 型配线架主要有以下类型：

110AW2：100 对和 300 对连接块，带腿。

110DW2：25 对、50 对、100 对和 300 对接线块，不带腿。

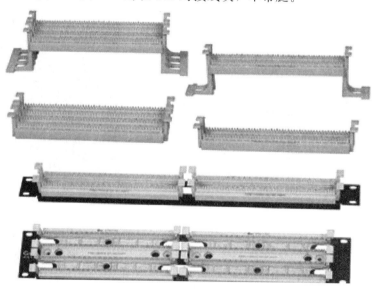

图 2-21　机架型 110 型配线架

110AB：100 对和 300 对带连接器的终端块，带腿。

110PB－C：150 对和 450 对带连接器的终端块，不带腿。

110AB：100 对和 300 对接线块，带腿。

110BB：100 对连接块，不带腿。

110 型配线架主要有五种端接硬件类型。110A 型、110P 型、110JP 型、110VP Visi-Patch 型和 XLBET 超大型。

1）110A 配线架

110A 型配线架配有若干引脚，俗称"带脚的 110 配线架"，机架型 110A 配线架适用于电信间、设备间水平布线或设备端接、集中点的互配端接。

机架型110型配线架

110A 型配线架用由金属制成的 188B1 和 188B2 两种底板，底板上面装有两个封闭的塑料分线环。

2）110P 配线架

110P 型配线架有 300 对和 900 对两种型号。110P 配线架没有支撑腿，不能安装在墙上，只能用于某些空间有限的特殊环境，如装在 19in 的机柜内。如图 2-22 所示。

110型模块插孔配线架

110P 型配线架用插拔快接跳线代替了跨接线。

3）110JP 型配线架

110JP 型配线架 110 型模块插孔配线架，它有一个 110 型配线架装置和与其相连接的 8 针模块化插座。如图 2-23 所示。

4）110 VisiPatch 型配线架 110 VisiPatch 是在 110 配线架的基础上研发的一种全新的配线架系统。110 VisiPatch 型配线架采用全球先进的 110 绝缘置换连接器（Insulation Displacement Connector，IDC）卡接技术和设计，加强了配线的组织和管理。

5）超大型 XLBET

超大型建筑物进线终端架系统 XLBET 适用于建筑群（校园）子系统，用来连接从中心机房来的电话网络电缆。

（2）模块化快速配线架

模块化快速架又称为快接式（插拔式）配线架、机柜式配线架，是一种 19in 的模块式嵌座配线架。它通过背部的卡线连接水平或垂直干线，并通过前面的 RJ-45 水晶头将工作区终端连接到网络设备。

按安装方式，模块式配线架有壁挂式和机架式两种。常用的配线架，通常在 1U 或 2U 的空间可以提供 24 个或 48 个标准的 RJ-45 接口，如图 2-24～图 2-27 所示。

图 2-22　110P 配线架

图 2-23　110 型模块插孔配线架

图 2-24　48 口模块化快速配线架

01.02.014

24口模块化配线架

图 2-25　24 口配线架

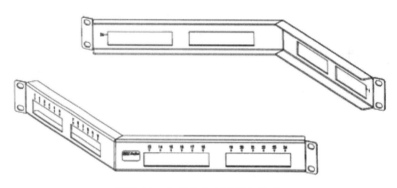

图 2-26　角型高密度配线架构成

01.02.015

墙式理线架

4. 理线器

理线器也称线缆管理器，安装在机柜或机架上，为机柜中的电缆提供平行进入配线架 RJ-45 模块的通路，使电缆在压入模块之前不再多次直角转弯，减少了自身的信号辐射损耗，减少对周围电缆的辐射干扰，并起到固定

图 2-27　凹型高密度配线架构成

和整理线缆，使布线系统更加整洁、规范。

从外观上看，理线器可分为过线环式理线器和墙式理线器。如图 2-28 所示。

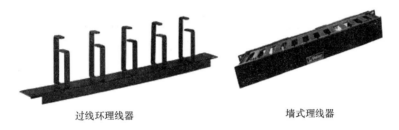

过线环理线器　　　　　　　　　墙式理线器

图 2-28　理线器

2.2.2　光纤连接器件的选择

光纤连接部件主要有：

（1）配线架

（2）端接架

（3）接线盒

（4）光缆信息插座

01.02.016 ▶

光纤接头介绍

（5）各种连接器（如 ST、SC、FC 等）以及用于光缆与电缆转换的器件。

它们的作用是实现光缆线路的端接、接续、交连和光缆传输系统的管理，从而形成综合布线系统光缆传输系统通道。

1. 光纤连接器

大多数的光纤连接器是由三部分组成，两个光纤连接器和一个耦合器，如图 2-29 所示。耦合器是把两条光缆连接在一起的设备，使用时把两个连接器分别插到光纤耦合器的两端。耦合器的作用是把两个连接器对齐，保证两个连接器之间有一个低的连接损耗。耦合器多配有金属或非金属法兰，以便于连接器的安装固定。光纤连接器使用卡口式、旋拧式、"n"型弹簧夹和 MT-RJ 等方法连接到插座上。

连接器

连接器　　光纤耦合器

图 2-29　光纤连接器的组成

（1）按传输媒介的不同可分为单模光纤连接器和多模光纤连接器；

（2）按结构的不同可分为 FC、SC、ST、D4、DIN、Biconic、MU、LC、MT 等各种型式，如图 2-30～图 2-36 所示；

（3）按连接器的插针端面可分为 FC、PC（UPC）和 APC 型式；

（4）按光纤芯数还有单芯、多芯之分。

要传输数据，至少需要两根光纤。一根光纤用于发送，另一根用于接收。光纤连接器根据光纤连接的方式被分为两种：

（1）单连接器在装配时只连接一根光纤；

（2）双连接器在装配时要连接两个光纤。

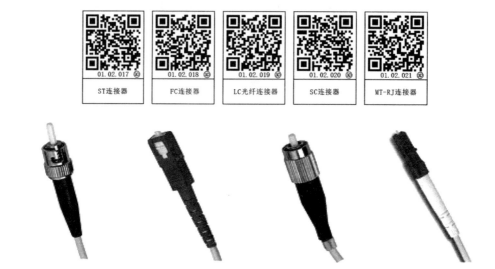

图 2-30 ST 型连接器　图 2-31 SC 型连接器　图 2-32 FC 型连接器　图 2-33 LC 连接器

图 2-34 MT-RJ 型连接器　图 2-35 MU 型连接器　图 2-36 VF 型连接器

2. 光纤跳线和光纤尾纤

（1）光纤跳线

光纤跳线是由一段 1～10m 的互连光缆与光纤连接器组成，用在配线架上交接各种链路。

光纤跳线有单芯和双芯、单模和多模之分。由于光纤一般只是单向传输，需要进行全双工通信的设备需要连接两根光纤来完成收、发工作，因此如果使用单芯跳线，就需要两根跳线。

根据光纤跳线两端的连接器的类型，光纤跳线有以下多种类型（图 2-37～图 2-39）：

1）ST-ST 跳线：两端均为 ST 连接器的光纤跳线。

2）SC-SC 跳线：两端均为 SC 连接器的光纤跳线。

3）FC-FC 跳线：两端均为 FC 连接器的光纤跳线。

4）LC-LC 跳线：两端均为 LC 连接器的光纤跳线。

5）ST-SC 跳线：一端为 ST 连接器的光纤跳线，另一端为 SC 连接器的光纤跳线。

6）ST-FC 跳线：一端为 ST 连接器的光纤跳线，另一端为 FC 连接器的光纤跳线。

7）FC-SC 跳线：一端为 FC 连接器的光纤跳线，另一端为 SC 连接器的光纤跳线。

图 2-37　双绞线 FC 跳线　　　图 2-38　双芯 ST 光纤跳线　　　图 2-39　LC 光纤跳线

（2）光纤尾纤

光纤尾纤只有一端有连接头，另一端是一根光缆纤芯的断头，通过熔接可与其他光缆纤芯相连。

它常出现在光纤终端盒内，用于连接光缆与光纤收发器。同样有单芯和双芯、单模和多模之分。一条光纤跳线剪断后就形成两条光纤尾纤。

3. 光纤适配器（耦合器）

光纤适配器（Fiber Adapter）又称光纤耦合器，实际上就是光纤的插座，它的类型与光纤连接器的类型对应，有 ST、SC、FC、LC、MU 等几种（图 2-40），和光纤连接器是对应的。

光纤耦合器一般安装在光纤终端箱上，提供光纤连接器的连接固定。

不同连接口的耦合器如图 2-41 所示。

4. 光纤配线设备

光纤配线设备主要分为室内配线和室外配线设备两大类。其中：

室内配线包括机架式（光纤配线架、混合配线架）、机柜式（光纤配线柜、混合配线柜）和壁挂式（光纤配线箱、光纤终端盒、综合配线箱，如图 2-42～图 2-46 所示）；

(a) $\qquad$ (b) $\qquad$ (c) $\qquad$ (d)

图 2-40　光纤耦合器

(a) ST 光纤耦合器；(b) SC 光纤耦合器；(c) FC 光纤耦合器；(d) LC 光纤耦合器

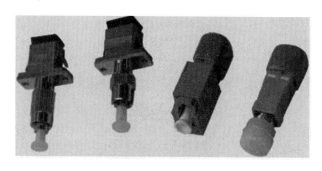

图 2-41　不同连接口的耦合器

室外配线设备包括光缆交接箱、光纤配线箱、光缆接续盒。

这些配线设备主要由配线单元、熔接单元、光缆固定开剥保护单元、存储单元及连接器件组成。

机架式光纤配线架

光纤接续盒

光纤配线箱

光纤终端盒

图 2-42　机架式光纤配线架

图 2-43　光纤交接箱

图 2-44　光纤接续盒

图 2-45　光纤配线箱

5. 光纤信息插座

光纤到桌面时，需要在工作区安装光纤信息插座。光纤信息插座的作用和基本结构与使用 RJ-45 信息模块的双绞线信息插座一致，是光缆布线在工作区的信息出口，用于光纤到桌面的连接，如图 2-47 所示。实际上就是一个带光纤耦合器的光纤面板。光缆敷设到光纤信息插座的底盒后，光缆与一条光纤尾纤熔接，尾纤的连接器插入光纤面板上的光纤耦合器的一端，光纤耦合器的另一端用光纤跳线连接计算机。

图 2-46　光纤终端盒

为了满足不同应用场合的要求，光缆信息插座有多种类型。例如，如果配线子系统为多模光纤，则光缆信息插座中应选用多模光纤模块；如果配线子系统为单模光纤，则光缆信息插座中应选用单模光纤模块。另外，还有 SC 信息插座、LC 信息插座、ST 信息插座等。

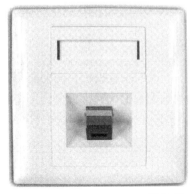

图 2-47　光纤面板

2.2.3 机柜

1. 机柜的结构和规格

综合布线系统一般采用 19in 宽的机柜，称之为标准机柜，用以安装各种配线模块和交换机等网络设备。

2. 机柜的分类

从不同的角度可以将机柜进行不同的分类。

（1）根据外形可将机柜分为立式机柜（如图 2-48 所示）、挂墙式机柜（如图 2-49 所示）和开放式机架（如图 2-50 所示）三种。

立式机柜主要用于设备间。挂墙式机柜主要用于没有独立房间的楼层配线间。各高校建立的网络技术实验、实训室和综合布线实验、实训室大多采用开放式机架来叠放设备。

图 2-48　立式机柜　　　　　图 2-49　挂墙式机柜　　　　　图 2-50　开放式机柜

（2）从应用对象来看，除可分为布线型机柜（又称为网络型机柜）、服务器型机柜等两种类型外，还有：控制台型机柜、ETSI 机柜、X Class 通信机柜、EMC 机柜、自调整组合机柜及用户自行定制机柜等。

布线型机柜就是 19in 的标准机柜，它是宽度为 600mm，深度为 600mm。服务器型机柜由于要摆放服务器主机、显示器、存储设备等，和布线型机柜相比要求空间要大，通风散热性能更好。所以它的前门门条和后门一般都带透气孔，风扇也较多。根据设备大小和数量多少，宽度和深度一般要选择 600mm×800mm、800mm×600mm、800mm×800mm 机柜，甚至要选购更大尺寸的产品。

（3）从材质和结构方面可将机柜分为豪华优质型机柜和普通型机柜。

机柜的材料与机柜的性能有密切的关系，制造 19in 标准机柜的材料主要有铝型材料和冷轧钢板两种材料。冷轧钢板制造的机柜具有机械强度高、承重量大的特点。

（4）19in 标准机柜从组装方式来看，大致有一体化焊接型和组装型两种。

一体化焊接型价格相对便宜，焊接工艺和产品材料是这类机柜的关键，一些劣质产品遇到较重的负荷容易产生变形。组装型是目前比较流行的形式，包装中都是散件，需要时可以迅速组装起来，而且调整方便灵活性强。

3. 机柜中的配件

（1）固定托盘。用于安装各种设备，尺寸繁多，用途广泛，有 19in 标准托盘、非标准固定托盘等。常规配置的固定托盘深度有 440mm、480mm、580mm、620mm 等规格。固定托盘的承重不小于 50kg。

（2）滑动托盘。用于安装键盘及其他各种设备，可以方便地拉出和推回；19in 标准滑动托盘适用于任何 19in 标准机柜。常规配置的滑动托盘深度有 400mm、480mm 两种规格。滑动托盘的承重不小于 20kg。

（3）理线环。布线机柜使用的理线装置，安装和拆卸非常方便，使用的数量和位置可以任意调整。

（4）DW 型背板。可用于安装 110 型配线架或光纤盒，有 2U 和 4U 两种规格，如图 2-51 所示。

固定头盘面　　　　　　　　　　　　　　　　DW 型背板

图 2-51　DW 型背板

（5）L 支架。L 支架可以配合 19in 标准机柜使用，用于安装机柜中的 19in 标准设备，特别是重量较大的 19in 标准设备，如机架式服务器等。

（6）盲板。盲板用于遮挡 19in 标准机柜内的空余位置等用途，有 1U、2U 等多种规格。常规盲板为 1U、2U 两种。

（7）扩展横梁。用于扩展机柜内的安装空间之用。安装和拆卸非常方便。同时也可以配合理线器、配电单元的安装，形式灵活多样。

（8）安装螺母。又称方螺母，适用于任意 19in 标准机柜，用于机柜内的所有设备的安装，包括机柜的大部分配件的安装。

（9）键盘托架。用于安装标准计算机键盘，可配合市面上所有规格的计算机键盘，可翻折 90°。键盘托架必须配合滑动托盘使用。如图 2-52 所示。

（10）调速风机单元。安装于机柜的顶部，可根据环境温度和设备温度调节风扇的转速。

（11）机架式风机单元。高度为 1U，可安装在 19in 标准机柜内的任意高度位置上，可根据机柜内热源酌情配置。

（12）重载脚轮与可调支脚。重载脚轮单个承重 125kg，转动灵活，可承载重负荷，安装固定于机柜底座，可让操作者平稳、方便移动机柜。

（13）标准电源板：通常为英式设计。如图 2-53 所示。

图 2-52　键盘托盘

图 2-53　标准电源板

【任务验收】

1. 在调研之前，将班级学生划分为几个小组，便于调研和组内讨论。

2. 按照任务的要求，小组人员对调研内容进行分配，按照分配到的任务每位同学认真记录，形成完整的产品报告单，并进行交流汇报。

01.00.002 ①

云题

【理论知识考评】

1. 在综合布线系统中，常见的传输介质有哪些？各有什么样的特点？各自适合应用在什么环境？

2. 双绞线按照屏蔽方式可分为哪两类？屏蔽双绞线和非屏蔽双绞线在性能和应用上有什么差别？

3. 屏蔽双绞线电缆有哪几种？

4. 双绞线电缆连接器有哪些？

5. 信息插座面板有哪几类？

6. 简述光纤的结构？光纤的分类？

7. 光缆如何分类？什么是单模光缆？什么是多模光缆？

8. 常用的光纤连接器有哪几类？

9. 光纤跳线和尾纤有什么区别？

模块二　综合布线系统设计

项目 3　综合布线系统识图

【学习目标】
1. 了解建筑电气制图的整体要求和统一规定。
2. 认识图线、比例、标注及符号。
3. 使用绘图软件绘图。

02.00.001
MOOC教学视频

【学习任务】

本项目的学习任务是通过《智能建筑弱电工程设计与施工（09X700）》和《综合布线系统工程设计与施工（08X101—3）》等图集的重点内容的学习，掌握综合布线系统绘图知识，能够读识综合布线的系统图及平面图等。

【任务实施】

通过某办公楼综合布线图纸为案例，通过《智能建筑弱电工程设计与施工（09X700）》和《综合布线系统工程设计与施工（08X101—3）》图集的学习，学生能够进行图纸的识读，通过绘图软件掌握图线、标准、符号的绘制。

【知识链接】

3.1　图纸认知

综合布线工程施工图在综合布线工程中起着关键的作用，首先，设计人员要通过建筑图纸来了解和熟悉建筑物结构并设计综合布线施工图；然后，用户要根据工程施工图来对工程可行性进行分析和判断；施工技术人员要根据设计施工图组织施工；工程竣工后施工方必须先将包括施工图在内的所有竣工资料移交给建设方；在验收过程中，验收人员还要根据施工图进行项目验收，检查设备及链路的安装位置、安装工艺等是否符合设计要求。施工图是用来指导施工的，应能清晰直观的反映网络和综合布线系统的结构、管线路由和信息点分布等情况。因此，识图、绘图能力是综合布线工程设计与施工人员必备的基本功。

3.1.1　设计参考图集

在综合布线系统图纸设计过程中，主要参考国家建筑标准设计图集是《智能建筑弱电工程设计与施工（09X700）》和《综合布线系统工程设计与施工（08X101—3）》。

3.1.2　建筑电气制图的整体要求和统一规定

工程制图严格遵照国家有关深度规定和制图标准的要求，要求所有图面的表达方式均保持一致，标准包括《房屋建筑制图统一标准》GB/T 50001—2017、《电气工程 CAD 制图规则》GB/T 18135—2008、《民用建筑工程电气设计深度图样》09DX003～004。建筑电气制图标准有《建筑电气制图标准》GB 50786—2012《建筑电气制图标准》12DX011图示。

1. 图线

建筑电气专业的图线宽度（b）应根据图纸的类型、比例和复杂程度，按现行国家标准《房屋建筑制图统一标准》GB/T 50001 的规定选用，并宜为 0.5mm、0.7mm、1.0mm。

电气总平面图和电气平面图宜采用三种及以上的线宽绘制，其他图样宜采用两种及以上的线宽绘制。

同一张图纸内，相同比例的各图样，宜选用相同的线宽组。

同一个图样内，各种不同线宽组中的细线，可统一采用线宽组中较细的细线。

建筑电气专业常用的制图图线、线型及线宽宜符合表 3-1 的规定。

建筑电气专业常用的制图图线、线型及线宽 　　　　　　　　表 3-1

图线名称		线型	线宽	一般用途
实线	粗	———————————	b	本专业设备之间电气通路连接线、本专业设备可见轮廓线、图形符号轮廓线
	中粗	———————	0.7b	
	中	——————	0.7b	本专业设备可见轮廓线、图形符号轮廓线、方框线、建筑物可见轮廓
			0.5b	
	细	——————	0.25b	非本专业设备可见轮廓线、建筑物可见轮廓；尺寸、标高、角度等标注线及引出线
虚线	粗	- - - - - - - - -	b	本专业设备之间电气通路不可见连接线；线路改造中原有线路
	中粗	- - - - - - - - -	0.7b	
	中	- - - - - - - -	0.5b	本专业设备不可见轮廓线、地下电缆沟、排管区、隧道、屏蔽线、连锁线
	细	- - - - - - - -	0.25b	非本专业设备不可见轮廓线及地下管沟，建筑物不可见轮廓线等
波浪线	粗	∿∿∿∿∿	b	本专业软管、软护套保护的电气通路连接线、蛇形敷设线缆
	中粗	∿∿∿∿∿	0.7b	
单点长画线		—— - —— - ——	0.25b	定位轴线、中心线、对称线；结构、功能、单元相同圈框线
双点长画线		—— - - —— - - ——	0.25b	轴助围框线、假想或工艺设备轮廓线
折断线		——————／\—————	0.25b	断开界线

2. 比例

电气总平面图、电气平面图的制图比例，宜与工程项目设计的主导专业一致，采用的比例宜符合表 3-2 的规定，并应优先采用常用比例。

电气总平面图、电气平面图的制图比例　　　表 3-2

序号	图　名	常用比例	可用比例
1	电气总平面图、规划图	1∶500、1∶1000、1∶2000	1∶300、1∶5000
2	电气平面图	1∶50、1∶100、1∶150	1∶200
3	电气竖井、设备间、电信间、变配电室等平、剖面图	1∶20、1∶50、1∶100	1∶25、1∶150
4	电气详图、电气大样图	10∶1、5∶1、2∶1、1∶1、1∶2、1∶5、1∶10、1∶20	4∶1、1∶25、1∶50

电气总平面图、电气平面图应按比例制图，并应在图样中标注制图比例。一个图样宜选用一种比例绘制。选用两种比例绘制时，应做说明。

3. 编号和参照代号

当同一类型或同一系统的电气设备、线路（回路）、元器件等的数量大于或等于 2 时，应进行编号。

当电气设备的图形符号在图样中不能清晰地表达其信息时，应在其图形符号附近标注参照代号。

编号宜选用 1、2、3、……、数字顺序排列。

参照代号采用字母代码标注时，参照代号宜由前缀符号、字母代码和数字组成。当采用参照代号标注不会引起混淆时，参照代号的前缀符号可省略。

4. 标注

1）电气设备的标注应符合下列规定：

宜在用电设备的图形符号附近标注其额定功率、参照代号；对于电气箱（柜、屏），应在其图形符号附近标注参照代号，并宜标注设备安装容量；对于照明灯具，宜在其图形符号附近标注灯具的数量、光源数量、光源安装容量、安装高度、安装方式（表 3-3）。

2）电气线路的标注应符合下列规定：

应标注电气线路的回路编号或参照代号、线缆型号及规格、根数、敷设方式、敷设部位等信息；对于弱电线路，宜在线路上标注本系统的线型符号（表 3-4）；对于封闭母线、电缆梯架、托盘和槽盒宜标注其规格及安装高度。

安装方式的标注　　　表 3-3

序号	代号	安装方式
1	W	壁装式
2	C	吸顶式
3	R	嵌入式
4	DS	管吊式

线型符号　　　表 3-4

序号	线型符号		说　明
	形式 1	形式 2	
1	——C——	———C———	控制线路

序号	线型符号		说　明
	形式1	形式2	
2	——EL——	——EL——	应急照明线路
3	——PE——	——PE——	保护接地线
4	——E——	——E——	接地线
5	——LP——	——LP——	接闪线、接闪带、接闪网
6	——TP——	——GCS——	电话线路
7	——TD——	——TD——	数据线路
8	——TV——	——TV——	有线电视线路
9	——BC——	——BC——	广播线路
10	——V——	——V——	视频线路
11	——GCS——	——GCS——	综合布线系统线路
12	——F——	——F——	消防电话线路
13	——D——	——D——	50V 以下的电源线路
14	——DC——	——DC——	直流电源线路
15	⊘		光源，一般符合

3）线缆敷设部位的标注应符合表 3-5 的规定。

对敷设部位的标注　　　　　　　　　　　　　　　表 3-5

序　号	代　号	安装方式
1	AB	沿或跨梁（屋架）敷设
2	AC	沿或跨柱敷设
3	CE	沿吊顶或顶板面敷设
4	SCE	吊顶内敷设
5	WS	沿墙面敷设
6	RS	沿屋面敷设
7	CC	暗敷设在顶板内
8	BC	暗敷设在梁内
9	CLC	暗敷设在柱内
10	WC	暗敷设在墙内
11	FC	暗敷在地板或地板下

5. 图形符号

图样中采用的图形符号应符合下列规定：图形符号可放大或缩小；当图形符号旋转或镜像时，其中的文字宜为视图的正向；当图形符号有两种表达形式时，可任选用其中一种形式，但同一工程应使用同一种表达形式；当现有图形符号不能满足设计要求时，可按图形符号生成原则产生新的图形符号；新产生的图形符号宜由一般符号与一个或多个相关的补充符号组合而成；补充符号可置于一般符号的里面、外面或与其相交。

通信及综合布线系统图样宜采用表 3-6 的常用图形符号。

通信及综合布线系统图样的常用图形符号　　　　　　　表 3-6

序号	常用图形符号		说　明	应用类别
	形式 1	形式 2		
1	MDF		总配线架（框） Main distrbution frame	系统图、平面图
2	ODF		光纤配线架（柜） Fiber distribution frame	
3	IDF		中间配线架（柜） Mid distribution frame	
4	BD	BD	建筑物配线架（柜） Building distributor（有跳线连接）	系统图
5	FD	FD	楼层配线架（柜） Floor distributio（有跳线连接）	
6	CD		建筑群配线架（柜） Campmis distributor	
7	BD		建筑物配线架（柜） Building distributor	
8	FD		楼层配线架（柜） Floor distributor	
9	HUB		集线器 Hub	平面图、系统图
10	SW		交换机 Switcboard	
11	CP		集合点 Consolidation point	
12	LIU		光纤连接盘 Line interface unit	
13	TP	TP	电话插座 Telephone socket	

续表

序号	常用图形符号		说　明	应用类别
	形式 1	形式 2		
14	ⓉⒹ	⊤TD	数据插座 Data socket	平面图、系统图
15	ⓉⓄ	⊤TO	信息插座 Information socket	
16	ⓝTO	⊤nTO	n 孔信息插座 Information socket with many outlers, n 为信息孔数量，例如：TO—单孔信息插座；2TO—二孔信息插座	
17	○ MUTO		多用户信息插座 Information socket for many users	

3.2　识读综合布线图纸

3.2.1　识图

图例是设计人员用来表达其设计意图和设计理念的符号。只要设计人员在图纸中以图例形式加以说明，使用什么样的图形或符号来表示并不重要。但如果设计人员既不想特别说明，又希望读者能明白其意，从而读懂图纸，就必须使用一些统一的图符（图例）。在综合布线工程设计中，部分常用图例如表 3-7 所示。

常用图例　　　　　　　　　　　　　　　　　表 3-7

序号	图例	名　称	序号	图例	名　称
1	CD／CD	建筑群配线架	4	FD	楼层配线架（无跳线连接）
2	ED／ED	建筑物配线架	5	DOF	数字配线架
3	FD／FD	楼层配线架	6	ODF	光纤总配线架

续表

序号	图例	名　称	序号	图例	名　称
7	MOF	用户总配线架	13	nTO	信息插座（多孔）
8	LIU	光纤接线盒	14	TN	内网信息插座
9	HUB	集线器	15	nTN	内网信息插座（多孔）
10	SW	交换机	16	TP	电话插座
11	AP	无线接入点	17	FO	光纤插座
12	TO	信息插座			

综合布线工程图纸是通过各种图形符号、文字符号、文字说明及标注表达的。预算人员要通过图纸了解工程规模、工程内容、统计出工程量、编制出工程概预算文件。施工人员要通过图纸了解施工要求，按图施工。阅读图纸的过程就称为识图。换句话说，识图就是要根据图例和所学的专业知识，认识设计图纸上的每个符号，理解其工程意义，进而很好地掌握设计者的设计意图，明确在实际施工过程中，要完成的具体工作任务，这是按图施工的基本要求，也是准确套用定额进行综合布线工程概预算的必要前提。

3.2.2 综合布线工程图的种类

包括网络拓扑结构图、综合布线系统拓扑（结构）图、综合布线系统管线路由图、楼层信息点分布及管线路由图和机柜配线架信息点布局图等。反映以下几个方面的内容：

（1）网络拓扑结构；

（2）进线间、设备间、电信间的设置情况、具体位置；

（3）布线路由、管槽型号和规格、埋设方法；

（4）各层信息点的类型和数量，信息插座底盒的埋设位置；

（5）配线子系统的缆线型号和数量；

（6）干线子系统的缆线型号和数量；

（7）建筑群子系统的缆线型号和数量；

（8）FD、BD、CD、光纤互连单元（LIU）的数量和分布位置；

（9）机柜内配线架及网络设备分布情况，缆线成端位置。

1. 综合布线系统结构图

作为全面概括布线系统全貌的示意图。主要描述进线间、设备间、电信间的设置情况，各布线子系统缆线的型号、规格和整体布线系统结构等内容。某园区综合布线系统结构图，如图 3-1 所示。

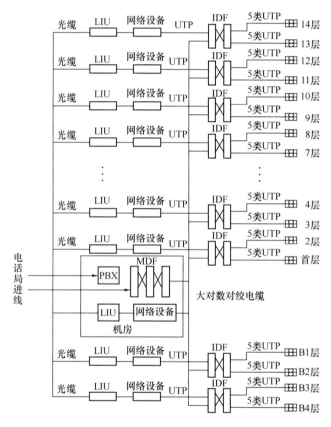

图 3-1 综合布线系统结构图

2. 综合布线系统管线路由图

主要反映主干（建筑群和干线子系统）缆线的布线路由、桥架规格、数量（或长度）、布放的具体位置和布放方法等。某园区光缆布线路由图如图 3-2 所示。

3. 楼层信息点分布及管线路由图

反映相应楼层的布线情况，包括：该楼层的配线路由和布线方法，配线用管槽的具体规格、安装方法及用量，终端盒的具体安装位置及方法等。

某办公楼一层局部的信息点分布及管线路由图如图 3-3 所示。

4. 机柜配线架分布图

反映机柜中需安装的各种设备，柜中各种设备的安装位置和安装方法，各配线架的用

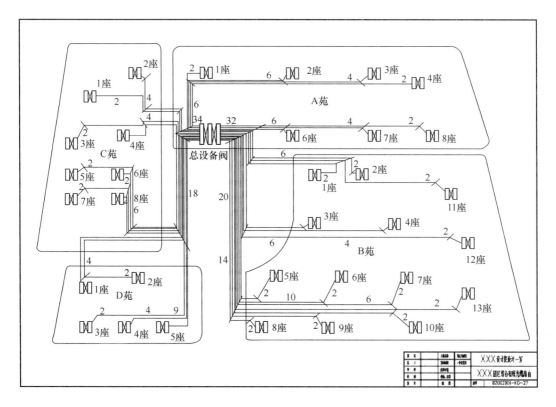

图 3-2　综合布线系统管线路由图

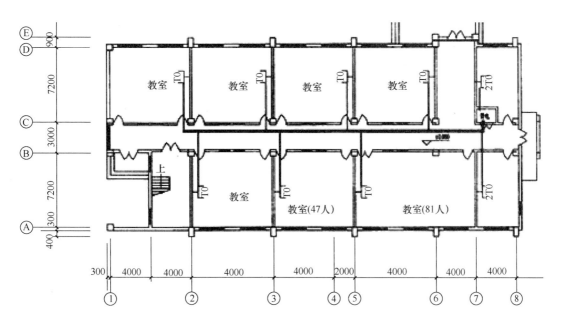

图 3-3　楼层信息点分布及管线路由图

途（分别用来端接什么缆线），各缆线的成端位置（对应的端口）。如图 3-4 所示。

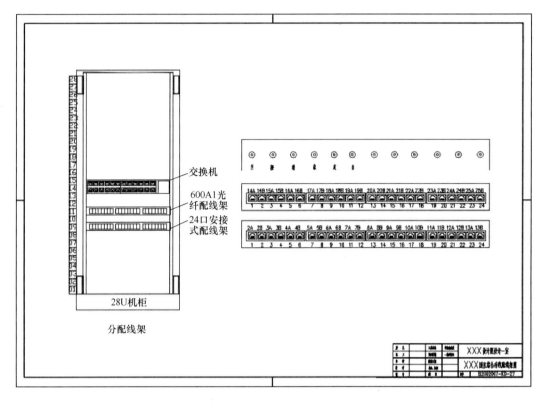

图 3-4　机柜配线架分布图

3.2.3　使用绘图软件绘图

1. AUTOCAD

AUTOCAD 是由美国 Autodesk（欧特克）公司于 20 世纪 80 年代初，为微机上应用 CAD 技术而开发的绘图程序软件包，已成为国际上广为流行的绘图工具。

在综合布线工程设计中，AUTOCAD 常用于绘制综合布线系统管线路由图、楼层信息点分布图、机柜配线架布局图等。

2. Visio

Visio 作为 Microsoft Office 组合软件的成员，可广泛应用于电子、机械、通信、建筑、软件设计和企业管理等领域。

Visio 具有易用的集成环境、丰富的图表类型和直观的绘图方式；能使专业人员和管理人员快速、方便地制作出各种建筑平面图、管理机构图、网络布线图、机械设计图、工程流程图、电路图等。

在综合布线工程设计中，Visio 通常用于绘制网络拓扑图、布线系统图和楼层信息点分布及管线路由图等。

3. 电气专业设计人员在设计绘图过程中，以指定天正电气 8.2 辅助软件绘图为主，CAD 为辅。

项目 4　综合布线系统的总体设计

【学习目标】

1. 了解综合布线系统设计的等级及原则。

2. 掌握综合布线系统设计流程。

【学习任务】

本项目的学习任务是通过学习使学生掌握对综合布线设计流程。

【任务实施】

通过某办公楼综合布线工程为案例，使学生对本工程进行整体设计。

【知识链接】

综合布线系统工程的优劣非常关键的一步就是系统设计。布线系统设计是否合理，直接影响到智能建筑中的信息通信的质量与速度。综合布线系统设计是整个网络工程建设的蓝图和总体框架结构。综合布线系统按照工作区、配线子系统、干线子系统、建筑群子系统、设备间、进线间和管理等七部分进行设计。

4.1　综合布线系统设计等级

对于建筑物的综合布线系统，一般定义三种不同的布线系统等级。它们是：基本型综合布线系统、增强型综合布线系统和综合型综合布线系统。

1. 基本型综合布线系统

基本型综合布线系统方案，是一个经济有效的布线方案。它支持语音或综合型语音/数据产品，并能够全面过渡到数据的异步传输或综合型布线系统。它的基本配置：

（1）每一个工作区有 1 个信息插座；

（2）每一个工作区有一条水平布线 4 对 UTP 系统；

（3）完全采用 110A 交叉连接硬件，并与未来的附加设备兼容；

（4）每个工作区的干线电缆至少有 2 对双绞线。

它的特点为：

（1）能够支持所有语音和数据传输应用；

（2）支持语音、综合型语音/数据高速传输；

（3）便于维护人员维护、管理；

（4）能够支持众多厂家的产品设备和特殊信息的传输。

这类系统适合于目前的大多数的场合，因为它具有要求不高，经济有效，且能适应发展，逐步过渡到较高级别等特点，因此目前主要应用于配置要求较低的场合。

2. 增强型综合布线系统

增强型综合布线系统不仅支持语音和数据的应用，还支持图像、影像、视频会议等。它具有为增加功能提供发展的余地，并能够利用接线板进行管理，它的基本配置：

（1）每个工作区有 2 个以上信息插座；

（2）每个信息插座均有水平布线 4 对 UTP 系统；

（3）具有 110A 交叉连接硬件；

（4）每个工作区的电缆至少有 8 对双绞线。

它的特点为：

（1）每个工作区有 2 个信息插座，灵活方便、功能齐全；

（2）任何一个插座都可以提供语音和高速数据传输；

（3）便于管理与维护；

（4）能够为众多厂商提供服务环境的布线方案。

这类系统能支持语音和数据系统使用，具有增强功能，且有适应今后发展的余地，适用于中等配置标准的场合。

3. 综合型综合布线系统

综合型布线系统是将双绞线和光缆纳入建筑物布线的系统，它的基本配置：

（1）在建筑物内、建筑群的干线或水平布线子系统中配置 $62.5\mu\mathrm{m}$ 光缆；

（2）在每个工作区的电缆内配有 4 对双绞线；

（3）每个工作区的电缆中应有 2 条以上的双绞线。

它的特点为：

（1）每个工作区有 2 个以上的信息插座，不仅灵活方便而且功能齐全；

（2）任何一个信息插座都可供语音和高速数据传输；

（3）有一个很好环境，为客户提供服务。

这类系统具有功能齐全，满足各方面通信要求，适用于配置较高的场合，例如规模较大的智能建筑等。

4.2　综合布线工程设计原则

目前，对于楼宇自控系统的配线网络，有人主张纳入综合布线系统，有人则主张仍沿用传统布线方式。例如，有线广播、火灾报警、紧急广播、有线电视、视频监控等仍沿用传统布线。随着计算机网络技术在工业生产控制领域、安全防范等方面的大量应用，TCP/IP 的通信协议得到广泛的应用，数字化的信息传递已成为发展的主流，综合布线作为宽带的传输介质将体现出更大的优势。综合布线系统设计原则主要包括以下内容。

（1）综合布线系统的设施及管线的建设，应纳入建筑与建筑群相应城区的规划之中。对于园区还应将综合布线的管网纳入到规划的综合管线统一考虑，以做到资源共享。在土木建筑、结构的工程设计中对综合布线信息插座箱体的安装、管线的敷设、电信间、设备间的面积需求和场地设置都要有所规划，防止今后增设或改造时造成工程的复杂和费用的浪费。

（2）综合布线系统工程在建筑改建、扩建中，要区别对待。设计既要考虑实用，又要兼顾发展，在功能满足需求的情况下，尽量减少工程投资。

（3）综合布线系统应与大楼的信息网络、通信网络、设备监控与管理等系统统筹规划，按照各种信息的传输要求，做到合理使用，并应符合相关的标准。

（4）综合布线工程设计时，应根据工程项目的性质、功能、环境条件和近、远期用户要求，进行综合布线系统设施和管线的设计。并必须保证综合布线系统质量和安全，考虑施工和维护方便，做到技术先进、经济合理。

（5）综合布线系统工程设计时，必须选用符合国家或国际有关技术标准的定型产品。

（6）综合布线系统工程设计时，必须符合国家现行的相关强制性或推荐性标准规范的规定。

（7）综合布线系统作为建筑的公共电信配套设施在建设期应考虑一次性投资建设，能适应多家电信业务经营者提供通信与信息业务服务的需求，保证电信业务在建筑区域内的接入、开通和使用；使用户可以根据自己的需要，通过对入口设施的管理选择电信业务经营者，避免造成将来建筑物内管线的重复建设而影响到建筑物的安全与环境。因此，在管道与设施安装场地等方面，工程设计中应充分满足电信业务市场竞争机制的要求。

4.3　设计流程

综合布线系统施工是一个较为复杂的系统工程，要达到用户的需求目标就必须在施工前进行认真、细致地设计。设计过程中必须认真分析用户的需求，并充分考虑综合布线系统的可管理性、先进性、可扩充性以及性能价格比等因素。因此综合布线工程的优劣非常关键的一步就是系统设计。

1. 用户需求分析

一个用户单位在实施综合布线系统工程项目前都有一些自己的设想，但不是每一位用户单位的负责人都熟悉综合布线的设计技术，因此作为项目设计人员必须与用户负责人耐心地沟通，认真、详细地了解工程项目的实施目标、要求，并整理存档。对于某些不清楚的地方，还应多次反复地与用户沟通，一起分析设计。

2. 布线系统物理链路设计

（1）机房位置确定

一般在设计院或用户已经指定了布线机房位置，布线机房大部分都和网络机房共用，也有部分单独设置。在这种情况下，需要查看机房内是否可以满足布线系统的要求。如果用户还没有明确机房位置，需要你根据实际现场情况和机房的基本要求确定机房位置，并与用户沟通，获得用户认可。

（2）弱电竖井与分配线间位置确定

一般在设计院或用户已经指定了弱电竖井与分配线间的物理位置。在这种情况下，需要查看配线间内是否可以满足布线系统的要求。如果用户还没有明确分配线间位置，需要你根据实际现场情况和机房的基本要求确定机房位置，并与用户沟通，争得用户认可。竖井与分配线间的位置和数量将直接影响工程造价，如发现原有设计不合理（这种情况时常出现），请直接与用户和设计院沟通，请求作设计变更。

（3）点位统计表

确定点位图这是很重要的，这是计算材料清单的必备条件。要详细统计数据节点、语音节点、光纤到桌面节点的数量和分布情况。制作成详细点位统计表。

（4）路由设计

在工程实施中，路由是很重要的一环，包括水平线缆路由、垂直主干路由、主配线间位置、分配线位置、机房位置、机柜位置、大楼接入线路位置等。

材料种类：物理路由上可能使用镀锌线槽、镀锌管、PVC 管线槽、PVC 软管、梯形爬线梯、上走线铝合金桥架等。

障碍物结构：砖墙、混凝土墙、楼板结构、隔断，是否为承重墙等，要分别对待。

敷设方式：暗敷设、明敷设、吊装、沿墙、室外架杆、室外管井等。

在确定了上述情况后，作出物理路由图，包括线路路径、材料种类、材料数量、敷设方式、施工工时等。并且路由设计一定要考虑其他线路路由和消防规定。

3. 布线系统逻辑链路设计

（1）铜缆类别选择

包括屏蔽与非屏蔽、超 5 类与 6 类、各种阻燃等级应用等。

（2）主干类别选择

包括光缆、铜缆。在实际设计中，语音主干一般采用 3 类大对数电缆（25 对、50 对、100 对等）。数据主干可采用 4 对双绞线。根据网络设备类型可采用单模与多模光缆。根据用户数量和带宽要求确定光缆芯数。

（3）布线品牌选择

现在市场上有很多布线品牌，质量、价格、知名度都有差别，要明确需要的材料，分辨好与差的区别，选择质量可靠、价格合理的产品是很重要的。

（4）各子系统布线材料设计选型

布线子系统一般包括以下子系统：工作区子系统、水平子系统、垂直子系统、管理子系统、设备间子系统、建筑群子系统等。

4. 统计与报价

（1）布线材料分配表

将各个布线子系统的材料型号和数量详细列表。这时你可以运用根据你的布线设计基础知识来用 Excel 表格作出布线材料分配表，规范的设计表格可以便于调整，不易出错，这对于一个有经验的设计人员是必需的。材料分配表体现了你的全部设计思想，同时也体现了确定材料数量的设计依据。

（2）布线材料统计表

将各个布线子系统的材料型号和数量归类列出最终的布线材料统计表。用 Excel 表格作出规范的布线材料统计表。材料统计表体现了全部材料用量。

（3）工程报价

根据材料统计表，制定工程报价。当然所有工程报价要和客户的投资预算相符合。工程报价方式有下列几种方式：

1）国家行业管理部门概、预算方式

包括信息产业部和建设部，一般含直接费和间接费两大部分。可参照行业部门出版的定额标准。

2）材料费用和人工费用按照比例报价

例如材料费用按照进货成本加价，然后人工费用按照材料费用的百分比加价。这种方式对于选用国产布线品牌可能人工费用取价较低，可能造成项目亏损，所以要适当调高收费比例。

3）材料费用和人工费用分开报价

人工费用按照点数核算，按照单点造价乘以点数。

5. 设计方案成册

（1）图纸

包括点位图、系统图、路由图等。当然出图纸的费用也是不小的开销，所以做工程报价时核算成本也要考虑进去。

（2）设计方案

按照以上设计思路编写设计方案文字部分。设计方案一定要在材料分配表、统计表出来以后编写。否则你可能需要改来改去，这样就浪费时间，导致事半功倍。

项目 5　各子系统的设计

【学习目标】

1. 掌握各子系统的设计要求。

2. 能完成综合布线系统方案设计。

3. 能完成信息点统计表，列出材料清单。

4. 绘制综合布线系统图和平面图。

【学习任务】

以小组为单位，通过某办公楼综合布线系统工程的各个子系统的设计，使学生具备二次设计和深化设计的能力。

【任务实施】

以某办公楼作为设计对象作一个简单的综合布线系统设计，内容包括：

（1）综合布线系统方案设计，主要包括各工作区信息分布及数量，配线子系统选用线缆类型、数量，干线子系统线缆、数量等。

（2）绘制综合布线系统拓扑图。

（3）绘制综合布线系统管路槽道路由图和信息点平面图。

【知识链接】

5.1　工作区子系统的设计

在综合布线系统中，一个独立的需要设置终端设备（终端可以是电话、数据终端和计算机等设备）的区域称为一个工作区。工作区是指办公室、写字间、工作间、机房等需要电话和计算机等终端设施的区域。工作区子系统是由终端设备连接到配线子系统的信息插座之间的连线组成，它包括装配软线、连接器和连接所需的扩展软线，并在终端设备和输入输出之间搭接。如图 5-1 所示。例如，对于计算机网络系统来说，工作区就是由计算机、RJ-45 接口信息插座及双绞线跳线构成的系统；对于电话语音系统来说，工作区就是由电话机、RJ-11 接口信息插座及电话软跳线构成的系统。

工作区主要的设备有信息插座、软跳线。信息插座由底盒、模块、面板组成，如图 5-2 所示为常用的计算机网络模块、电话模块以及插座面板。信息插座可以安装多个模块，对应的面板应为多口面板，例如安装两个模块则应选用双口面板。用于计算机网络的信息模块根据传输性能要求分为 5 类、超 5 类、6 类、超 6 类、7 类模块。

根据工作区环境以及用途不同，可以选不同规格的信息插座，如安装在墙面上的插座，安装在地板上的跳起式地面插座、反盖式地面插座，如图 5-3 所示。

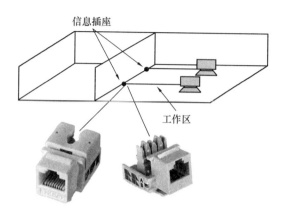

图 5-1　工作区子系统的构成

超五类模块　　　　　　电话模块

图 5-2　常用的计算机网络模块、电话模块

跳起式地面插座　　　　　　反盖式地面插座

图 5-3　跳起式地面插座、反盖式地面插座

5.1.1　工作区子系统划分原则

工作区子系统按面积划分可参照表 5-1。

工作区面积划分表　　　　　　　　　　　　　　　　　表 5-1

建筑物类型及功能	工作区面积（m²）
网管中心、呼叫中心、信息中西等终端设备较为密集的场地	3～5
办公区	5～10
会议、会展	10～60
商场、生产机房、娱乐场所	20～60
体育场馆、候机房、公共设施区	20～100
工业生产区	60～200

5.1.2　工作区子系统的设计步骤

步骤 1：用户信息需求的调查和分析

需求分析首先从整栋建筑物的用途开始，然后按照楼层进行分析，最后再到楼层的各个工作区或者房间，逐步明确和确认每层和每个工作区的用途和功能，分析这个工作区的需求，规划工作区的信息点数量和位置。

需要注意的是，目前的建筑物往往有多种用途和功能。例如，一幢 12 层的教学主楼，

1~7 层为多媒体教室，8~12 层为学院行政机关办公室。又如一幢 18 层的写字楼，地下 1 层为停车场，1~2 层为商铺，3~4 层为餐厅，5~11 层为写字楼，12~18 层为宾馆。

步骤 2：和用户进行技术交流

在前期用户需求分析的基础上，与用户进行技术交流。包括用户技术负责人、项目或行政负责人。进一步了解用户的需求，特别是未来的发展需求。在交流中，要重点了解每个房间或者工作区的用途，工作区域、工作台位置、设备安装位置等详细信息，并做好详细的书面记录。

步骤 3：阅读建筑物图纸和工作区编号

索取和阅读建筑物设计图纸，通过阅读建筑物图纸掌握建筑物的土建结构、强电路径、弱电路径，特别是主要电气设备和电源插座的安装位置，重点了解在综合布线路径上的电气设备、电源插座、暗埋管线等。在阅读图纸时，进行记录或标记，这有助于将信息插座设计在合适的位置，避免强电或电气设备对综合布线系统的影响。

为工作区信息点命名和编号是非常重要的一项工作，命名首先必须准确表达信息点的位置或者用途，要与工作区的名称相对应，这个名称从项目设计开始到竣工验收以及后续维护要一致，如果在后续使用中改变了工作区名称或者编号，必须及时制作名称变更对应表，作为竣工资料保存。

步骤 4：工作区信息点的配置

在表 5-2 中已经根据建筑物的用途不同，划分了工作区的面积。每个工作区需要设置一个数据点和电话点，或者按用户需要设置。也有部分工作区需要支持数据终端、电视机及监视器等终端设备。

每一个工作区（或房间）信息点数量的确定范围比较大，从现有的工程实际应用情况分析，有时有 1 个信息点，有时可能会有 10 个信息点；有时只需要铜缆信息模块，有时还需要预留光缆备份的信息插座模块。因为建筑物用途不一样，功能要求和实际需求不一样，信息点数量不能仅按办公楼的模式确定，要考虑多功能和未来扩展需要，尤其是对于专用建筑（如电信、金融、体育场馆、博物馆等建筑）及计算机网络存在内、外网等多个网络时，更应加强需求分析，做出合理的配置。

信息点数量配置　　　　　　　　　　　　　　　　表 5-2

建筑物功能区	信息点数量（每一工作区）			备　注
	电话	数据	光纤（双工端口）	
办公室（基本配置）	1 个/区	1 个/区		包括写字楼集中办公
办公区（高配置）	1 个/区	2 个/区	1 个/区	对数据信息有较大的需求，如网管中心、呼叫中心、信息中心
办公区（政务工程）	2~5 个/区	2~5 个/区	1 个或 1 个以上/区	涉及内、外网路时
小型会议室/商务洽谈室	2 个/间	2~4 个/间		
大型会议室、多功能厅	2 个/间	5~10 个/间		
餐厅、商场等服务业	1 个/500m²	1 个/50m²		
宾馆标准间	1 个/间	2 个/间		
学生公寓	1 个/人	1 个/间		
教学楼教室		2 个/间		
住宅楼	1 个/间	1 个/间		

步骤 5：工作区信息点点数统计

工作区信息点点数统计表简称点数表，是设计和统计信息点数量的基本工具和手段。在需求分析和技术交流的基础上，首先确定每个房间或者区域的信息点位置和数量，然后制作和填写点数统计表。点数统计表是首先按照楼层，然后按照房间或者区域逐层逐房间地规划和设计网络数据、光纤口、语音信息点数，再把每个房间规划的信息点数量填写到点数统计表对应的位置。每层填写完毕，就能够统计出该层的信息点数，全部楼层填写完毕，就能统计出该建筑物的信息点数。

在填写点数统计表时，从楼层的第一个房间或者区域开始，逐间分析需求和划分工作区，确认信息点数量和大概位置。在每个工作区首先确定网络数据信息点的数量，然后考虑电话语音信息点的数量，同时还要考虑其他控制设备的需要，例如：在门厅和重要办公室入口位置考虑设置指纹考勤机、门警系统网络接口等。

步骤 6：确定信息插座数量

如果工作区配置单孔信息插座，那么信息插座、信息模块、面板数量应与信息点的数量相当。如果工作区配置双孔信息插座，那么信息插座、面板数量应为信息点数量的一半，信息模块数量应与信息点的数量相当。假设信息点数量为 M，信息插座数量为 N，信息插座插孔数为 A，则应配置信息插座的计算公式为：

$$N=\text{INT}（M/A）$$

式中，INT（ ）为向上取整函数。

考虑系统应为以后扩充留有余量，因此最终配置信息插座的总量 P 应为：

$$P=N+N\times3\%$$

式中：N 为实际需要信息插作数量，$N\times3\%$ 为富余量。

步骤 7：工作区信息点安装位置

（1）信息插座安装方式

信息插座安装方式分为嵌入式和表面安装式两种，用户可根据实际需要选用不同的安装方式以满足不同的需要。

通常情况下，新建筑物采用嵌入式安装信息插座；已建成的建筑物则采用表面安装式的信息插座。

1）新建筑物。新建筑物的信息点地盒必须暗埋在建筑物的墙里，一般使用金属底盒。

2）已建成建筑物。已建成建筑物增加网络综合布线系统时，设计人员必须到现场勘察，根据现场使用情况具体设计信息插座的位置、数量。旧建筑物增加信息插座一般为明装 86 系列插座。

（2）信息插座安装位置

安装在房间内墙壁或柱子上的信息插座、多用户信息插座或集合点配线模块装置，其底部离地面的高度宜为 300mm，以便维护和使用。如有高架活动地板时，其离地面高度应以地板上表面计算高度，距离也为 300mm。

步骤 8：工作区电源设置

工作区电源插座的设置应遵循国家有关的电气设计规范，一般情况下，每组信息插座附近宜配备 220V 电源三孔插座为设备供电，暗装信息插座与其旁边的电源插座应保持 200mm 的距离，电源插座应选用带保护接地的单相电源插座，保护接地与中性线应严格分开。

5.1.3　各工作区子系统设计案例

已知某一办公楼有 6 层，每层 20 个房间。根据用户需求分析得知，每个房间需要安装 1 个电话语音点，1 个计算机网络信息点，1 个有线电视信息点。请你计算出该办公楼综合布线工程应定购的信息点插座的种类和数量是多少？需定购的信息模块的种类和数量是多少？

解答：根据题目要求得知每个房间需要接入电话语音、计算机网络、有线电视三类设备，因此必须配置相应三类信息接口。为了方便管理，电话语音和计算机网络信息接口模块可以安装在同一信息插座内，该插座应选用双口面板。有线电视插座单独安装。

（1）办公楼的房间数共计为 120 个，因此必须配备 124 个双口信息插座（已包含 4 个富余量），以安装电话语音和计算机网络接口模块，有线电视插座数量应为 124 个（已包含 4 个富余量）。

（2）办公楼共计有 120 个电话语音点，120 个计算机网络接入点，120 个有线电视接入点，因此要订购 124 个电话模块、124 个 RJ45 模块（已包含了 4 个富余量）。有线电视接口模块已内置于有线电视插座内，不需要另行订购。

5.1.4　信息点统计表编制

点数统计表能够一次准确和清楚地表示和统计出建筑物的信息点数量。点数表的格式，见表 5-3。房间按照行表示，楼层按列表示。

建筑物网络和语音信息点数统计表　　　　　　　　　　　　表 5-3

建筑物网络和语音信息点数统计表													
房间或者区域编号													
楼层编号	1			3			……	9			数据点数合计	光纤点数合计	语音点数合计	信息点数合计
	数据	光纤	语音	数据	光纤	语音		数据	光纤	语音				
1 层	2		2		2			3						
		1												
2 层														
3 层														
4 层														
……														
n 层														
合计														

5.2 配线子系统的设计

配线子系统也称水平子系统是综合布线系统的一部分，从工作区的信息插座延伸到楼层配线间管理子系统。配线子系统由与工作区信息插座相连的水平布线电缆或光缆等组成，如图 5-4 所示。配线子系统线缆沿楼层平面的地板或房间吊顶布线。配线子系统往往需要敷设大量的线缆，因此如何配合建筑物装修进行布线，以及布线后如何更方便地进行线缆的维护工作都是配线子系统在设计过程应注意考虑的问题。

水平子系统
的设计

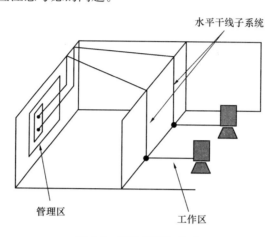

图 5-4 配线子系统构成

5.2.1 配线子系统布线拓扑结构

配线子系统在布设电缆时一般采用星形拓扑结构，如图 5-5 所示。在图中可以看到，配线子系统的线缆一端与工作区的信息插座相连，另一端与楼层配线间的配线架相连接。

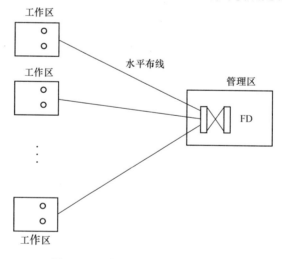

图 5-5 配线子系统布线拓扑结构图

配线子系统采用星型拓扑结构可以对楼层的线路进行集中管理，也可以通过管理区的配线设备进行线路的灵活调整。星型拓扑结构可以使工作区与管理区之间使用专用线缆连接，相互独立，便于线路故障的隔离以及故障的诊断。

5.2.2　配线子系统线缆选择

1. 确定线缆的类型

选择配线子系统的缆线，要根据建筑物信息的类型、容量、带宽和传输速率来确定。按照配线子系统对缆线及长度的要求，在配线子系统电信间到工作区的信息点之间：

对于计算机网络和电话语音系统，应优先选择 4 对非屏蔽双绞线电缆；

对于屏蔽要求较高的场合，可选择 4 对屏蔽双绞线；

对于要求传输速率高、保密性要求高或电信间到工作区超过 90m 的场合，可采用室内多模或单模光缆直接布设到桌面的方案。

根据 ANSIEIA/TIA568B.1 标准，在配线子系统中推荐采用的线缆型号为：

（1）4 线对 100Ω 非屏蔽双绞线（UTP）对称电缆。

（2）4 线对 100Ω 屏蔽双绞线（ScTP）对称电缆。

（3）50/125μm 多模光缆。

（4）62.5/125μm 多模光缆。

（5）8.3/125μm 单模光缆。

按照《综合布线系统工程设计规范》GB 50311－2016 的规定，水平缆线属于配线子系统，并对缆线的长度作了统一规定，配线子系统各缆线长度应符合图 5-6、表 5-4 的划分并应符合下列要求：

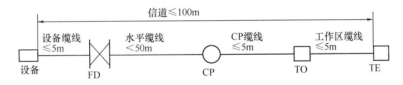

图 5-6　配线子系统线缆划分

配线子系统线缆长度的要求　　　　表 5-4

连接模型	最小长度（m）	最大长度（m）
FD-CP	15	85
CP-TO	5	—
FD-TO（无 CP）	15	90
工作区设备缆线①	2	5
跳线	2	—
FD 设备缆线②	2	5
设备缆线与跳线总长度	—	10

配线子系统信道的最大长度不应大于 100m。式中水平缆线长度不大于 90m；工作区设备缆线、电信间配线设备的跳线和设备缆线之和不应大于 10m，当大于 10m 时，水平缆线长度（90m）应适当减少。楼层配线设备（FD）跳线、设备缆线及工作区设备缆线各自的长度不应大于 5m。

考虑到性价比的因素，配线子系统应优先采用 4 对非屏蔽双绞线电缆，该线缆完全可以满足计算机网络、电话语音系统传输的要求。如果水平布线的场合有较强的电磁干扰源或用户对屏蔽提出较高要求的，可以采用 4 对屏蔽双绞线电缆。对于用户有高速率终端要求或保密性高的场合，可采用光纤直接布设到桌面的方案。对于有线电视系统，应采用 75Ω 的同轴电缆，用于传输电视信号。

2. 确定电缆的长度

要计算整座楼宇的水平布线用线量，首先要计算出每个楼层的用线量，然后对各楼层用线量进行汇总即可。每个楼层用线量的计算公式如下：

$$C=[0.55 (F+N) +6] \times M$$

式中，C 为每个楼层用线量，F 为最远的信息插座离楼层管理间的距离，N 为最近的信息插座离楼层管理间的距离，M 为每层楼的信息插座的数量，6 为端对容差（主要考虑到施工时线缆的损耗、线缆布设长度误差等因素）。

整座楼的用线量：$S=\sum MC$，M 为楼层数，C 为每个楼层用线量。应用示例：已知某一楼宇共有 6 层，每层信息点数为 20 个，每个楼层的最远信息插座离楼层管理间的距离均为 60m，每个楼层的最近信息插座离楼层管理间的距离均为 10m，请估算出整座楼宇的用线量。

解答：根据题目要求知道：

楼层数 $M=20$

最远点信息插座距管理间的距离 $F=60m$

最近点信息插座距管理间的距离 $N=10m$

因此，每层楼用线量 $C=[0.55 (60+10) +6] \times 20=890m$

整座楼共 6 层，因此整座楼的用线量 $S=890 \times 6=5340m$

3. 电缆订购

目前市场上的双绞线电缆一般都以箱为单位进行订购。常见装箱形式为：305m（1000ft）WE TOTE 包装形式。因此在水平子系统设计中，计算出所有水平电缆用线总量后，应换算为箱数，然后进行电缆的订购工作。订购电缆箱数的公式应如下：

订购电缆箱数=INT（总用线量/305），INT（ ）为向上取整函数。

例如，已知计算出整座楼的用线量为 5340m，则要求订购的电缆箱数为：

$$INT(5340/305)=INT(17.5)=18(箱)$$

5.2.3 配线子系统的设计步骤

配线子系统的设计，首先进行需求分析，与用户进行充分的技术交流并了解建筑物的用途，然后要认真阅读建筑物设计图纸，在工作区信息点数量和位置已确定的，并考虑与其他管线的间距的基础上，确定每个信息点的水平布线路由，根据线缆类型和数量确定水平管槽的规格。

步骤 1：用户需求分析

需求分析是综合布线系统涉及的首项重要工作。配线子系统是综合布线系统中工程量最大的一个子系统，使用的材料最多、工期最长、投资最大，也直接决定每个信息点的稳定性和传输速度。主要涉及布线距离、布线路径、布线方式和材料的选择，对后续配线子系统的施工是非常重要的，也直接影响综合布线系统工程的质量、工期，甚至影响最终工程造价。

步骤 2：技术交流

在进行需求分析后，要与用户进行技术交流，这是非常必要的。由于配线子系统往往覆盖每个楼层的立面和平面，布线路径也经常与照明线路、电气设备线路、电气插座、消防线路、暖气或者空调线路有多次的交叉或者平行，因此，不仅要与技术负责人进行交流，也要与项目负责人或者行政负责人进行交流。通过交流了解每个信息点路径上的电路、水路、气路和电气设备的安装位置等详细信息，做好书面记录并及时整理。

步骤3：阅读建筑图纸

通过阅读建筑物设计图纸掌握建筑物的土建结构、强电路经、弱电路径，特别是主要电气设备和电源插座的安装位置，重点了解在综合布线路径上的电气设备、电源插座、暗埋管线等。在阅读图纸时，进行记录或标记，正确处理配线子系统布线与电路、水路、气路和电气设备的直接交叉或者路径冲突问题。

步骤4：确定线缆、槽、管的数量和类型

（1）管道利用率计算规定

预埋暗敷的管路宜采用对缝钢管或具有阻燃性能的 PVC 管，且直径不能太大，否则对土建设计和施工都有影响。根据我国建筑结构的情况，一般要求预埋在墙壁内的暗管内径不宜超过 50mm，预埋在楼板中的暗管内径不宜超过 25mm，金属线槽的截面高度也不宜超过 25mm。

（2）管道内敷设缆线的数量

可以采用管径和截面利用率的公式进行计算管道内允许敷设的缆线数量。

1）穿放线缆的暗管管径利用率的计算公式：

$$管径利用率＝d/D$$

式中，d——缆线的外径；D——管道的内径。

在暗管中布放的电缆为屏蔽电缆（具有总屏蔽和线对屏蔽层）或扁平型缆线（可为 2 根非屏蔽 4 对对绞电缆或 2 根屏蔽 4 对对绞电缆组合及其他类型的组合）；主干电缆为 25 对及以上，主干光缆为 12 芯及以上时，宜采用管径利用率进行计算，选用合适规格的暗管。

2）穿放缆线的暗管截面利用率的计算公式：

$$截面利用率＝A_1/A$$

式中，A——管的内截面积；A_1——穿在管内缆线的总截面积（包括导线的绝缘层的截面）。

在暗管中布放的对绞电缆采用非屏蔽或总屏蔽 4 对对绞电缆及 4 芯以下光缆时，为了保证线对扭绞状态，避免缆线受到挤压，宜采用管截面利用率公式进行计算，选用合适规格的暗管。

3）可以采用以下简易公式计算应当采用的管槽尺寸。

$$N＝管（槽）截面积×70\%×（40\%～50\%）/线缆截面积$$

其中，N 表示容纳双绞线最多数量；70% 表示布线标准规定允许的空间；40%～50% 表示线缆之间浪费的空间。

（3）根据缆线的型号和根数决定管槽的尺寸和数量

$$利用公式（长×宽）÷［（3.14×R^2）×0.6］得出线数即可。$$

其中，长×宽＝桥架面积；3.14 是圆周率 π；0.6 是填充系数（表示只估算 60% 的线量，如果100％表示无法穿线）；3.14×R^2＝单根线的面积。

标准的线槽容量计算方法为根据水平线的外径来确定线槽的容量，即：线缆的横截面积之和×1.8。计算公式为：管材直径^2＝线缆直径^2×线缆根数×因数（因数一般选1.8，线槽留有约35％余量；最少选1.6，留有约20％余量）。

（4）布线弯曲半径要求

布线中如果不能满足最低弯曲半径要求，双绞线电缆的缠绕节距会发生变化，严重时，电缆可能会损坏，直接影响电缆的传输性能。例如，在铜缆布线系统中，布线弯曲半径会直接影响回波损耗值，严重时会超过标准规定值。在光缆布线系统中，会导致高衰减。因此，在设计布线路径时，尽量避免和减少弯曲，增加电缆的弯曲率半径值。

步骤5：确定电缆的类型和长度。

步骤6：确定配线子系统的布线方案。

步骤7：确定电信间配线设备配置。

5.2.4　水平管槽系统设计

水平子系统布线方案的选择要考虑建筑物结构特点，从路由最短、造价最低、施工方便、布线规范和扩充简便等几个方面考虑。但由于布线施工过程中情况较为复杂，必须灵活选取最佳的水平子系统布线方案。根据综合布线工程实施的经验来看，一般可采用三种布线方案，即直接埋管方式，先走吊顶内线槽再走支管到信息出口的方式，地面线槽方式。其余都是三种方式的改良型和综合型。下面详细介绍这三种布线方式。

1. 直接埋管方式

直接埋管布线由一系列密封在混凝土的金属布线管道组成，如图5-7所示。这些金属管道从楼层管理间向信息插座的位置辐射。根据通信和电源布线要求、地板厚度和占用的地板空间等条件，直接埋管布线方式可以采用厚壁镀锌管或薄型电线管。

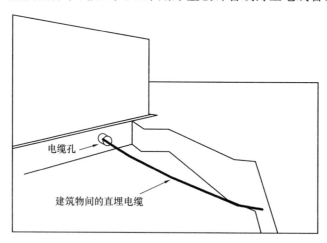

电缆孔

建筑物间的直埋电缆

图5-7　直接埋管布线方式

老式建筑物由于布设的线缆较少，因此一般埋设的管道直径较小，最好只布放一条水平电缆，如果要考虑经济性，一条管道也可布放多条水平电缆。现代建筑物增加了计算机网络、有线电视等多种应用系统，需要布设的水平电缆会比较多，因此推荐使用SC镀锌钢管和阻燃高强度PVC管。考虑到方便于以后的线路调整和维护，管道内布设的电缆应

占管道截面积的 $30\% \sim 50\%$。

这种布线方式管道数量比较多，钢管的费用相应增加，相对于其他布线方式优势不明显，而局限性较大，在现代建筑中逐步被其他布线方式取代。不过在地下层信息点比较少，且也没有吊顶的情况下，一般还继续使用直接埋管布线方式。

2. 先走吊顶内线槽再走支管方式

先走吊顶内线槽再走支管方式是指由楼层管理间引出来的线缆先走吊顶内的线槽，到各房间后，经分支线槽从槽梁式电缆管道分叉后将电缆穿过一段支管引向墙壁，沿墙而下到房内信息插座的布线方式，如图5-8所示。

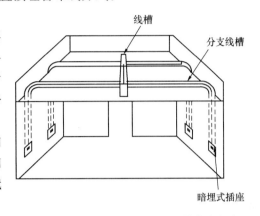

这种布线方式中，线槽通常安装在吊顶内或悬挂在天花板上，用横梁式线槽将线缆引向所要布线的区域，通常用在大型建筑物或布线系统。

图 5-8　先走吊顶内线槽再走支管布线方式

比较复杂而需要额外支撑物的场合，在设计和安装线槽时，应尽量将线槽安放在走廊的吊顶内，并且布放到各房间的支管应适当集中布放至检修孔附近，以便于以后的维护。这样安装线槽可以减少布线工时，还利于保护已敷设的线缆，不影响房内装修。

先走吊顶内线槽再走支管的布线方式可以降低布线工程的造价，而且在吊顶与别的通道管线交叉施工，减少了工程协调量，可以有效地提高布线的效率。因此在有吊顶的新型建筑物内应推荐使用这种布线方式。

3. 地面线槽方式

地面线槽方式就是从楼层管理间引出的线缆走地面线槽到地面出线盒或由分线盒引出的支管到墙上的信息出口，如图5-9所示。由于地面出线盒或分线盒不依赖于墙或柱体直接走地面垫层，因此这种布线方式适用于大开间或需要打隔断的场合。

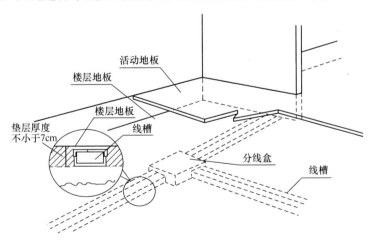

图 5-9　地面线槽布线方式

在地面线槽布线方式中，把长方形的线槽打在地面垫层中，每隔 $4 \sim 8$cm 设置一个过线盒或出线盒，直到信息出口的接线盒。分线盒与过线盒有两槽和三槽两类，均为正方形，每面可接两根或三根地面线槽，这样分线盒与过线盒能起到将 2～3 路分支线缆汇成一个主路的功能或起到 90°转弯的功能。要注意的是，地面线槽布线方式不适合于楼板较薄或楼板为石质地面或楼层中信息点特别多的场合。一般来说，地面线槽布线方式的造价比吊顶内线槽布线方式要贵 3～5 倍，目前主要应用在资金充裕的金融业或高档会议室等建筑物中。

5.2.5 设计案例

已知某学生宿舍楼有 7 层，每层有 12 个房间，要求每个房间安装 2 个计算机网络接口，以实现 100M 接入校园网络。为了方便计算机网络管理，每层楼中间的楼梯间设置一个配线间，各房间信息插座连接的水平线缆均连接至楼层管理间内。根据现场测量知道每个楼层最远的信息点到配线间的距离为 70m，每个楼层最近的信息点到配线间的距离为 10m。请你确定该幢楼应选用的水平布线线缆的类型并估算出整幢楼所需的水平布线线缆用量。实施布线工程应订购多少箱电缆？

解答：由题目可知每层楼的布线结构相同，因此只需计算出一层楼的水平布线线缆数量即可以计算机整栋楼的用线量。

（1）要实现 100Mbps 传输率，楼内的布线应采用超 5 类 4 对非屏蔽双绞线。

（2）楼层信息点数 $N=12\times2=24$

一个楼层用线量 $C=[0.55(70+10)+6]\times24=1200\text{m}$

（3）整栋楼的用线量 $S=7\times1200=8400\text{m}$

（4）订购电缆箱数 $M=\text{INT}(8400/305)=28$（箱）

5.3 干线子系统设计

干线子系统是综合布系统中非常关键的组成部分，它由设备间与楼层配线间之间连接电缆或光缆组成，如图 5-10 所示。干线是建筑物内综合布线的主馈缆线，是楼层配线间与设备间之间垂直布放（或空间较大的单层建筑物的水平布线）缆线的统称。干线线缆直接连接着几十或几百个用户，因此一旦干线电缆发生故障，则影响巨大。为此，我们必须十分重视干线子系统的设计工作。

02.05.006

干线子系统
的设计

5.3.1 干线子系统设计要求

根据综合布线的标准及规范，应按下列设计要点进行干线子系统的设计工作。

（1）确定干线线缆类型及线对

干线线缆主要有铜缆和光缆两种类型，具体选择要根据布线环境的限制和用户对综合布线系统设计等级的考虑。计算机网络系统的主干线缆可以选用 4 对双绞线电缆或 25 对大对数电缆或光缆，电话语音系统的主干电缆可以选用 3 类大对数双绞线电缆，有线电视系统的主干电缆一般采用 75Ω 同轴电缆。主干电缆的线对要

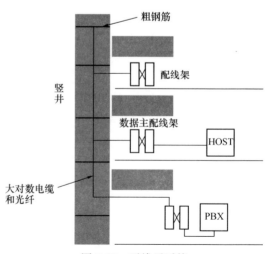

图 5-10 干线子系统

根据水平布线线缆对数以及应用系统类型来确定。如图 5-11 所示。

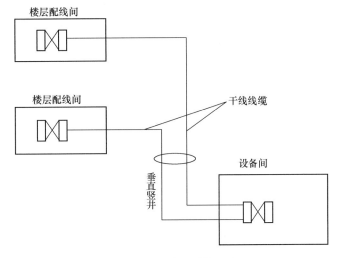

图 5-11　干线子系统组成

（2）确定干线路由

干线线缆的布线走向应选择最短、最安全和最经济的路由。路由的选择要根据建筑物的结构以及建筑物内预留的电缆孔、电缆井等通道位置而决定。建筑物内有两大类型的通道：封闭型和开放型。宜选择带门的封闭型通道敷设干线线缆。开放型通道是指从建筑物的地下室到楼顶的一个开放空间，中间没有任何楼板隔开。封闭型通道是指一连串上下对齐的空间，每层楼都有一间，电缆竖井、电缆孔、管道电缆、电缆桥架等穿过这些房间的地板层。

（3）干线线缆的交接

为了便于综合布线的路由管理，干线电缆、干线光缆布线的交接不应多于两次。从楼层配线架到建筑群配线架之间只应通过一个配线架，即建筑物配线架（在设备间内）。当综合布线只用一级干线布线进行配线时，放置干线配线架的二级交接间可以并入楼层配线间。

（4）干线线缆的端接

干线电缆可采用点对点端接，也可采用分支递减端接以及电缆直接连接。点对点端接是最简单、最直接的接合方法，如图 5-12 所示。干线子系统每根干线电缆直接延伸到指定的楼层配线间或二级交接间。分支递减端接是用一根足以支持若干个楼层配线间或若干个二级交接间的通信容量的大容量干线电缆，经过电缆接头保护箱分出若干根小电缆，再分别延伸到每个二级交接间或每个楼层配线间，最后端接到目的地的连接硬件上，如图 5-13 所示。

5.3.2　干线子系统线缆类型的选择及容量计算

1. 干线子系统布线线缆选择

根据建筑物的结构特点以及应用系统

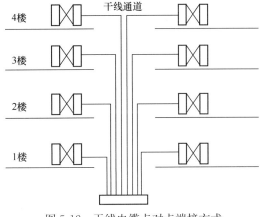

图 5-12　干线电缆点对点端接方式

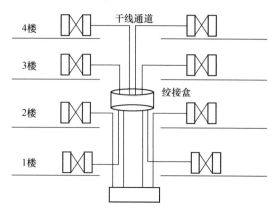

图 5-13 干线电缆分支接合方式

的类型，决定选用干线线缆的类型。在干线子系统设计常用以下五种线缆：

（1）4 对双绞线电缆（UTP 或 STP）；

（2）100Ω 大对数对绞电缆（UTF 或 STP）

（3）62.5/125μm 多模光缆；

（4）8.3/125μm 单模光缆；

（5）75Ω 有线电视同轴电缆。

目前，针对电话语音传输一般采用 3 类大对数对绞电缆（25 对、50 对、100 对等规格），针对数据和图像传输采用光缆或 5 类以上 4 对双绞线电缆以及 5 类大对数对绞电缆，针对有线电视信号的传输采用 75Ω 同轴电缆。要注意的是，由于大对数线缆对数多，很容易造成相互间的干扰，因此很难制造超 5 类以上的大对数对绞电缆，为此 6 类网络布线系统通常使用 6 类 4 对双绞线电缆或光缆作为主干线缆。在选择主干线缆时，还要考虑主干线缆的长度限制，如 5 类以上 4 对双绞线电缆在应用于 100Mbps 的高速网络系统时，电缆长度不宜超过 90m，否则宜选用单模或多模光缆。

2. 干线线缆容量的计算

在确定干线线缆类型后，便可以进一步确定每个层楼的干线容量。一般而言，在确定每层楼的干线类型和数量时，都要根据楼层配线子系统所有的语音、数据、图像等信息插座的数量来进行计算的。具体计算的原则如下：

（1）语音干线可按一个电话信息插座至少配 1 个线对的原则进行计算。

（2）计算机网络干线线对容量计算原则是：电缆干线按 24 个信息插座配 2 对对绞线，每一个交换机或交换机群配 4 对对绞线；光缆干线按每 48 个信息插座配 2 芯光纤。

（3）当楼层信息插座较少时，在规定长度范围内，可以多个楼层共用交换机，并合并计算光纤芯数。

（4）如有光纤到用户桌面的情况，光缆直接从设备间引至用户桌面，干线光缆芯数应不包含这种情况下的光缆芯数。

（5）主干系统应留有足够的余量，以作为主干链路的备份，确保主干系统的可靠性。

下面对干线线缆容量计算进行举例说明。

例：已知某建筑物需要实施综合布线工程，根据用户需求分析得知，其中第六层有 60 个计算机网络信息点，各信息点要求接入速率为 100Mbps，另有 50 个电话语音点，而且第六层楼层管理间到楼内设备间的距离为 60m，请确定该建筑物第六层的干线电缆类型及线对数。

解答：

（1）60 个计算机网络信息点要求该楼层应配置三台 24 口交换机，交换机之间可通过堆叠或级联方式连接，最后交换机群可通过一条 4 对超 5 类非屏蔽双绞线连接到建筑物的设备间。因此计算机网络的干线线缆配备一条 4 对超 5 类非屏蔽双绞线电缆。

（2）50 个电话语音点，按每个语音点配 1 个线对的原则，主干电缆应为 50 对。根据语音信号传输的要求，主干线缆可以配备一根 3 类 50 对非屏蔽大对数电缆。

5.3.3　干线子系统布线路由

干线子系统的布线方式有垂直型的，也有水平型的，这主要根据建筑的结构而定。大多数建筑物都是垂直向高空发展的，因此很多情况下会采用垂直型的布线方式。但是也有很多建筑物是横向发展，如飞机场候机厅、工厂仓库等建筑，这时也会采用水平型的主干布线方式。因此主干线缆的布线路由既可能是垂直型的，也可能是水平型的，或是两者的综合。

1. 确定干线子系统通道规模

干线子系统是建筑物内的主干电缆。在大型建筑物内，通常使用的干线子系统通道是由一连串穿过配线间地板且垂直对准的通道组成，穿过弱电间地板的电缆井和电缆孔，如图 5-14 所示。

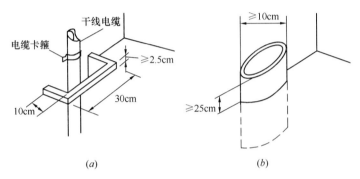

图 5-14　穿过弱电间地板的电缆井和电缆孔

（a）电缆井；（b）电缆孔

确定干线子系统的通道规模，主要就是确定干线通道和配线间的数目。确定的依据就是综合布线系统所要覆盖的可用楼层面积。如果给定楼层的所有信息插座都在配线间的 75m 范围之内，那么采用单干线接线系统。单干线接线系统就是采用一条垂直干线通道，每个楼层只设一个配线间。如果有部分信息插座超出配线间的 75m 范围之外，那就要采用双通道干线子系统，或者采用经分支电缆与设备间相连的二级交接间。如果同一幢大楼的配线间上下不对齐，则可采用大小合适的电缆管道系统将其连通，如图 5-15 所示。

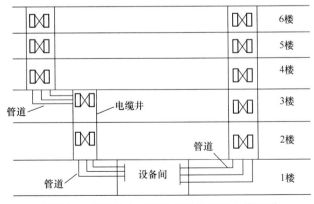

图 5-15　配线间上下不对齐时双干线电缆通道

2. 确定主干线缆布线路由

主干线缆的布线路由的选择主要依据建筑的结构以及建筑物内预埋的管道而定。目前垂直型的干线布线路由主要采用电缆孔和电缆井两种方法。对于单层平面建筑物水平型的干线布线路由主要用金属管道和电缆托架两种方法。

（1）电缆孔方法

干线通道中所用的电缆孔是很短的管道，通常是用一根或数根直径为 10cm 金属管组成。

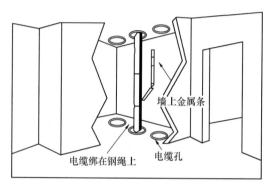

图 5-16 电缆孔方法

它们嵌在混凝土地板中，这是浇注混凝土地板时嵌入的，比地板表面高出 2.5～5cm。也可直接在地板中预留一个大小适当的孔洞。电缆往往捆在钢绳上，而钢绳固定在墙上已铆好的金属条上。当楼层配线间上下都对齐时，一般可采用电缆孔方法，如图 5-16 所示。

（2）电缆井方法

电缆井是指在每层楼板上开出一些方孔，一般宽度为 30cm，并有 2.5cm 高的井栏，具体大小要根据所布线的干线电缆数量而定，如图 5-17 所示。与电缆孔方法一样，电缆也是捆扎或箍在支撑用的钢绳上，钢绳靠墙上的金属条或地板三角架固定。离电缆井很近的墙上的立式金属架可以支撑很多电缆。电缆井比电缆孔更为灵活，可以让各种粗细不一的电缆以任何方式布设通过。但在建筑物内开电缆井造价较高，而且不使用的电缆井很难防火。

3. 金属管道方法

金属管道方法是指在水平方向架设金属管道，水平线缆穿过这些金属管道，让金属管道对干线电缆起到支撑和保护的作用，如图 5-18 所示。

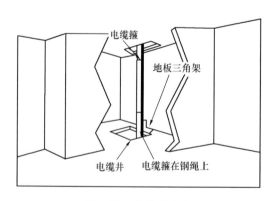

图 5-17 电缆井方法

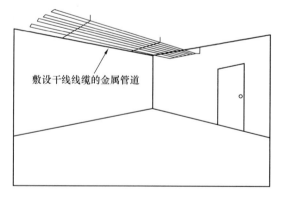

图 5-18 金属管道方法

对于相邻楼层的干线配线间存在水平方向的偏距时，就可以在水平方向布设金属管道，将干线电缆引入下一楼层的配线间。金属管道不仅具有防火的优点，而且它提供的密封和坚固空间使电缆可以安全地延伸到目的地。但是金属管道很难重新布置且造价较高，因此在建筑物设计阶段，必须进行周密的考虑。土建工程阶段，要将选定的管道预埋在地板中，并延伸到正确的交接点。金属管道方法较适合于低矮而又宽阔的单层平面建筑物，如企业的大型厂房、机场等。

4. 电缆托架方法

电缆托架是铝制或钢制的部件，外形很像梯子，既可安装在建筑物墙面上、吊顶内，也可安装在天花板上，供干线线缆水平走线，如图 5-19 所示。电缆布放在托架内，由水平支撑件固定，必要时还要在托架下方安装电缆绞接盒，以保证在托架上方已装有其他电缆时可以接入电缆。

电缆托架方法最适合电缆数量很多的布线需求场合。要根据安装的电缆粗细和数量决定托架的尺寸。由于托架及附件的价格较高，而且电缆外露，很难防火，不美观，所以在综合布线系统中，一般推荐使用封闭式线槽来替代电缆托架。吊装式封闭式线槽如图 5-20 所示，主要应用于楼间距离较短且要求采用架空的方式布放干线线缆的场合。

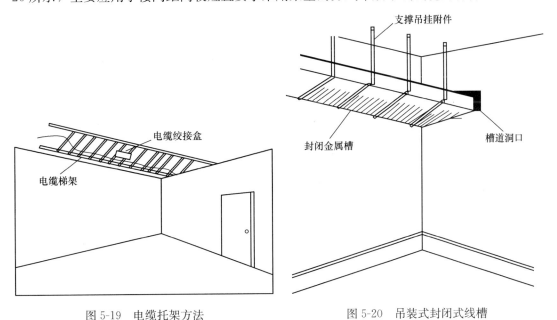

图 5-19　电缆托架方法　　　　　　　　图 5-20　吊装式封闭式线槽

5.4　电信间设计

电信间主要为楼层安装配线设备（为机柜、机架、机箱等安装方式）和楼层计算机网络设备（HUB 或 SW）的场地，并可考虑在该场地设置缆线竖井、等电位接地体、电源插座、UPS 配电箱等设施。在场地面积满足的情况下，也可设置建筑物诸如安防、消防、建筑设备监控系统、无线信号覆盖等系统的布缆线槽和功能模块的安装。如果综合布线系统与弱电系统设备合设于同一场地，从建筑的角度出发，称为弱电间。

电信间又称楼层配线间、楼层交接间，主要为楼层配线设备（如机柜、机架、机箱等安装方式）和楼层计算机网络设备（交换机等）的场地，并可考虑在该场地设置线缆垂井、等电位接地体、电源插座、UPS 配电箱等设施。

在场地面积满足的情况下，也可设置建筑物诸如安防、消防、建筑设备监控系统、无线信号覆盖等系统。如果综合布线系统与弱电系统设备合设于同一场地或房间，这就是通常统称的弱电间（它包含电信间）。电信间的设计应符合下列规定：

1. 电信间数量：（1）电信间数量应按所服务楼层面积及工作区信息点密度与数量确定。（2）同楼层信息点数量不大于 400 个时，宜设置 1 个电信间；当楼层信息点数量大于400 个时，宜设置 2 个及以上电信间。（3）楼层信息点数量较少，且水平缆线长度在 90m范围内时，可多个楼层合设一个电信间。

2. 当有信息安全等特殊要求时，应将所有涉密的信息通信网络设备和布线系统设备等进行空间物理隔离或独立安放在专用的电信间内，并应设置独立的涉密机柜及布线管槽。

3. 电信间内，信息通信网络系统设备及布线系统设备宜与弱电系统布线设备分设在不同的机柜内。当各设备容量配置较少时，亦可在同一机柜内作空间物理隔离后安装。各楼层电信间、竖向缆线管槽及对应的竖井宜上下对齐。电信间内不应设置与安装的设备无关的水、风管及低压配电缆线管槽与竖井。

4. 根据工程中配线设备与以太网交换机设备的数量、机柜的尺寸及布置，电信间的使用面积不应小于 5m²。当电信间内需设置其他通信设施和弱电系统设备箱柜或弱电竖井时，应增加使用面积。

5. 电信间室内温度应保持在 10～35℃，相对湿度应保持在 20％～80％之间。当房间内安装有源设备时，应采取满足信息通信设备可靠运行要求的对应措施。

6. 电信间应采用外开防火门，房门的防火等级应按建筑物等级类别设定。房门的高度不应小于 2.0m，净宽不应小于 0.9m。电信间内梁下净高不应小于 2.5m。电信间的水泥地面应高出本层地面不小于 100mm 或设置防水门槛。室内地面应具有防潮、防尘、防静电等措施。

7. 电信间应设置不少于 2 个单相交流 220V/10A 电源插座盒，每个电源插座的配电线路均应装设保护器。设备供电电源应另行配置。

5.5 设备间

设备间是大楼的电话交换机设备和计算机网络设备，以及建筑物配线设备（BD）安装的地点，也是进行网络管理的场所。对综合布线系统工程设计而言，设备间主要安装总配线设备（BD 和 CD）。当信息通信设施与配线设备分别设置时考虑到设备电缆有长度限制的要求，安装总配线架的设备间与安装电话交换机及计算机主机的设备间之间的距离不宜太远。电话交换

机、计算机主机设备及入口设施也可与配线设备安装在一起。设备间还安装了各应用系统相关的管理设备，为建筑物各信息点用户提供各类服务，并管理各类服务服务的运行状况，图 5-21 为典型设备间的内部结构。

5.5.1 设备间设计要点

综合布线系统设备间设计主要是与土建设计配合协调，由综合布线系统工程提出对设备间的位置、面积、内部装修等统一要求，与土建设计单位协商确定，具体实施均属土建设计和施工的范围，工程界面和建设投资的划分也是按上述原则分别划定的。综合布线系统设备间设计主要是在设备间内安装通信或信息设备的工程设计和施工，主要是与土建设计与通信网络系统和综合布线系统有关的部分。

设备间的位置及大小应根据设备的数量、规模、最佳网络中心、网络构成等因素，综

合考虑确定。通常有以下几种因素会使设备间的设置方案有所不同。

（1）主体工程的建设规模和工程范围的大小。

（2）设备间内安装的设备种类和数量多少。

（3）设备间有无常驻的维护管理人员，是专职人员用房还是合用共管的性质，这些都会影响设备间的位置和房间面积的大小等。

（4）每幢建筑物内应至少设置 1 个设备间，如果用户电话交换机与计算机网络

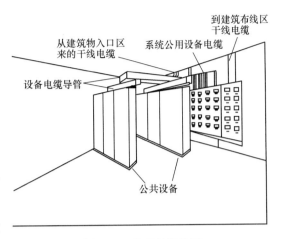

图 5-21 典型的设备间

设备分别安装在不同的场地，或根据安全需要，也可设置 2 个或 2 以上的设备间，以满足不同业务的设备安装需要。

综合布线系统与外部通信网连接时，应遵循相应的接口标准要求。同时预留安装相应接入设备的位置。这在考虑设备间的面积大小时应考虑在内。

5.5.2 设备间设计要求

设备间子系统的设计主要考虑设备间的位置以及设备间的环境要求。具体设计要求请参考下列内容：

1. 设备间的位置及面积

设备间的位置及大小应根据建筑物的结构、综合布线系统规模、管理方式以及应用系统设备的数量等方面进行综合考虑，择优选取。一般而言，设备间应尽量建在建筑平面及综合布线干线综合体的中间位置。在高层建筑中，设备间也可以设置在 1、2 层。确定设备间位置可以参考以下设计规范：

（1）设备间的位置应尽量建在建筑物平面及其干线子系统的中间位置，并考虑主干缆线的传输距离和数量，也就是应布置在综合布线系统对外或内部连接各种通信设备或信息缆线的汇合集中处。

（2）设备间位置应尽量靠近引入通信管道和电缆竖井（或上升房或上升管槽）处，这样有利于网络系统互相连接，且距离较近。要求网络接口设备与引入通信管道处的间距不宜超过 15m。

（3）设备间的位置应便于接地装置的安装。尽量减少总接地线的长度，有利于降低接地电阻值。

（4）设备间应尽量远离高低压变配电、电机、X 射线、无线电发射等有干扰源存在的场地，也应尽量远离强振源（水泵房）、强噪声源、易燃（厨房）、易爆（油库）和高温（锅炉房）等场所。在设备间的上面或靠近处，不应有卫生间、浴池、水箱等设施或房间，以确保通信安全可靠。

（5）设备间的位置应选择在选择在内外环境安全、客观条件较好（如干燥、通风、清静和光线明亮等）和便于维护管理（如为了有利搬运设备，宜邻近电梯间，并要注意电梯间的大小和其载重限制等细节）的地方。

设备间的使用面积不仅要考虑所有设备的安装面积，还要考虑预留工作人员管理操作的地方。设备间内应有足够的设备安装空间，其使用面积不应小于 10m²，该面积不包括程控用户交换机、计算机网络设备等设施所需的面积在内。

一般情况下，综合布线系统的配线设备和计算机网络设备采用 19in 标准机柜安装。机柜内可以安装光纤配线架、RJ-45 配线架、交换机、路由器等等。如果一个设备间以 10m² 计，大约能安装 5 个 19in 的机柜。在机柜中安装电话大对数电缆多对卡接式模块，数据主干缆线配线设备模块，大约能支持总量为 6000～8000 个信息点所需（其中电话和数据信息点各占 50%）的建筑物配线设备安装空间。

2. 设备间的环境要求

设备间内安装了计算机、计算机网络设备、电话程控交换机、建筑物自动化控制设备等硬件设备。这些设备的运行需要相应的温度、湿度、供电、防尘等要求。设备间内的环境设置可以参照《电子信息系统机房设计规范》GB 50174—2008 等相关标准及规范。

3. 设备间的设备管理

设备间内的设备种类繁多，而且线缆布设复杂。为了管理好各种设备及线缆，设备间内的设备应分类分区安装，设备间内所有进出线装置或设备应采用不同色标，以区别各类用途的配线区，方便线路的维护和管理。

5.5.3 设备间工艺要求

1. 设备间设置的位置应根据设备的数量、规模、网络构成等因素综合考虑。

2. 每栋建筑物内应设置不小于 1 个设备间，并应符合下列规定：

（1）当电话交换机与计算机网络设备分别安装在不同的场地、有安全要求或有不同业务应用需要时，可设置 2 个或 2 个以上配线专用的设备间。

（2）当综合布线系统设备间与建筑内信息接入机房、信息网络机房、用户电话交换机房、智能化总控室等合设时，房屋使用空间应作分隔。

3. 设备间内的空间应满足布线系统配线设备的安装需要，其使用面积不应小于 10m²。当设备间内需安装其他信息通信系统设备机柜或光纤到用户单元通信设施机柜时，应增加使用面积。

4. 设备间的设计应符合下列规定：

（1）设备间宜处于干线子系统的中间位置，并应考虑主干缆线的传输距离、敷设路由与数量。

（2）设备间宜靠近建筑物布放主干缆线的竖井位置。

（3）设备间宜设置在建筑物的首层或楼上层。当地下室为多层时，也可设置在地下一层。

（4）设备间应远离供电变压器、发动机和发电机、X 射线设备、无线射频或雷达发射机等设备以及有电磁干扰源存在的场所。

（5）设备间应远离粉尘、油烟、有害气体以及存有腐蚀性、易燃、易爆物品的场所。

（6）设备间不应设置在厕所、浴室或其他潮湿、易积水区域的正下方或毗邻场所。

（7）设备间室内温度应保持在 10～35℃，相对湿度应保持在 20%～80% 之间，并应有良好的通风。当室内安装有源的信息通信网络设备时，应采取满足设备可靠运行要求的对应措施。

（8）设备间内梁下净高不应小于 2.5m。

（9）设备间应采用外开双扇防火门。房门净高不应小于 2.0m，净宽不应小于 1.5m。

（10）设备间的水泥地面应高出本层地面不小于 100mm 或设置防水门槛。

（11）室内地面应具有防潮措施。

5. 设备间应防止有害气体侵入，并应有良好的防尘措施，尘埃含量限值宜符合表 5-5 的规定。

尘埃含量限值				表 5-5
尘埃颗粒的最大直径（μm）	0.5	1	3	5
灰尘颗粒的最大浓度（粒子数/m³）	1.4×10^7	7×10^5	2.4×10^5	1.3×10^5

6. 设备间应设置不少于 2 个单相交流 220V/10A 电源插座盒，每个电源插座的配电线路均应装设保护器。设备供电电源应另行配置。

5.6　进线间设计

进线间实际就是通常称的进线室，是建筑物外部通信和信息管线的入口部位，并可作为入口设施和建筑群配线设备的安装场地。在智能化建筑中通常利用地下室部分。

02.05.008

进线间子系统
的设计

5.6.1　进线间进线间位置

一般一个建筑物宜设置一个进线间，一般是提供给多家电信运营商和业务提供商使用，通常位于地下一层。外部管线宜从两个不同的路由引入进线间，这样可保证通信网络系统安全可靠，也方便与外部地下通信管道沟通成网。进线间与建筑物红外线范围内的人孔或手孔采用管或通道的方式互连。

由于许多的商用建筑物地下一层环境条件大大改善，可安装电、光的配线架设备及通信设施。在不具备设置单独进线间或入楼电、光缆数量及入口设施较少的建筑物也可以在入口处采用挖地沟或使用较小的空间完成缆线的成端与盘长，入口设施则可安装在设备间，最好是单独的设置场地，以便功能区分。

5.6.2　进线间面积确定

进线间因涉及因素较多，难以统一提出具体所需面积，可根据建筑物实际情况，并参照通信行业和国家的现行标准要求进行设计。

进线间应满足缆线的敷设路由、成端位置及数量、光缆的盘长空间和缆线的弯曲半径，以及各种设备（如充气维护设备、引入防护设备和配线接续设备）等安装所需要的空间和场地面积。

进线间的大小应按进线间的进线管道最终容量及入口设施的最终容量设计。同时应考虑满足多家电信业务经营者安装入口设施等设备的面积。

5.6.3　进线间设计要点

1. 线缆设置要求

建筑群主干电缆和光缆、公用网和专用网电缆、光缆及天线馈线等室外缆线进入建筑物时，应在进线间成端转换成室内电缆、光缆，并在缆线的终端处可由多家电信业务经营者设置入口设施，入口设施中的配线设备应按引入的电、光缆容量配置。

电信业务经营者或其他业务服务商在进线间设置安装入口配线设备应与 BD 或 CD 之

间敷设相应的连接电缆、光缆，实现路由互通。缆线类型与容量应与配线设备一致。

2. 入口管孔数量

进线间应设置管道入口。

在进线间缆线入口处的管孔数量应留有充分的余量，以满足建筑物之间、建筑物弱电系统、外部接入业务及多家电信业务经营者和其他业务服务商缆线接入的需求，建议留有2～4孔的余量。

5.6.4　进线间的设计要求

进线间宜尽量靠近建筑物的外墙，且在地下室设置，以便于地下缆线引入。进线间设计应符合下列规定：

（1）进线间应采取切实有效地防止渗水的措施，并设有抽排水装置。

（2）进线间应与综合布线系统的垂直布置（或水平布置）的主干缆线竖井沟通，连成整体。

（3）进线间应采按相应的防火等级配置防火设施。例如门向外开的防火门，宽度不小于1000mm。

（4）进线间应设防有害气体措施和通风装置，排风量按每小时不小于5次容积计算。

（5）进线间内不允许与其无关的管线穿越或通过。

（6）引入进线间的所有管道的管孔（包括现已敷设缆线或空闲的管孔）均应采用防火和防渗材料密封严堵，切实做好防水防渗处理，保证进线间干燥不湿。

（7）进线间内如安装通信配线设备和信息网络设施，应符合相关规范和设备安装设计的要求。

5.7　管理子系统设计

管理子系统由线缆连接硬件和管理线缆组成的区域。在综合布线系统中，管理子系统包括了楼层配线间、二级交接间、建筑物设备间的线缆、配线架及相关接插跳线等组成，如图5-22所示。通过综合布线系统的管理子系统，可以直接管理整个应用系统终端设备，从而实现综合布线的灵活性、开放性和扩展性。

02.05.009
管理间子系统
的设计

5.7.1　管理子系统设计要求

管理子系统的设计主要包括管理交接方案、管理连接硬件和管理标记。管理交接方案提供了交连设备与水平线缆、干线线缆连接的方式，从而使综合布线及其连接的应用系统设备、器件等构成一个有机的整体，并为线路调整管理提供了方便。

管理子系统使用色标来区分配线设备的性质，标识按性质排列的接线模块，标明端接区域、物理位置、编号、容量、规格等，以便维护人员在现场一目了然地加以识别。综合布线使用三种标记：电缆标记、场标记和插入标记。电缆和光缆的两端应采用不易脱落和磨损的不干胶条标明相同的编号。

管理子系统的管理标识编制，应按下列原则进行：

（1）规模较大的综合布线系统应采用计算机进行标识管理，简单的综合布线系统应按图纸资料进行管理，并应做到记录准确、及时更新、便于查阅。

（2）综合布线系统的每条电缆、光缆、配线设备、端接点、安装通道和安装空间均应给定惟一的标志。标志中可包括名称、颜色、编号、字符串或其他组合。

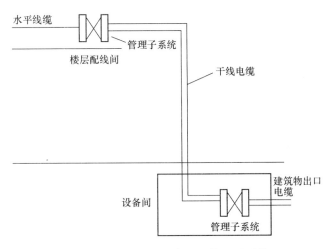

图 5-22　配线间及设备间的管理子系统

（3）配线设备、线缆、信息插座等硬件均应设置不易脱落和磨损的标识，并应有详细的书面记录和图纸资料。

（4）电缆和光缆的两端均应标明相同的编号。

（5）设备间、交接间的配线设备宜采用统一的色标区别各类用途的配线区。

5.7.2　管理子系统交接方案

管理子系统的交接方案有单点管理和双点管理两种。交接方案的选择与综合布线系统规模有直接关系，一般来说单点管理交接方案应用于综合布线系统规模较小的场合，而双点管理交接方案应用于综合布线系统规模较大的场合。

1. 单点管理交接方案

单点管理属于集中管理型，通常线路只在设备间进行跳线管理，其余地方不再进行跳线管理，线缆从设备间的线路管理区引出，直接连到工作区，或直接连至第二个接线交接区，如图 5-23 所示。

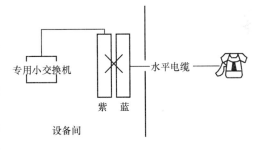

图 5-23　单点管理交接方案

如图 5-23 所示，单点管理交接方案中管理器件放置于设备间内，由它来直接调度控制线路，实现对终端用户设备的变更调控。单点管理又可分为单点管理单交接和单点管理双交接两种方式，如图 5-23 和图 5-24 所示。单点管理双交接方式中，第二个交接区可以放在楼层配线间或放在用户指定的墙壁上。

2. 双点管理交接方案

双点管理属于集中、分散管理型，除在设备间设置一个线路管理点外，在楼层配线间或二级交接间内还设置第二个线路管理点，如图 5-25 所示。

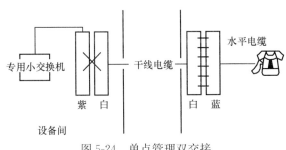

图 5-24　单点管理双交接

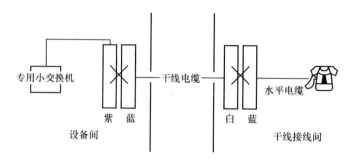

图 5-25 双点管理交接

这种交接方案比单点管理交接方案提供了更加灵活的线路管理功能，可以方便对终端用户设备的变动进行线路调整。

一般在管理规模比较大，而且复杂又有二级交接间的场合，采用双点管理双交接方案。如果建筑物的综合布线规模比较大，而且结构也较复杂，还可以采用双点管理 3 交接，甚至采用双点管理 4 交接方式。综合布线中使用的电缆，一般不能超过 4 次连接。

5.7.3 管理子系统设计方案

1. 铜缆布线管理子系统设计方案

铜线布线系统的管理子系统主要采用 110 配线架或 BIX 配线架作为语音系统的管理器件，采用模块数据配线架作为计算机网络系统的管理器件。下面通过举例说明管理子系统的设计过程。

例 1：已知某一建筑物的某一个楼层有计算机网络信息点 100 个，语音点有 50 个，请计算出楼层配线间所需要使用 IBDN 的 BIX 安装架的型号及数量，以及 BIX 条的个数。

提示：IBDNBIX 安装架的规格有：50 对、250 对、300 对。常用的 BIX 条是 1A4，可连接 25 对线。

解答：

根据题目得知总信息点为 150 个。

（1）总的水平线缆总线对数＝150×4＝600（对）；

（2）配线间需要的 BIX 安装架应为 2 个 300 对的 BIX 安装架；

（3）BIX 安装架所需的 1A4 的 BIX 条数量＝600/25＝24（条）。

例 2：已知某幢建筑物的计算机网络信息点数为 200 个且全部汇接到设备间，那么在设备间中应安装何种规格的 IBDN 模块化数据配线架？数量多少？

提示：IBDN 常用的模块化数据配线架规格有 24 口、48 口两种。

解答：

根据题目得知汇接到设备间的总信息点为 200 个，因此设备间的模块化数据配线架应提供不少于 200 个 RJ45 接口。如果选用 24 口的模块化数据配线架，则设备间需要的配线架个数应为 9 个（200/24＝8.3，向上取整应为 9 个）。

2. 光缆布线管理子系统设计方案

光缆布线管理子系统主要采用光纤配线箱和光纤配线架作为光缆管理器件。下面通过实例说明光缆布线管理子系统的设计过程。

例 1：已知某建筑物其中一楼层采用光纤到桌面的布线方案，该楼层共有 40 个光纤点，每个光纤信息点均布设 1 根室内 2 芯多模光纤至建筑物的设备间，请问设备间的机柜内应选用何种规格的 IBDN 光纤配线架？数量多少？需要订购多少个光纤耦合器？

提示：IBDN 光纤配线架的规格为 12 口、24 口、48 口。

解答：

根据题目得知共有 40 个光纤信息点，由于每个光纤信息点需要连接一根双芯光纤，因此设备间配备的光纤配线架应提供不少于 80 个接口，考虑网络以后的扩展，可以选用 3 个 24 口的光纤配线架和 1 个 12 口的光纤配线架。光纤配线架配备的耦合器数量与需要连接的光纤芯数相等，即为 80 个。

例 2：已知某校园网分为 3 个片区，各片区机房需要布设 1 根 24 芯的单模光纤至网络中心机房，以构成校园网的光纤骨干网络。网管中心机房为管理好这些光缆应配备何种规格的光纤配线架？数量多少？光纤耦合器多少个？需要订购多少根光纤跳线？

解答：

（1）根据题目得知各片区的 3 根光纤合在一起总共有 72 根纤芯，因此网管中心的光纤配线架应提供不少于 72 个接口。

（2）由以上接口数可知网管中心应配备 24 口的光纤配线架 3 个。

（3）光纤配线架配备的耦合器数量与需要连接的光纤芯数相等，即为 72 个。

（4）光纤跳线用于连接光纤配线架耦合器与交换机光纤接口，因此光纤跳线数量与耦合器数量相等，即为 72 根。

5.7.4　管理子系统标签编制

管理子系统是综合布线系统的线路管理区域，该区域往往安装了大量的线缆、管理器件及跳线，为了方便以后线路的管理工作，管理子系统的线缆、管理器件及跳线都必须做好标记，以标明位置、用途等信息。完整的标记应包含以下的信息：建筑物名称、位置、区号、起始点和功能。

综合布线系统一般常用三种标记：电缆标记、场标记和插入标记，其中插入标记用途最广。

1. 电缆标记

电缆标记主要用来标明电缆来源和去处，在电缆连接设备前电缆的起始端和终端都应做好电缆标记。电缆标记由背面为不干胶的白色材料制成，可以直接贴到各种电缆表面上，其规格尺寸和形状根据需要而定。例如，1 根电缆从 3 楼的 311 房的第一个计算机网络信息点拉至楼层管理间，则该电缆的两端应标记上"311－D1"的标记，其中"D"表示数据信息点。

2. 场标记

场标记又称为区域标记，一般用于设备间、配线间和二级交接间的管理器件之上，以区别管理器件连接线缆的区域范围。它也是由背面为不干胶的材料制成，可贴在设备醒目的平整表面上。

3. 插入标记

插入标记一般管理器件上，如 110 配线架、BIX 安装架等。插入标记是硬纸片，可以插在 1.27cm×20.32cm 的透明塑料夹里，这些塑料夹可安装在两个 110 接线块或两根 BIX 条之间。每个插入标记都用色标来指明所连接电缆的源发地，这些电缆端接于设备间和配线间的管理场。对于插入标记的色标，综合布线系统有较为统一的规定，如表 5-6 所示。

<table>
<tr><td colspan="4" align="center">综合布线色标规定　　　　　　　　　　　　　　　　　表 5-6</td></tr>
</table>

色别	设　备　间	配　线　间	二级交接间
蓝	设备间至工作区或用户终端线路	连接配线间与工作区的线路	自交换间连接工作区线路
橙	网络接口、引来的线路	来自配线间	来自配线间多路复用器的输出线路
绿	来自电信局的输入中继线或网络接口的设备侧		
黄	交换机的用户引出线或辅助装置的连接线路		
灰			来自配线间的连接电缆端接
紫	来自系统公用设备	来自系统公用设备	来自系统公用

通过不同色标可以很好地区别各个区域的电缆，方便管理子系统的线路管理工作。图 5-26 是典型的配线间色标应用方案，可以清楚地了解配线间各区域线缆插入标记的色标应用情况。

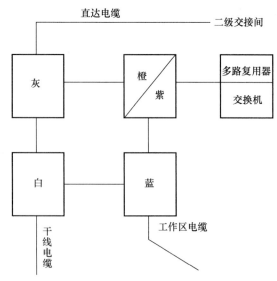

图 5-26　典型配线间色标应用方案

5.8　建筑群子系统设计

建筑群子系统主要应用于多栋建筑物组成的建筑群综合布线场合，单幢建筑物的综合布线系统可以不考虑建筑群子系统。建筑群子系统的设计主要考虑布线路由选择、线缆选择、线缆布线方式等内容。

建筑群子系统也称楼宇管理子系统。连接各建筑物之间的综合布线系统缆线、建筑群配线设备和跳线等共同组成了建筑群子系统。

建筑群子系统的作用是：连接不同楼宇之间的设备间，实现大面积地区建筑物之间的通信连接，并对电信公用网形成惟一的出、入端口。

5.8.1　建筑群子系统设计要求

建筑群子系统应按下列要求进行设计：

1. 考虑环境美化要求

建筑群主干布线子系统设计应充分考虑建筑群覆盖区域的整体环境美化要求，建筑群干线电缆尽量采用地下管道或电缆沟敷设方式。因客观原因最后选用了架空布线方式的，也要尽量选用原已架空布设的电话线或有线电视电缆的路由，干线电缆与这些电缆一起敷设，以减少架空敷设的电缆线路。

2. 考虑建筑群未来发展需要

在线缆布线设计时，要充分考虑各建筑需要安装的信息点种类、信息点数量，选择相对应的干线电缆的类型以及电缆敷设方式，使综合布线系统建成后，保持相对稳定，能满足今后一定时期内各种新的信息业务发展需要。

3. 线缆路由的选择

考虑到节省投资，线缆路由应尽量选择距离短、线路平直的路由。但具体的路由还要根据建筑物之间的地形或敷设条件而定。在选择路由时，应考虑原有已铺设的地下各种管道，线缆在管道内应与电力线缆分开敷设，并保持一定间距。

4. 电缆引入要求

建筑群干线电缆、光缆进入建筑物时，都要设置引入设备，并在适当位置终端转换为室内电缆、光缆。引入设备应安装必要保护装置以达到防雷击和接地的要求。干线电缆引入建筑物时，应以地下引入为主，如果采用架空方式，应尽量采取隐蔽方式引入。

5. 干线电缆、光缆交接要求

建筑群的干线电缆、主干光缆布线的交接不应多于两次。从每幢建筑物的楼层配线架到建筑群设备间的配线架之间只应通过一个建筑物配线架。

5.8.2　建筑群子系统布线线缆选择

建筑群子系统敷设的线缆类型及数量由综合布线连接应用系统种类及规模来决定。一般来说，计算机网络系统常采用光缆作为建筑群布线线缆，电话系统常采用 3 类大对数电缆作为布线线缆，有线电视系统常采用同轴电缆或光缆作为干线电缆。

1. 光缆

光缆是由一捆光导纤维组成的，它外表覆盖了一层保护皮层，纤芯外围还覆盖了一层抗拉线，可以适应室外布线的要求，图 5-27 所示为室外光缆的结构图。光缆根据纤芯类型可以分为单模光缆和多模光缆，单模光缆在传输速率、距离、效率方面要比多模光缆好，但成本相对较高。

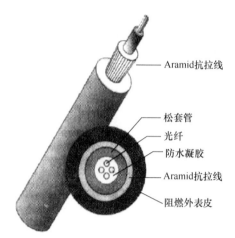

图 5-27　室外光缆的结构图

在网络工程中，经常使用 $62.5\mu m/125\mu m$（$62.5\mu m$ 是光纤纤芯直径，$125\mu m$ 是纤芯包层的直径）规格的多模光缆，有时也用 $50\mu m/125\mu m$ 和 $100\mu m/140\mu m$ 规格的多模光纤。户外布线大于 2km 时可选用单模光纤。

光缆根据应用的场合不同，也可以分为室内光缆和室外光缆。室内光缆保护层较薄，主要用于设备间连接或光纤到桌面的布线系统。室外光缆采取独特的缆芯设计，有带状的和束管式的，综合布线常采用束管式的光缆。

室外光缆在保护层内填满相应的复合物，护套采用高密度的聚乙烯，光缆内有增强的钢丝或玻璃纤维，可提供额外的保护，以防止环境对它造成损害。

2.3 类大对数双绞线

3 类大对数双绞线是由多个线对组合而成的电缆，为了适合于室外传输，电缆还覆盖了一层较厚的外层皮，图 5-28 为 3 类大对数双绞线结构图。3 类大对数双绞线根据线对数量分为：25 对、50 对、100 对、250 对、300 对等规格，要根据电话语音系统的规模来选择 3 类大对数双绞线相应的规格及数量。

图 5-28　3 类大对数双绞线结构图

5.8.3　建筑群子系统设计步骤

1. 了解敷设现场

包括确定整个建筑群的大小；建筑地界；建筑物的数量等。

2. 确定电缆系统的一般参数

包括确定起点位置、端接点位置、涉及的建筑物和每幢建筑物的层数、每个端接点所需的双绞线对数、有多少个端接点及每幢建筑物所需要的双绞线总对数等。

3. 确定建筑物的电缆入口

建筑物入口管道的位置应便于连接公用设备。根据需要在墙上穿过一根或多根管道。

（1）对于现有建筑物：要确定各个入口管道的位置；每幢建筑物有多少入口管道可供使用；入口管道数目是否符合系统的需要等。

（2）如果入口管道不够用，则要确定在移走或重新布置某些电缆时是否能腾出某些入口管道；在实在不够用的情况下应另装足够的入口管道。

（3）如果建筑物尚未建成：则要根据选定的电缆路由去完成电缆系统设计，并标出入口管道的位置；选定入口管道的规格、长度和材料。建筑物电缆入口管道的位置应便于连接公用设备，根据需要在墙上穿过一根或多根管道。所有易燃如聚丙烯管道、聚乙烯管道衬套等应端接在建筑物的外面。外线电缆的聚丙烯护皮可以例外，只要它在建筑物内部的长度（包括多余电缆的卷曲部分）不超过 15m。反之，如外线电缆延伸到建筑物内部长度超过 15m，就应使用合适的电缆入口器材，在入口管道中填入防水和气密性很好的密封胶。

4. 确定明显障碍物的位置

包括确定土壤类型（沙质土、黏土、砾土等），电缆的布线方法，地下公用设施的位置，查清在拟定电缆路由中沿线的各个障碍位置（铺路区、桥梁、铁路、树林、池塘、河流、山丘、砾石土、截留井、人孔、其他等）或地理条件，对管道的要求等。

5. 确定主电缆路由和备用电缆路由

包括确定可能的电缆结构，所有建筑物是否共用一根电缆，查清在电缆路由中哪些地方需要获准后才能通过，选定最佳路由方案等。

6. 选择所需电缆类型

包括确定电缆长度，画出最终的系统结构图，画出所选定路由位置和挖沟详图，确定入口管道的规格，选择每种设计方案所需的专用电缆，保证电缆可进入口管道，选择管道（包括钢管）规格、长度、类型等。

7. 确定每种选择方案所需的劳务费

包括确定布线时间，计算总时间，计算每种设计方案的成本，总时间乘以当地的工时费以确定成本。

8. 确定每种选择方案所需的材料成本

包括确定电缆成本、所有支持结构的成本、所有支撑硬件的成本等。

9. 选择最经济、最实用的设计方案

包括把每种选择方案的劳务费和材料成本加在一起，得到每种方案的总成本；比较各种方案的总成本，选择成本较低者；确定该比较经济的方案是否有重大缺点，以致抵消了经济上的优点。如果发生这种情况，应取消此方案，考虑经济性较好的设计方案。

5.9　光纤到用户单元通信设施

5.9.1　光纤到用户单元通信设施的一般规定

1. 在公用电信网络已实现光纤传输的地区，建筑物内设置用户单元时，通信设施工程必须采用光纤到用户单元的方式建设。

2. 光纤到用户单元通信设施工程的设计必须满足多家电信业务经营者平等接入、用户单元内的通信业务使用者可自由选择电信业务经营者的要求。

3. 新建光纤到用户单元通信设施工程的地下通信管道、配线管网、电信间、设备间等通信设施，必须与建筑工程同步建设。

4. 用户接入点应是光纤到用户单元工程特定的一个逻辑点，设置应符合下列规定：

（1）每一个光纤配线区应设置一个用户接入点；

（2）用户光缆和配线光缆应在用户接入点进行互联；

（3）只有在用户接入点处可进行配线管理；

（4）用户接入点处可设置光分路器。

5. 通信设施工程建设应以用户接入点为界面，电信业务经营者和建筑物建设方各自承担相关的工程量。工程实施应符合下列规定：

（1）规划红线范围内建筑群通信管道及建筑物内的配线管网应由建筑物建设方负责建设。

（2）建筑群及建筑物内通信设施的安装空间及房屋（设备间）应由建筑物建设方负责提供。

（3）用户接入点设置的配线设备建设分工应符合下列规定：

1）电信业务经营者和建筑物建设方共用配线箱时，由建设方提供箱体并安装，箱体内连接配线光缆的配线模块应由电信业务经营者提供并安装，连接用户光缆的配线模块应由建筑物建设方提供并安装；

2）电信业务经营者和建筑物建设方分别设置配线柜时，应各自负责机柜及机柜内光纤配线模块的安装。

（4）配线光缆应由电信业务经营者负责建设，用户光缆应由建筑物建设方负责建设，光跳线应由电信业务经营者安装。

（5）光分路器及光网络单元应由电信业务经营者提供。

（6）用户单元信息配线箱及光纤适配器应由建筑物建设方负责建设。

（7）用户单元区域内的配线设备、信息插座、用户缆线应由单元内的用户或房屋建设方负责建设。

6. 地下通信管道的设计应与建筑群及园区其他设施的地下管线进行整体布局，并应符合下列规定：

（1）应与光交接箱引上管相衔接。

（2）应与公用通信网管道互通的人（手）孔相衔接。

（3）应与电力管、热力管、燃气管、给排水管保持安全的距离。

（4）应避开易受到强烈振动的地段。

（5）应敷设在良好的地基上。

（6）路由宜以建筑群设备间为中心向外辐射，应选择在人行道、人行道旁绿化带或车行道下。

（7）地下通信管道的设计应符合现行国家标准《通信管道与通道工程设计规范》GB 50373—2006 的有关规定。

5.9.2　用户接入点设置

1. 每一个光纤配线区所辖用户数量宜为 70～300 个用户单元。

2. 光纤用户接入点的设置地点应依据不同类型的建筑形成的配线区以及所辖的用户密度和数量确定，并应符合下列规定：

（1）当单栋建筑物作为 1 个独立配线区时，用户接入点应设于本建筑物综合布线系统设备间或通信机房内，但电信业务经营者应有独立的设备安装空间，如图 5-29 所示。

（2）当大型建筑物或超高层建筑物划分为多个光纤配线区时，用户接入点应按照用户单元的分布情况均匀地设于建筑物不同区域的楼层设备间内，如图 5-30 所示。

（3）当多栋建筑物形成的建筑群组成 1 个配线区时，用户接入点应设于建筑群物业管理中心机房、综合布线设备间或通信机房内，但电信业务经营者应有独立的设备安装空间，如图 5-31 所示。

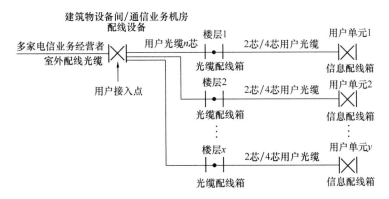

图 5-29 用户接入点设于单栋建筑物内设备间

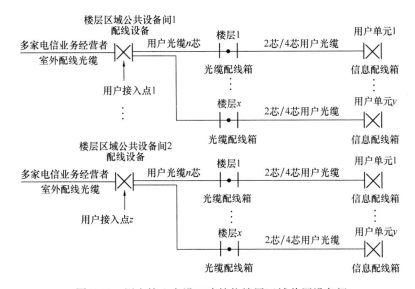

图 5-30 用户接入点设于建筑物楼层区域共用设备间

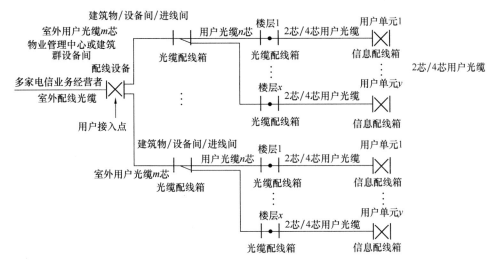

图 5-31 用户接入点设于建筑群物业管理中心机房或综合布线设备间或通信机房

（4）每一栋建筑物形成的 1 个光纤配线区并且用户单元数量不大于 30 个（高配置）或 70 个（低配置）时，用户接入点应设于建筑物的进线间或综合布线设备间或通信机房内，用户接入点应采用设置共用光缆配线箱的方式，但电信业务经营者应有独立的设备安装空间，如图 5-32 所示。

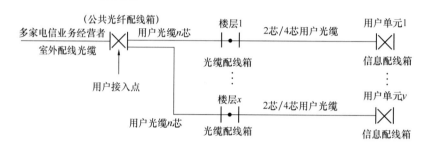

图 5-32　用户接入点设于进线间或综合布线设备间或通信机房

5.9.3　配置原则

1. 建筑红线范围内敷设配线光缆所需的室外通信管道管孔与室内管槽的容量、用户接入点处预留的配线设备安装空间及设备间的面积均应满足不少于 3 家电信业务经营者通信业务接入的需要。

2. 光纤到用户单元所需的室外通信管道与室内配线管网的导管与槽盒应单独设置，管槽的总容量与类型应根据光缆敷设方式及终期容量确定，并应符合下列规定：

（1）地下通信管道的管孔应根据敷设的光缆种类及数量选用，宜选用单孔管、单孔管内穿放子管及栅格式塑料管。

（2）每一条光缆应单独占用多孔管中的一个管孔或单孔管内的一个子管。

（3）地下通信管道宜预留不少于 3 个备用管孔。

（4）配线管网导管与槽盒尺寸应满足敷设的配线光缆与用户光缆数量及管槽利用率的要求。

3. 用户光缆采用的类型与光纤芯数应根据光缆敷设的位置、方式及所辖用户数计算，并应符合下列规定：

（1）用户接入点至用户单元信息配线箱的光缆光纤芯数应根据用户单元用户对通信业务的需求及配置等级确定，配置应符合表 5-7 的规定。

光纤与光缆配置　　　　　　　　　　　　　　　表 5-7

配　　置	光纤（芯）	光缆（根）	备　　注
高配置	2	2	考虑光纤与光缆的备份
低配置	2	1	考虑光纤的备份

（2）楼层光缆配线箱至用户单元信息配线箱之间应采用 2 芯光缆。

（3）用户接入点配线设备至楼层光缆配线箱之间应采用单根多芯光缆，光纤容量应满足用户光缆总容量需要，并应根据光缆的规格预留不少于 10% 的余量。

4. 用户接入点外侧光纤模块类型与容量应按引入建筑物的配线光缆的类型及光缆的

光纤芯数配置。

5. 用户接入点用户侧光纤模块类型与容量应按用户光缆的类型及光缆的光纤芯数的50％或工程实际需要配置。

6. 设备间面积不应小于 10m²。

7. 每一个用户单元区域内应设置 1 个信息配线箱，并应安装在柱子或承重墙上不被变更的建筑物部位。

5.10　电气保护与接地设计

由于受到电力线、电动机等电磁干扰源的影响，综合布线系统在设计中必须认真考虑线缆选型及布设的相关屏蔽要求，以达到抗干扰的要求。为了确保设备的安全正常运行，综合布线系统设计中还要考虑线缆电气保护，线缆管理器件、机柜等综合布线设备的接地要求。

5.10.1　设计要求

1. 综合布线电缆与附近可能产生高电平电磁干扰的电动机、电力变压器、射频应用设备等电器设备之间应保持间距，与电力电缆的间距应符合表 5-8 的规定。双方都在接地的槽盒中，系指两个不同的线槽，也可在同一线槽中用金属板隔开，且平行长度不大于 10m。

综合布线电缆与电力电缆的间距（mm）　　　　　　　　　　表 5-8

类　　　别	与综合布线接近状况	最小间距
380V 电力 电缆＜2kV・A	与缆线平行敷设	130
	有一方在接地的金属槽盒或钢管中	70
	双方都在接地的金属槽盒或钢管中	10
380V 电力电缆 2kV・A～5kV・A	与缆线平行敷设	300
	有一方在接地的金属槽盒或钢管中	150
	双方都在接地的金属槽盒或钢管中	80
380V 电力 电缆＞5kV・A	与缆线平行敷设	600
	有一方在接地的金属槽盒或钢管中	300
	双方都在接地的金属槽盒或钢管中	150

2. 室外墙上敷设的综合布线管线与其他管线的间距应符合表 5-9 的规定。

综合布线管线与其他管线的间距（mm）　　　　　　　　　　表 5-9

其　他　管　线	最小平行净距	最小垂直交叉净距
防雷专设引下线	1000	300
保护地线	50	20
给水管	150	20
压缩空气管	150	20
热力管（不包封）	500	500
热力管（包封）	300	300
燃气管	300	20

3. 综合布线系统应远离高温和电磁干扰的场地，根据环境条件选用相应的缆线和配线设备或采取防护措施，并应符合下列规定：

（1）当综合布线区域内存在的电磁干扰场强低于 3V/m 时，宜采用非屏蔽电缆和非屏蔽配线设备。

（2）当综合布线区域内存在的电磁干扰场强高于 3V/m，或用户对电磁兼容性有较高要求时，可采用屏蔽布线系统和光缆布线系统。

（3）当综合布线路由上存在干扰源，且不能满足最小净距要求时，宜采用金属导管和金属槽盒敷设，或采用屏蔽布线系统及光缆布线系统。

（4）当局部地段与电力线或其他管线接近，或接近电动机、电力变压器等干扰源，且不能满足最小净距要求时，可采用金属导管或金属槽盒等局部措施加以屏蔽处理。

4. 在建筑物电信间、设备间、进线间及各楼层信息通信竖井内均应设置局部等电位联结端子板。

5. 综合布线系统应采用建筑物共用接地的接地系统。当必须单独设置系统接地体时，其接地电阻不应大于 4Ω。当布线系统的接地系统中存在两个不同的接地体时，其接地电位差不应大于 1V。

6. 配线柜接地端子板应采用两根不等长度，且截面不小于 $6mm^2$ 的绝缘铜导线接至就近的等电位联结端子板。

7. 屏蔽布线系统的屏蔽层应保持可靠连接、全程屏蔽，在屏蔽配线设备安装的位置应就近与等电位联结端子板可靠连接。

8. 综合布线的电缆采用金属管槽敷设时，管槽应保持连续的电气连接，并应有不少于两点的良好接地。

9. 当缆线从建筑物外引入建筑物时，电缆、光缆的金属护套或金属构件应在入口处就近与等电位联结端子板连接。

10. 当电缆从建筑物外面进入建筑物时，应选用适配的信号线路浪涌保护器。

【任务验收】

某企业中心办公楼，共三层，该建筑每层标高 3.6m，各层办公室、活动室、过道、门厅等均吊顶，吊顶距梁下 100mm；各房间内刷白墙。该建筑为框架结构，基础为桩基。完成以下任务：

1. 综合布线系统方案设计。

2. 信息点统计表。

3. 各工作区信息分布及数量，配线子系统选用线缆类型、数量，干线子系统线缆、数量等，列出材料清单。

4. 绘制综合布线系统拓扑图。

5. 绘制综合布线系统管路槽道路由图和信息点平面图。

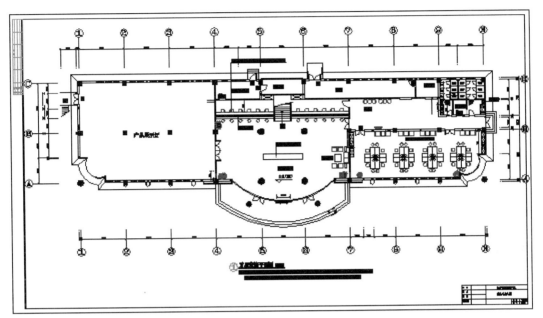

一层平面图

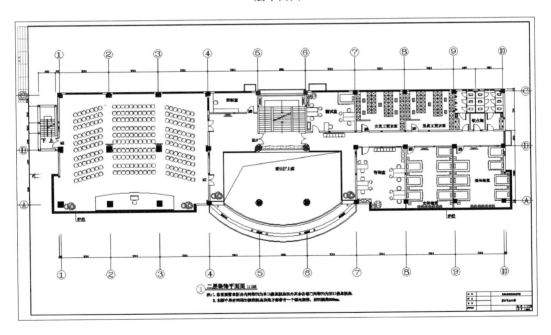

二层平面图

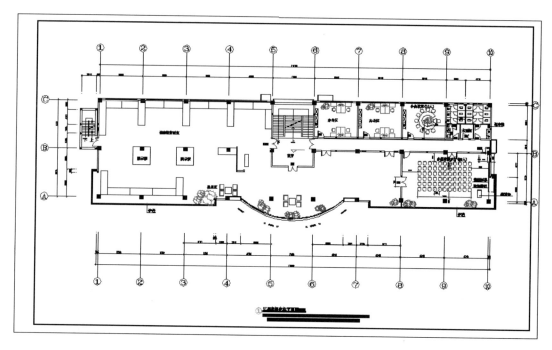

三层平面图

【理论知识考评】

1. 填空题

（1）根据综合布线系统的设计等级有_____、_____、_____。

（2）工作区子系统主要的设备是_____。

（3）工作区子系统的信息插座应与计算机设备的距离保持在_____范围以内。

（4）水平子系统由_____组成。

（5）水平子系统布设的双绞线电缆应在_____米以内。

（6）干线子系统中，计算机网络系统使用，电话语音系统使用_____电缆，有线电视系统使用_____电缆。

（7）设备间的位置一般应选定在_____的位置。

（8）建筑群子系统采用的三种布线方案是_____、_____、_____。

（9）综合布线系统使用三种标记是_____、_____和_____。

2. 单项选择题

（1）工作区安装在墙面上的信息插座，一般要求距离地面(　　)cm 以上。

A. 20　　　　　　　B. 30　　　　　　　C. 40　　　　　　　D. 50

（2）水平子系统中有线电视系统应使用的电缆是(　　)。

A. 5 类非屏蔽双绞线电缆　　　　　　B. 3 类非屏蔽双绞线电缆

C. 75Ω 同轴电缆　　　　　　　　　　D. 5 类屏蔽双绞线电缆

（3）已知某一楼层需要接入 100 个电话语音点，则端接该楼层电话系统的干线电缆的规格和数量是(　　)。

A. 1 根 100 对大对数非屏蔽双绞线　　　B. 2 根 100 对大对数非屏蔽双绞线

C. 1 根 50 对大对数非屏蔽双绞线　　　　D. 1 根 300 对大对数非屏蔽双绞线

（4）对于电话语音系统，楼层配线间内的线路管理器件应选用（　　）。

A. 110 数据配线架　　　　　　　　　　B. 模块化数据配线架

C. 光纤配线架　　　　　　　　　　　　D. 光纤接线箱

（5）已知两幢建筑物之间的布线路由长度为 2300m，则应选择（　　）来连接两幢楼的以太网络交换机。

A. 3 类大对数非屏蔽双绞线电缆　　　　B. 单模室外光缆

C. 多模室外光缆　　　　　　　　　　　D. 6 类 4 对非屏蔽双绞线

3. 问答题

（1）请简述水平子系统设计的要点。

（2）请简要说明综合布线系统中选择屏蔽系统与非屏蔽系统的理由。

模块三 综合布线系统施工

03.00.001

MOOC教学视频

项目6 综合布线系统工程施工组织

【学习目标】

1. 掌握施工前的准备工作。

2. 掌握施工过程中的注意事项。

【学习任务】

通过学习了解综合布线施工组织过程，掌握综合布线工程施工技术要点。

【知识链接】

6.1 工程实施前的准备工作

施工前的准备工作主要包括技术准备、施工前的环境检查、施工前设备器材及施工工具检查、施工组织准备等环节。

1. 技术准备工作

（1）熟悉综合布线系统工程设计、施工、验收的规范要求，掌握综合布线各子系统的施工技术以及整个工程的施工组织技术。

（2）熟悉和会审施工图纸。施工图纸是工程人员施工的依据，因此作为施工人员必须认真读懂施工图纸，理解图纸设计的内容，掌握设计人员的设计思想。只有对施工图纸了如指掌后，才能明确工程的施工要求，明确工程所需的设备和材料，明确与土建工程及其他安装工程的交叉配合情况，确保施工过程不破坏建筑物的外观，不与其他安装工程发生冲突。

（3）熟悉与工程有关的技术资料，如厂家提供的说明书和产品测试报告、技术规程、质量验收评定标准等内容。

（4）技术交底

技术交底工作主要由设计单位的设计人员和工程安装承包单位的项目技术负责人一起进行的。技术交底的主要内容包括：

1）设计要求和施工组织设计中的有关要求；

2）工程使用的材料、设备性能参数；

3）工程施工条件、施工顺序、施工方法；

4）施工中采用的新技术、新设备、新材料的性能和操作使用方法；

5）预埋部件注意事项；

6）工程质量标准和验收评定标准；

7）施工中安全注意事项。

技术交底的方式有书面技术交底、会议交底、设计交底、施工组织设计交底、口头交底等形式。

（5）编制施工方案。在全面熟悉施工图纸的基础上，依据图纸并根据施工现场情况、技术力量及技术准备情况，综合做出合理的施工方案。

（6）编制工程预算。工程预算具体包括工程材料清单和施工预算。

2. 施工前的环境检查

在工程施工开始以前应对楼层配线间、二级交接间、设备间的建筑和环境条件进行检查，具备下列条件方可开工：

（1）楼层配线间、二级交接间、设备间、工作区土建工程已全部竣工。房屋地面平整、光洁，门的高度和宽度应不妨碍设备和器材的搬运，门锁和钥匙齐全。

（2）房屋预留地槽、暗管、孔洞的位置、数量、尺寸均应符合设计要求。

（3）对设备间铺设活动地板应专门检查，地板块铺设必须严密坚固。每平方米水平允许偏差不应大于 2mm，地板支柱牢固，活动地板防静电措施的接地应符合设计和产品说明要求。

（4）楼层配线间、二级交接间、设备间应提供可靠的电源和接地装置。

（5）楼层配线间、二级交接间、设备间的面积，环境温湿度、照明、防火等均应符合设计要求和相关规定。

3. 施工前的器材检查

工程施工前应认真对施工器材进行检查，经检验的器材应做好记录，对不合格的器材应单独存放，以备检查和处理。

（1）型材、管材与铁件的检查要求

1）各种型材的材质、规格、型号应符合设计文件的规定，表面应光滑、平整，不得变形、断裂。预埋金属线槽、过线盒、接线盒及桥架表面涂覆或镀层均匀、完整，不得变形、损坏。

2）管材采用钢管、硬质聚氯乙烯管时，其管身应光滑、无伤痕，管孔无变形，孔径、壁厚应符合设计要求。

3）管道采用水泥管道时，应按通信管道工程施工及验收中相关规定进行检验。

4）各种铁件的材质、规格均应符合质量标准，不得有歪斜、扭曲、飞刺、断裂或破损。

5）铁件的表面处理和镀层应均匀、完整，表面光洁，无脱落、气泡等缺陷。

（2）电缆和光缆的检查要求

1）工程中所用的电缆、光缆的规格和型号应符合设计的规定。

2）每箱电缆或每圈光缆的型号和长度应与出厂质量合格证内容一致。

3）缆线的外护套应完整无损，芯线无断线和混线，并应有明显的色标。

4）电缆外套具有阻燃特性的，应取一小截电缆进行燃烧测试。

5）对进入施工现场的线缆应进行性能抽测。抽测方法可以采用随机方式抽出某一段电缆（最好是 100m），然后使用测线仪器进行各项参数的测试，以检验该电缆是否符合工程所要求的性能指标。

（3）配线设备的检查要求

1）检查机柜或机架上的各种零件是否脱落或碰坏，表面如有脱落应予以补漆。各种零件应完整、清晰。

2）检查各种配线设备的型号，规格是否符合设计要求。各类标志是否统一、清晰。

3）检查各配线设备的部件是否完整，是否安装到位。

6.2 工程施工过程中的注意事项

工程实施工程中要求注意以下问题：

（1）施工督导人员要认真负责，及时处理施工进程中出现的各种情况，协调处理各方意见。

（2）如果现场施工碰到不可预见的问题，应及时向建设单位汇报，并提出解决办法供建设单位当场研究解决，以免影响工程进度。

（3）对建设单位计划不周的问题，在施工过程中发现后应及时与建设单位协商，及时妥善解决。

（4）对建设单位提出新增加的信息点，要履行确认手续并及时在施工图中反映出来。

（5）对部分场地或工段及时进行阶段检查验收，确保工程质量。

（6）制定工程进度表。为了确保工程能按进度推进，必须认真做好工程的组织管理工作，保证每项工作能按时间表及时完成，建议使用督导指派任务表、工作间施工表等工程管理表格，督导人员依据这些表格对工程进行监督管理。

6.3 工程竣工验收要求

根据综合布线工程施工与验收规范的规定，综合布线工程竣工验收主要包括三个阶段：工程验收准备、工程验收检查、工程竣工验收。工程验收工作主要由施工单位、监理单位、用户单位三方一起参与实施。

1. 工程验收准备

工程竣工完成后，施工单位应向用户单位提交一式三份的工程竣工技术文档，具体应包含以下内容：

（1）竣工图纸。竣工图纸应包含设计单位提交的系统图和施工图，以及在施工过程中变更的图纸资料。

（2）设备材料清单。它主要包含综合布线各类设备类型及数量，以及管槽等材料。

（3）安装技术记录。它包含施工过程中验收记录和隐蔽工程签证。

（4）施工变更记录。它包含由设计单位、施工单位及用户单位一起协商确定的更改设计资料。

（5）测试报告。测试报告是由施工单位对已竣工的综合布线工程的测试结果记录。它包含楼内各个信息点通道的详细测试数据以及楼宇之间光缆通道的测试数据。

2. 工程验收检查

工程验收检查工作是由施工方、监理方、用户方三方一起进行的，根据检查出的问题可以立即制定整改措施，如果验收检查已基本符合要求的可以提出下一步竣工验收的时间。工程验收检查工作主要包含下面内容：

（1）信息插座检查

1）信息插座标记是否齐全；

2）信息插座的规格和型号是否符合设计要求；

3）信息插座安装的位置是否符合设计要求；

4）信息插座模块的端接是否符合要求；

5）信息插座各种螺丝是否拧紧；

6）如果屏蔽系统，还要检查屏蔽层是否接地可靠。

（2）楼内线缆的敷设检查

1）线缆的规格和型号是否符合设计要求；

2）线缆的敷设工艺是否达到要求；

3）管槽内敷设的线缆容量是否符合要求。

（3）管槽施工检查

1）安装路由是否符合设计要求；

2）安装工艺是否符合要求；

3）如果采用金属管，要检查金属管是否可靠地接地；

4）检查安装管槽时已破坏的建筑物局部区域是否已进行修补并达到原有的感观效果。

（4）线缆端接检查

1）信息插座的线缆端接是否符合要求；

2）配线设备的模块端接是否符合要求；

3）各类跳线规格及安装工艺是否符合要求；

4）光纤插座安装是否符合工艺要求。

（5）机柜和配线架的检查

1）规格和型号是否符合设计要求；

2）安装的位置是否符合要求；

3）外观及相关标志是否齐全；

4）各种螺丝是否拧紧；

5）接地连接是否可靠。

（6）楼宇之间线缆敷设检查

1）线缆的规格和型号是否符合设计要求；

2）线缆的电气防护设施是否正确安装；

3）线缆与其他线路的间距是否符合要求；

对于架空线缆要注意架设的方式以及线缆引入建筑物的方式是否符合要求，对于管道线缆要注意管径、入孔位置是否符要求，对于直埋线缆注意其路由、深度、地面标志是否符合要求。

3. 工程竣工验收

工程竣工验收是由施工方、监理方、用户方三方一起组织人员实施的。它是工程验收中一个重要环节，最终要通过该环节来确定工程是否符合设计要求。工程竣工验收包含整个工程质量和传输性能的验收。

工程质量验收是通过到工程现场检查的方式来实施的，具体内容可以参照工程验收检查的内容。由于前面已进行了较详细的现场验收检查，因此该环节主要以抽检方式进行。传输性能的验收是通过标准测试仪器对工程所涉及的电缆和光缆的传输通道进行测试，以检查通道或链路是否符合 ANSI/TIA/EIATSB—67 标准。由于测试之前，施工单位已自行对所有信息点的通道进行了完整的测试并提交了测试报告，因此该环节主要以抽检方式进行，一般可以抽查工程 20% 的信息点进行测试。如果测试结果达不到要求，则要求工程所有信息点均需要整改并重新测试。

项目 7　各子系统的施工

【学习目标】

1. 掌握各子系统的端接方法。

2. 掌握管、槽、架安装方法。

3. 掌握电缆、光缆等线缆敷设方法。

【学习任务】

通过信息插座、信息模块、信息面板的安装，跳线的制作，线管、线槽、桥架的安装，机柜交换机的安装，电缆、光缆的敷设等实训操作，掌握综合布线工程中各子系统的施工方法。

【任务实施】

指导学生通过综合布线实训装置或模拟建筑物进行实操，完成综合布线工程中各子系统的施工。

【知识链接】

7.1　工作区子系统的施工

综合布线系统的工作区子系统在智能建筑中的分布非常广泛，其就是安装在建筑物墙面或者地面的各类信息插座，有单口插座也有双口或多口插座如图 7-1 所示。

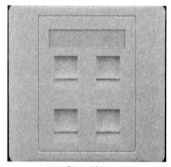

单口面板　　　　　　　　　　　　多口面板

图 7-1　信息面板

在综合布线系统中，一个独立的、需要设置终端设备（终端可以是电话、数据终端和计算机等设备）的区域称为一个工作区，如图 7-2 所示。

工作区子系统的施工中主要涉及工作区管槽、模块、信息插座底盒、信息面板及 RJ45 接头跳线的安装。

7.1.1　信息插座安装位置

《综合布线系统工程设计规范》GB 50311—2016 中，对工作区的插座的安装提出了具体要求。

（1）地面安装的信息插座，必须选用地弹插座，如图 7-3 所示，嵌入地面安装，使用时打开盖板，不使用时盖板应该与地面高度相同。

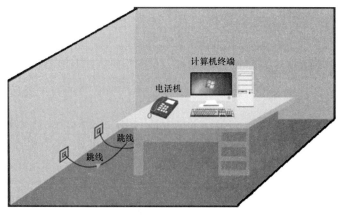

图 7-2　工作区子系统构成

图 7-3　地面插座

（2）墙面安装的信息插座底部离地面的高度宜为 0.3m，嵌入墙面安装，使用时打开防尘盖插入跳线接头。其安装位置应与电源插座保持一定的距离。

7.1.2　插座底盒安装步骤

插座底盒安装时，一般按照下列步骤进行：

（1）检查质量和螺丝孔。通过目视检查产品的外观质量情况和配套螺丝。

（2）去掉底盒上的管口挡板。根据进出线方向，去掉底盒预留孔中的半连接挡板，便于接管走线。

（3）固定底盒。

（4）成品保护。

7.1.3　网络模块安装步骤

信息模块和电话语音模块的安装方法基本相同，步骤如下：

（1）准备材料和工具。

（2）剥出 1.5～2cm 的线芯，注意不要伤到线芯。

（3）分线。安装工程标准，选取 568A 或 568B 线序，将线序固定于相应卡线孔。

（4）压线或打线。根据模块类型，进行压线或打线，然后剪掉多余的线芯。

（5）卡装模块。将模块卡夹在面板上。

7.1.4　面板的安装

面板安装是信息插座安装的最后一步，通常应该在模块端接完成后立即进行，以保护模块。安装时将模块卡夹在面板接口中。如果双口面板或多口面板上有网络和电话的标记，应按照标记位置装。

7.1.5　跳线的制作

每一个信息接口都需要一根跳线连接到用户设备上。跳线即两端安有接头在短距离内连接设备的线缆。常用跳线有网络跳线和电话（语音）跳线。这两类跳线的制作方法基本相同。

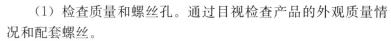

网络跳线的制作步骤如下：

（1）剥线。剥出约 1.5～2cm 的线芯并剪除涤纶线。

（2）排序。按照 568A 或 568B 线芯将线芯拉直并排序。

（3）剪线。将排列整齐的线芯保留 1.3cm，剪掉多余线芯。

（4）正确拿取 RJ-45 接头。要求接头拿取时，金属引脚面对自己，插线口向下。否则会导致插线线序整体错误。

（5）插线并检查。将线芯插入接头并检查线序、线芯位置到底、外皮插入接头 6mm 以上。

（6）压线。

7.1.6 工作区的管槽

工作区的管槽主要指由水平子系统的桥架到信息点之间的连接分支管或分支线槽部分。线缆通过分支管或分支槽汇聚到水平干线中引至管理子系统。

工作区的管槽安装分为明装和暗装。

（1）新建工程的工作区管槽一般为暗装。

（2）改建或扩建工程的工作区管槽多为明装。

当工作区的管槽明装时，要求布管、布槽合理美观，尽量不破坏原有的装饰装修。

7.2 水平子系统的施工

水平子系统的功能是将同一层楼中工作区的分支线缆直接或者汇聚后敷设至楼层的接线箱中。

在综合布线工程中，水平子系统的管路非常多，与电气等其他管路交叉也多，需要在安装阶段根据现场实际情况安排管线，以满足管线路由最短，便于安装的要求。

水平子系统施工过程中主要涉及：线管、线槽、桥架的安装以及线缆的敷设。

7.2.1 线管

1. 钢管（图 7-4）

综合布线系统的暗敷管路系统中常用的钢管为焊接钢管。

钢管的规格有多种，以外径（mm）为单位，综合布线工程施工中常用的金属管有：D16、D20、D25、D32、D40、D50、D63、D110 等规格。

2. 塑料管（图 7-5）

图 7-4 钢管　　　　　　　　图 7-5 PVC-塑料管

塑料管是由树脂、稳定剂、润滑剂及添加剂配制挤塑成型。目前按塑料管使用的主要材料，塑料管主要有以下产品：聚氯乙烯管材（PVC-U 管）、高密聚乙烯管材（HDPE 管）、双壁波纹管、子管、铝塑复合管、硅芯管等。

综合布线系统中通常采用的是软、硬聚氯乙烯管，且是内、外壁光滑的实壁塑料管。室外的建筑群主干布线子系统采用地下通信电缆管道时，其管材除主要选用混凝土管（又称水泥管）外，目前较多采用的是内外壁光滑的软、硬质聚氯乙烯实壁塑料管（PVC-U）和内壁光滑、外壁波纹的高密度聚乙烯管（HDPE）双壁波纹管，有时也采用高密度聚乙烯（HDPE）的硅芯管。

3. 线管安装施工

水平子系统的线管安装一般采用暗敷方式，有时也会采用明敷方式。

（1）明敷管路

旧建筑物的布线施工常使用明敷管路，新的建筑物应少用或尽量不用明敷管路。在综合布线系统中明敷管路常见的有钢管、PVC 线槽、PVC 管等。钢管具有机械强度高、密封性能好、抗弯、抗压和抗拉能力强等特点，尤其是有屏蔽电磁干扰的作用，管材可根据现场需要任意截锯勒弯，施工安装方便。但是它存在材质较重、价格高且易腐蚀等缺点。PVC 线槽和 PVC 管具有材质较轻、安装方便、抗腐蚀、价格低等特点，因此在一些造价较低、要求不高的综合布线场合需要使用 PVC 线槽和 PVC 管。在潮湿场所中明敷的钢管应采用管壁厚度大于 2.5mm 以上的厚壁钢管，在干燥场所中明敷的钢管，可采用管壁厚度为 1.6～2.5mm 的薄壁钢管。使用镀锌钢管时，必须检查管身的镀锌层是否完整，如有镀锌层剥落或有锈蚀的地方应刷防锈漆或采用其他防锈措施。PVC 线槽和 PVC 管有多种规格，具体要根据敷设的线缆容量来选定规格，常见的有 25mm×25mm、25mm×50mm、50mm×50mm、100mm×100mm 等规格的 PVC 线槽，10mm、15mm、20mm、100mm 等规格的 PVC 管。PVC 线槽除了直通的线槽外，还要考虑选用足够数量的弯角、三通等辅材。

03.07.010
PVC管弯管及铺设

（2）暗敷管路

新建的智能建筑物内一般都采用暗敷管路来敷设线缆。在建筑物土建施工时，一般同时预埋暗敷管路，因此在设计建筑物时就应同时考虑暗敷管路的设计内容。暗敷管路是水平子系统中经常使用的支撑保护方式之一。如图 7-6 所示。

暗敷管路常见的有钢管和硬质的 PVC 管。常见钢管的内径为 15.8mm、27mm、41mm、43mm、68mm 等。

（3）管路的安装要求

图 7-6　管路暗装

1）预埋暗敷管路应采用直线管道为好，尽量不采用弯曲管道，直线管道超过 30m 再需延长距离时，应置暗线箱等装置，以利于牵引敷设电缆时使用。如必须采用弯曲管道时，要求每隔 15m 处设置暗线箱等装置。

2）暗敷管路如必须转弯时，其转弯角度应大于 90°。暗敷管路曲率半径不应小于该管路外径的 6 倍。要求每根暗敷管路在整个路由上需要转弯的次数不得多于两个，暗敷管路的弯曲处不应有折皱、凹穴和裂缝。

3）明敷管路应排列整齐，横平竖直，且要求管路每个固定点（或支撑点）的间隔均匀。

4）要求在管路中放有牵引线或拉绳，以便牵引线缆。

5）在管路的两端应设有标志，其内容包含序号、长度等，应与所布设的线缆对应，以使布线施工中不容易发生错误。

（4）暗敷线管和穿线时一般要遵守下列原则：

1）预埋在墙体中间暗管的最大管外径不宜超过 50mm，楼板中暗埋管的最大管外径不宜超过 25mm。

2）不同规格的线管，根据拐弯的多少盒穿线长度的不同，管内布放线缆的最大条数不同。见表 7-1。

线管对应表　表 7-1

线管类型	规格/mm	容纳双绞线最多条数	截面利用率
PVC、金属	16	2	30％
PVC	20	3	30％
PVC、金属	25	5	30％
PVC、金属	32	7	30％
PVC	40	11	30％
PVC、金属	50	15	30％

3）在钢管现场截断和安装施工中，两根钢管对接时必须保证同轴度和管口整齐，没有错位，焊接时不要焊透管壁，避免在管内形成焊渣。

4）同一走向的线管应遵循平行布管原则，不允许出现交叉或者重叠。

5）从插座底盒到楼层管理间的整个布线路由的线管必须连续，如果出现一处不连续时将来就无法穿线。

6）水平子系统路由的暗埋管比较长，布线穿线时应该采取慢速而又平稳的拉线，拉力太大时，会破坏电缆对绞的结构和一致性，引起线缆传输性能下降。

7）缆线布放时要考虑两端的预留，管理间预留长度一般为 3～6m，工作区为 0.3～0.6m；光缆在设备间预留长度一般为 5～10m。

（5）钢管或者 PVC 管在敷设时，应该采取措施保护管口，防止水泥砂浆或者垃圾进入管口，堵塞管道，一般用塞头封堵管口，并用胶布绑扎牢固。

7.2.2　线槽

1. 线槽安装施工中一般有墙面线槽安装布线和地面线槽安装布线。

在一般小型工程中，有时采用暗管明槽布线方式，以及在楼道使用较大的 PVC 线槽代替金属桥架。如图 7-7 所示线槽明装一般安装步骤为：

（1）根据线管出口高度，确定线槽安装高度，并且划线。

（2）固定线槽。

03.07.011　墙面线槽安装施工　　03.07.012　地面线槽铺设施工

（3）布线。

（4）安装盖板。

水平子系统可以在楼道墙面安装比较大的塑料线槽，例如宽度 60mm、100mm、150mm 的白色 PVC 线槽。

| 平三通 | 堵头 | 直接 | 阴角 | 阳角 |

图 7-7　线槽明装

2. 吊顶上架空线槽施工

吊顶上架空线槽布线由楼层管理间引出线缆先走吊顶内的线槽，到房间后，经分支线槽从槽梁式电缆管道分叉将电缆穿过一段支管引向墙壁，沿墙而下到房内信息插座的布线方式。

吊顶上架空
线槽施工

7.2.3　桥架

综合布线系统工程中，桥架具有结构简单、造价低、施工方便、配线灵活、安全可靠、安装标准、整齐美观、防尘防火、延长线缆使用寿命、方便扩充电缆和维护检修等特点，且同时能克服介质腐蚀等问题，因此被广泛应用于建筑群主干线和建筑物内主干线的安装施工。

| 梯形式桥架 | 槽式桥架 | 托盘式桥架 |

桥架按结构可分为梯级式、托盘式和槽式 3 类，如图 7-8 所示。

桥架按制造材料可分为金属材料和非金属材料 2 类。

1. 槽式桥架

槽式桥架是全封闭电缆桥架，也就是通常所说的金属线槽，由槽底和槽盖组成，每根槽一般长度为 2m，槽与槽连接时使用相应尺寸的铁板和螺丝固定。它适用于敷设计算机线缆、通信线缆、热电偶电缆及其他高灵敏系统的控制电缆等，它对屏蔽干扰重腐蚀环境

梯级式　　　　　　　槽式　　　　　　　托盘式

图 7-8　桥架

中电缆防护都有较好的效果，适用于室外和需要屏蔽的场所。在综合布线系统中一般使用的金属槽的规格有：50mm×100mm、100mm×100mm、100mm×200mm、100mm×300mm、200mm×400mm等多种规格。

2. 托盘式桥架

具有重量轻、载荷大、造型美观、结构简单、安装方便、散热透气性好等优点，适用于地下层、吊顶等场所。

03.07.022

桥架安装施工

3. 梯级式桥架

具有重量轻、成本低、造型别致、通风散热好等特点。它适用于一般直径较大的电缆的敷设，以及地下层、垂井、活动地板下和设备间的线缆敷设。

（1）桥架和槽道的安装要求

1）桥架及槽道的安装位置应符合施工图规定，左右偏差不应超过 50mm；

2）桥架及槽道水平度偏差不应超过 2mm/m；

3）垂直桥架及槽道应与地面保持垂直，并无倾斜现象，垂直度偏差不应超过 3mm；

4）两槽道拼接处水平偏差不应超过 2mm；

5）线槽转弯半径不应小于其槽内的线缆最小允许弯曲半径的最大值；

6）吊顶安装应保持垂直，整齐牢固，无歪斜现象；

7）金属桥架及槽道节与节间应接触良好，安装牢固；

8）管道内应无阻挡，道口应无毛刺，并安置牵引线或拉线；

9）为了实现良好的屏蔽效果，金属桥架和槽道接地体应符合设计要求，并保持良好的电气连接。

7.2.4　水平线缆敷设

在水平线缆敷设之前，建筑物内的各种暗敷的管路和槽道已安装完成，因此线缆要敷设在管路或槽道内就必须使用线缆牵引技术。为了方便线缆牵引，在安装各种管路或槽道时已内置了一根拉绳（一般为钢绳），使用拉绳可以方便地将线缆从管道的一端牵引到另一端。

03.07.023

楼道桥架布线施工

根据施工过程中敷设的电缆类型，可以使用三种牵引技术，即牵引 4 对双绞线电缆、牵引单根 25 对双绞线电缆、牵引多根 25 对或更多对线电缆。

1. 牵引 4 对双绞线电缆

主要方法是使用电工胶布将多根双绞线电缆与拉绳绑紧，使用拉绳均匀用力缓慢牵引电缆。具体操作步骤如下：

（1）将多根双绞线电缆的末端缠绕在电工胶布上，如图 7-9 所示。

（2）在电缆缠绕端绑扎好拉绳，然后牵引拉绳，如图 7-10 所示。

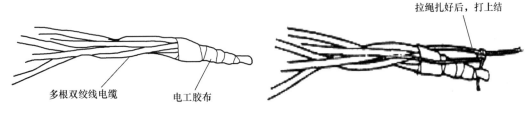

图 7-9　用电工胶布缠绕多根双绞线电缆的末端　　图 7-10　将双绞线电缆与拉绳绑扎固定

4 对双绞线电缆的另一种牵引方法也是经常使用的，具体步骤如下：

（1）剥除双绞线电缆的外表皮，并整理为两扎裸露金属导线，如图 7-11 所示。

（2）将金属导体编织成一个环，拉绳绑扎在金属环上，然后牵引拉绳，如图 7-12 所示。

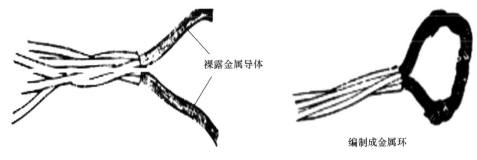

图 7-11　剥除电缆外表皮得到裸露金属导体　　图 7-12　编织成金属环以供拉绳牵引

2. 牵引单根 25 对双绞线电缆

主要方法是将电缆末端编制成一个环，然后绑扎好拉绳，牵引电缆，具体的操作步骤如下：

（1）将电缆末端与电缆自身打结成一个闭合的环。

（2）用电工胶布加固，以形成一个坚固的环。

（3）在缆环上固定好拉绳，用拉绳牵引电缆。

3. 牵引多根 25 对双绞线电缆或更多线对的电缆

主要操作方法是将线缆外表皮剥除后，将线缆末端与拉绳绞合固定，然后通过拉绳牵引电缆，具体操作步骤如下：

（1）将线缆外皮表剥除后，将线对均匀分为两组线缆。

（2）将两组线缆交叉地穿过接线环。

（3）将两组线缆缠扭在自身电缆上，加固与接线环的连接。

（4）在线缆缠扭部分紧密缠绕多层电工胶布，以进一步加固电缆与接线环的连接。

4. 水平布线技术规范

水平线缆在布设过程中，不管采用何种布线方式，都应遵循以下技术规范：

（1）为了考虑以后线缆的变更，在线槽内布设的电缆容量不应超过线槽截面积的 70%；

（2）水平线缆布设完成后，线缆的两端应贴上相应的标签，以识别线缆的来源地；

（3）非屏蔽 4 对双绞线缆的弯曲半径应至少为电缆外径的 4 倍，屏蔽双绞线电缆的弯曲半径应至少为电缆外径的 6~10 倍；

（4）线缆在布放过程中应平直，不得产生扭绞、打圈等现象，不应受到外力的挤压和损伤；

（5）线缆在线槽内布设时，要注意与电力线等电磁干扰源的距离要达到规范的要求；

（6）线缆在牵引过程中，要均匀用力缓慢牵引，线缆牵引力度规定如下：

1）一根 4 对双绞线电缆的拉力为 100N；

2）二根 4 对双绞线电缆的拉力为 150N；

3）三根 4 对双绞线电缆的拉力为 200N；

4）不管多少根线对电缆，最大拉力不能超过 400N。

7.3　干线的布线施工

干线电缆提供了从设备间到每个楼层的水平子系统之间信号传输的通道，主干电缆通常安装在竖井通道中，如图 7-13 所示。

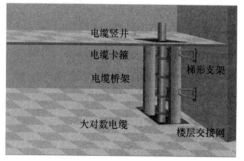

图 7-13　干线示意图

7.3.1　主干线缆布线技术规范

主干线缆布线施工过程，要注意遵守以下规范要求：

（1）应采用金属桥架或槽道敷设主干线缆，以提供线缆的支撑和保护功能，金属桥架或槽道要与接地装置可靠连接；

（2）在智能建筑中有多个系统综合布线时，要注意各系统使用的线缆的布设间距要符合规范要求；

（3）在线缆布放过程中，线缆不应产生扭绞或打圈等有可能影响线缆本身质量的现象；

（4）线缆布放后，应平直处于安全稳定的状态，不应受到外界的挤压或遭受损伤而产生故障；

（5）在线缆布放过程中，布放线缆的牵引力不宜过大，应小于线缆允许的拉力的 80%，在牵引过程中要防止线缆被拖、蹭、磨等损伤；

（6）主干线缆一般较长，在布放线缆时可以考虑使用机械装置辅助人工进行牵引，在牵引过程中各楼层的人员要同步牵引，不要用力拽拉线缆。

7.3.2　主干线缆布线技术

主干线缆在竖井中敷设一般有两种方式：向下垂放电缆和向上牵引电缆。相比而言，向下垂放电缆比向上牵引电缆要容易些。

1. 向下垂放电缆

如果干线电缆经由垂直孔洞向下垂直布放，则具体操作步骤如下：

（1）首先把线缆卷轴搬放到建筑物的最高层；

（2）在离楼层的垂直孔洞处 3～4m 处安装好线缆卷轴，并从卷轴顶部馈线；

（3）在线缆卷轴处安排所需的布线施工人员，每层上要安排一个工人以便引寻下垂的线缆；

（4）开始旋转卷轴，将线缆从卷轴上拉出；

（5）将拉出的线缆引导进竖井中的孔洞。在此之前先在孔洞中安放一个塑料的套状保护物，以防止孔洞不光滑的边缘擦破线缆的外皮，如图 7-14 所示；

（6）慢慢地从卷轴上放缆并进入孔洞向下垂放，注意不要快速地放缆；

（7）继续向下垂放线缆，直到下一层布线工人能将线缆引到下一个孔洞；

（8）按前面的步骤，继续慢慢地向下垂放线缆，并将线缆引入各层的孔洞。

如果干线电缆经由一个大孔垂直向下布设，就无法使用塑料保护套，最好使用一个滑车轮，通过它来下垂布线，具体操作如下：

（1）在大孔的中心上方安装上一个滑轮车，如图 7-15 所示；

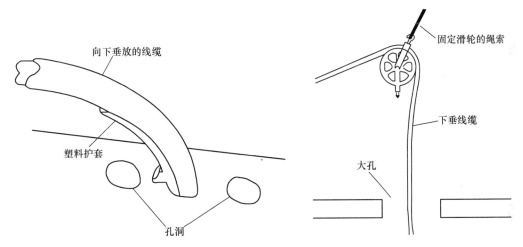

图 7-14　在孔洞中安放塑料保护套　　　　图 7-15　在大孔上方安装滑轮车

（2）将线缆从卷轴拉出并绕在滑轮车上；

（3）按上面所介绍的方法牵引线缆穿过每层的大孔，当线缆到达目的地时，把每层上的线缆绕成卷放在架子上固定起来，等待以后的端接。

2. 向上牵引电缆

向上牵引线缆可借用电动牵引绞车将干线电缆从底层向上牵引到顶层，如图 7-16 所示。具体的操作步骤如下：

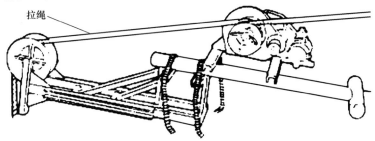

图 7-16　电动牵引绞车向上牵引线缆

（1）先往绞车上穿一条拉绳；

（2）启动绞车，并往下垂放一条拉绳，拉绳向下垂放直到安放线缆的底层；

（3）将线缆与拉绳牢固地绑扎在一起；

（4）启动绞车，慢慢地将线缆通过各层的孔洞向上牵引；

（5）线缆的末端到达顶层时，停止绞车；

（6）在地板孔边沿上用夹具将线缆固定好；

（7）当所有连接制作好之后，从绞车上释放线缆的末端。

7.4 管理间与设备间端接

在设备间内所安装的网络设备通过设备缆线（电缆或光缆）连接至配线设备（FD）以后，经过跳线管理，将设备的端口经过水平缆线连接至工作区的终端设备，此种为传统的连接方式，称为交叉连接方式。

单对与五对
打线工具的使用

7.4.1 电话交换设备连接方式

电话交换配线的连接方式如图 7-17 所示。

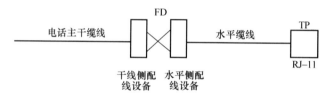

图 7-17 电话交换配线连接方式

电话交换配线主要使用 110 配线系统，110 配线系统主要应用于楼层管理间和建筑物的设备间内管理语音或数据电缆，各个厂家的 110 配线系统的组成及安装方法很相似。

110 配线系统主要由配线架、连接块、线缆管理槽、标签、胶条等组成。

（1）100 对或 300 对 110 配线架如图 7-18 所示。

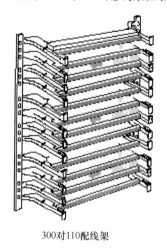

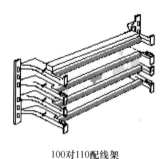

300对110配线架   100对110配线架

图 7-18 110 配线架

（2）4 线对连接块、5 线对连接块如图 7-19 所示。

（3）胶条和标签条，用于标注各连接块的信息。

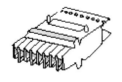
4线对连接块

5线对连接块

图 7-19　电话连接块

（4）线缆管理槽和线缆管理环，安装在配线架上用于整理和固定线缆。

下面详细介绍使用 110 配线系统构建 4 对 UTP 电缆交叉连接管理系统的步骤：

03.07.025
110配线架的安装

（1）在墙上标记好 110 配线架安装的水平和垂直位置，如图 7-20 所示。

（2）对于 300 线对配线架，沿垂直方向安装线缆管理槽和配线架并用螺丝固定在墙上，如图 7-21 所示。对于 100 线对配线架，沿水平方向安装线缆管理槽，配线架安装在线缆管理槽下方，如图 7-22 所示。

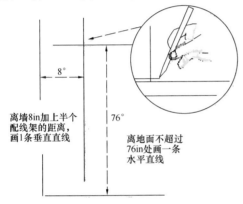
8°

离墙8in加上半个
配线架的距离，
画1条垂直直线

76°

离地面不超过
76in处画一条
水平直线

图 7-20　在墙上标记 110 配线架安装位置

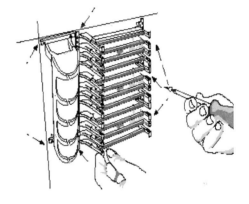

图 7-21　300 线对配线架及线缆管理槽固定方法

（3）每 6 根 4 对电缆为一组绑扎好，然后布放到配线架内，如图 7-23 所示。注意线缆不要绑扎太紧，要让电缆能自由移动。

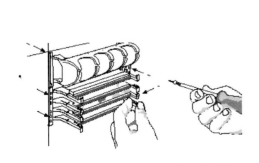

图 7-22　100 线对配线架及线缆管理槽固定方法

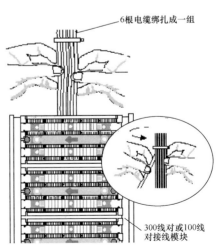
6根电缆绑扎成一组

300线对或100线
对接线模块

图 7-23　成组绑扎电缆并引入配线架

（4）确定线缆安装在配线架上各接线块的位置，用笔在胶条上做标记，如图 7-24 所示。

（5）根据线缆的编号，按顺序整理线缆以靠近配线架的对应接线块位置，如图 7-25 所示。

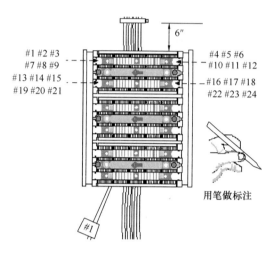

图 7-24　在配线架上标注各线缆连接的位置

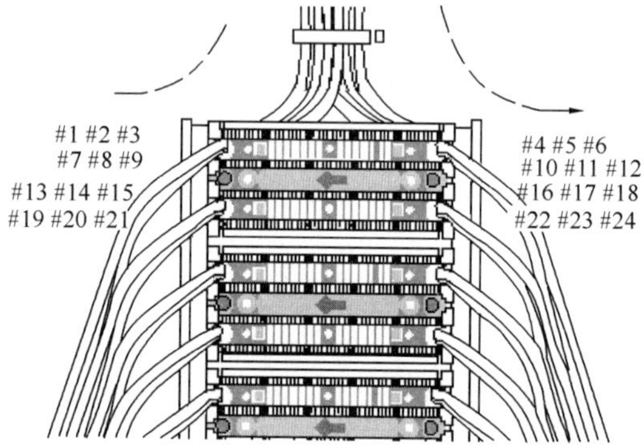

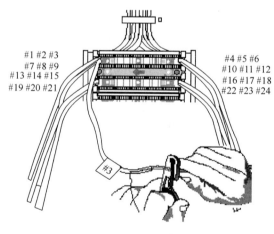

图 7-25　按连接接线块的位置整理线缆

（6）按电缆的编号顺序剥除电缆的外皮，如图 7-26 所示。

（7）按照规定的线序将线逐一压入连接块的槽位内，如图 7-27 所示。

图 7-26　剥除电缆外皮

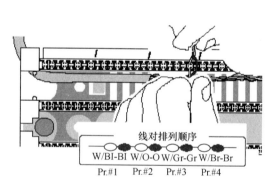

图 7-27　按线序将线对压入槽内

（8）将上下相邻的两个 110 槽位安装完线缆的线对，如图 7-28 所示。

（9）使用专用的 110 压线工具，将线对冲压入线槽内，确保将每个线对可靠地压入槽内，如图 7-29 所示。（注意在冲压线对之前，重新检查对线的排列顺序是否符合要求）

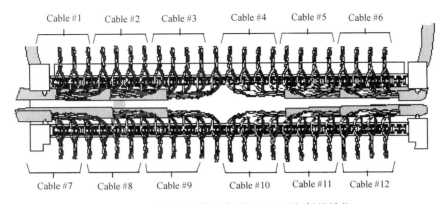

图 7-28　将多根线缆的线对压入上下相邻的槽位

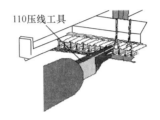

图 7-29　使用 110 压线工具将线对冲压入线槽内

（10）使用多线对压接工具，将 4 线对连接块冲压到 110 配线架线槽上，如图 7-30 所示。

（11）在配线架上下两槽位之间安装胶条及标签，如图 7-31 所示。

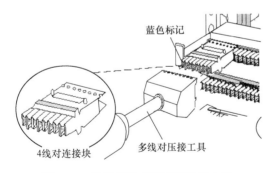
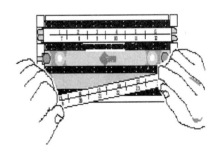

图 7-30　使用多线对压接工具将 4 线
对连接块压接到配线架上

图 7-31　在配线架上下槽位间
安装标签条

7.4.2　模块化配线架安装技术

模块化配线架主要应用于楼层管理间和设备间内的计算机网络电缆的管理。各厂家的模块化配线架结构及安装相类似。

具体安装步骤如下：

（1）使用螺丝将配线架固定在机架上。如图 7-32 所示。

（2）在配线架背面安装理线环，将电缆整理好固定在理线环中并使用绑扎带固定好电缆，一般 6 根电缆作为一组进行绑扎。如图 7-33 所示。

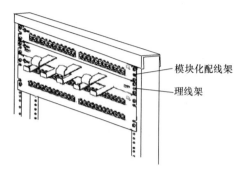

图 7-32　在机架上安装配线架

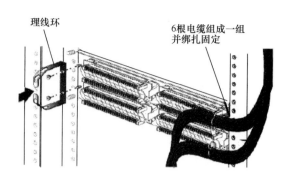

图 7-33　安装理线环并整理固定电缆

（3）根据每根电缆连接接口的位置，测量端接电缆应预留的长度，然后使用平口钳截断电缆。

（4）根据系统安装标准选定 T568A 或 T568B 标签，然后将标签压入模块组插槽内。

（5）根据标签色标排列顺序，将对应颜色的线对逐一压入槽内，然后使用打线工具固定线对连接，同时将伸出槽位外多余的导线截断。如图 7-34 所示。

（6）将每组线缆压入槽位内，然后整理并绑扎固定线缆。如图 7-35 所示。

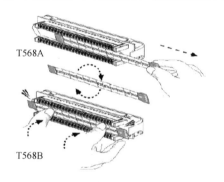

图 7-34　调整合适标签并安装
在模块组槽位内固定线缆

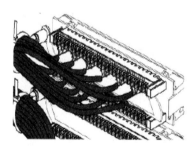

图 7-35　整理并绑扎

（7）将跳线通过配线架下方的理线架整理固定后，逐一接插到配线架前面板的 RJ-45 接口，最后编好标签并贴在配线架前面板。如图 7-36 所示。

在楼层配线间和设备间内，模块化配线架和网络交换机一般安装在 19in 的机柜内。为了使安装在机柜内的模块化配线架和网络交换机美观大方且方便管理，必须对机柜内设备的安装进行规划，具体遵循以下原则：

（1）一般模块化配线架安装在机柜下部，交换机安装在其上方。

（2）每个模块化配线架之间安装有一个理线架，每个交换机之间也要安装理线架。

（3）正面的跳线从配线架中出来全部要放入理线架内，然后从机柜侧面绕到上部的交换机间的理线器中，再接插进入交换机端口。常见的机柜内模块化配线架安装实物图，如图 7-37 所示。

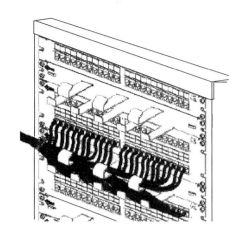
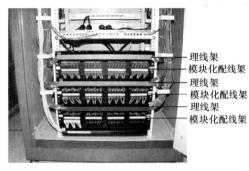

理线架
模块化配线架
理线架
模块化配线架
理线架
模块化配线架

图 7-36 将跳线接插到配线架各接口并贴好标签　图 7-37 机柜内配线架安装实物图

7.4.3 配线端接技术基本原理

综合布线系统配线端接技术的基本原理是：将线芯用机械力量压入两个刀片中，在压入过程中刀片将绝缘护套划破与铜线芯紧密接触，同时金属刀片的弹性将铜线芯长期加紧，从而实现长期稳定的电器连接，如图 7-38 所示。

03.07.028
配线端接
技术原理

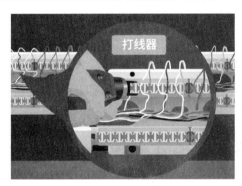

图 7-38 打线示意图

5 对连接块端接原理和方法

在连接块下层端接时，将每根线在通信配线架底座上对应的接口放好，用力快速将五对连接块向下压紧，在压紧过程中刀片首先快速划破线芯绝缘护套，然后与线芯紧密接触，实现刀片与线芯的电器连接，如图 7-39 所示。

03.07.029
5对连接块的端接

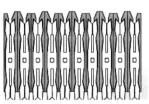
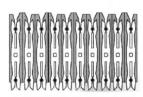

5 对连接模块在压接前的结构　　　　5 对连接模块在压接后的结构

图 7-39 5 对连接模块压接

7.4.4　管理间机柜安装

《综合布线系统工程设计规范》GB 50311—2016 中，对机柜的安装有如下要求：

一般情况下，综合布线系统的配线设备和计算机网络设备采用 19in 标准机柜安装。对于管理间子系统来说，多数情况下采用 6U-12U 壁挂式机柜。具体安装方法采取三角支架或者膨胀螺栓固定机柜。如图 7-40 所示。

壁挂式机柜　　　　　　立式机柜

图 7-40　机柜

管理区子系统的安装主要分为管理间（独立房间）内安装、建筑物竖井内安装、建筑物楼道明装、建筑物楼道半嵌墙安装，且管理间设备采用机柜安装。

（1）建筑物竖井内管理区安装

近年来，随着网络的发展和普及，在新建的建筑物中每层都考虑到管理间，并给网络等留有弱电竖井，便于安装网络机柜等管理设备。如图 7-41 所示，在竖井管理间中安装网络机柜。这样方便设备的统一维修和管理。

图 7-41　竖井管理间中安装网络机柜

（2）建筑物楼道明装机柜

在学校教学楼、宿舍楼等信息点比较集中、数量相对多的情况下，我们考虑将网络机柜安装在楼道的两侧，如图 7-42 所示。这样可以减少水平布线的距离，同时也方便网络布线施工的进行。

（3）建筑物楼道半嵌墙安装管理区

图 7-42 机柜壁挂明装

在特殊情况下，需要将管理间机柜半嵌墙安装，机柜露在外的部分主要是便于设备的散热。这样的机柜需要单独设计、制作。如图 7-43 所示。

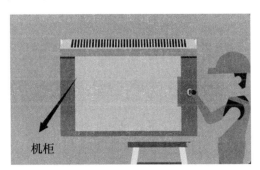

图 7-43 机柜半嵌墙安装图

7.4.5 网络交换机的安装

网络交换机，是一个扩大网络的器材，能为子网络中提供更多的连接端口，以便连接更多的计算机。

按照 OSI 的七层网络模型，交换机又可以分为第二层交换机、第三层交换机、第四层交换机等。基于 MAC 地址工作的第二层交换机最为普遍，用于网络接入层和汇聚层。

在综合布线系统中，二层交换机是设备间中的主要交换设备。

1. 网络交换机的安装注意事项

（1）请将交换机放置在远离潮湿的地方或远离热源。

（2）请确认交换机的正确接地。

（3）请用户在安装维护过程中佩戴防静电手腕，并确保防静电手腕与皮肤良好接触。

（4）请不要带电插拔交换机的接口模块及接口卡。

（5）请不要带电插拔电缆。

（6）请正确链接交换机的借口电缆，尤其不要将电话线（包括 ISDN 线路）连接到串口。

（7）注意激光使用安全。不要用眼睛直视激光器的广发蛇口或与其相连的光纤连接器。

（8）建议用户使用 UPS（不间断电源）。

7.4.6　F头制作方法

第一步：剥线。剥去同轴电缆外皮，留出约 10mm。将屏蔽层向后捋，并剪去铝箔层，剥去内绝缘层流出芯线；

第二部：安装盒固定 F 头；

第三部：固定 F 头卡环，用 F 头卡环把电缆卡牢。

视频头的制作

7.5　建筑群子系统及进线间子系统的施工技术

建筑群子系统也称为楼宇子系统，主要实现建筑物与建筑物之间的通信连接，建筑群子系统主要采用光缆作为信号传输介质，所以建筑群子系统的布线施工主要是指光缆的布线敷设技术。

敷设光缆需要特别谨慎，连接每条光缆时都要熔接。光纤不能拉得太紧，也不能形成直角。较长距离的光缆敷设时要选择合适的路径。

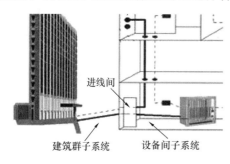

图 7-44　进线示意图

建筑群子系统的缆线布设方式通常使用架空布线法、直埋布线法、地下管道布线法和隧道布线法等。

进线间是建筑物外部通信和信息管线的入口部位，并可作为入口设施和建筑群配线设备的安装场地。进线间一般通过地埋管线进入建筑物内部，宜在土建阶段实施。进线间主要作为室外电、光缆引入楼内的成端与分支及光缆的盘长空间位置，如图 7-44 所示。

7.5.1　光纤熔接技术

在建筑群子系统的光缆布线施工中，因为一盘光缆的长度是有限的（2km 左右），如果大于一盘光缆的长度，就需通过熔接技术延长线缆的长度。另外由于光纤很细，而光通信设备不能直接接入光纤必须要有特制标准的接头才能接入，这就需要在光纤的最末端接一节带标准接头的光纤，这节光纤叫尾纤。如图 7-45 所示。

光纤的熔接原理

图 7-45　尾纤安装示意图

1. 光纤熔接的步骤：

（1）剥除光纤保护层；

（2）包层表面的清洁；

光纤剥离钳　　光纤熔接机

（3）套光纤热缩套管；

（4）切割光纤；

（5）熔光纤。

如图 7-46 所示。

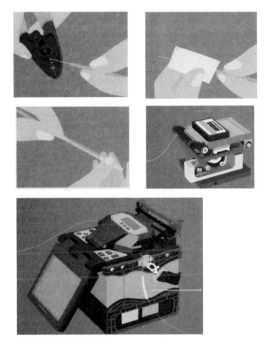

图 7-46　光纤熔接示意图

7.5.2　布线方法

建筑群子系统是要实现建筑物与建筑物之间的线缆敷设，由于线缆敷设距离较远通常使用架空布线法、直埋布线法、地下管道布线法、隧道布线法等，如图 7-47 所示。

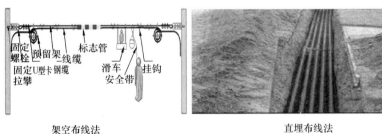

架空布线法

直埋布线法

地下管道布线法

隧道布线法

图 7-47　建筑群干线布线方法

7.5.3 架空布线法

架空布线法要求用电线杆将线缆在建筑物之间悬空架设，一般是先架设钢丝绳，然后在钢丝绳上挂放线缆，如图 7-48 所示。

1. 架空布线法的施工注意事项：

（1）安装光缆时需格外谨慎，链接每条光缆时都要熔接。

（2）光纤不能拉得太紧，也不能形成直角，较长距离的光缆敷设最重要的是选择一条合适的路径。

（3）必须要有很完整的设计和施工图纸，以便施工和今后检查方便可靠。

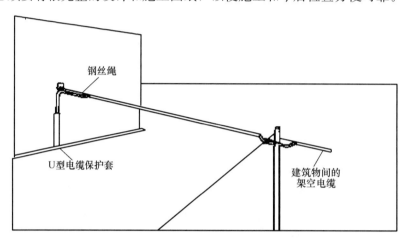

图 7-48　架空布线法

（4）施工中要时刻注意不要使光缆受到重压或被坚硬的物体扎伤。

（5）光缆转弯时，其转弯半径要大于光缆自身直径的 20 倍。

（6）架空时，光缆引入线缆处需加导引装置进行保护，并避免光缆拖地，光缆牵引时注意减小摩擦力，每个杆上要预留伸缩的光缆。

（7）要注意光缆中金属物体的可靠接地。特别是在山区、高电压电网区和多雷电地区一般要每千米有三个接地点。

2. 架空布线法施工步骤：

（1）设电线杆：电线杆以距离 30～50m 的间隔距离为宜；

（2）选择吊线：根据所挂缆线重量、杆档距离、所在地区的气象负荷及其发展情况等因素选择吊线；

（3）安装吊线：在同一杆路上架设有明线和电缆时，吊线夹板至末层线担穿钉的距离不得小于 45cm，并不得在线担中间穿插。在同一电杆上装设两层吊线时，两吊线间距离为 40cm；

（4）吊线终结：吊线沿架空电缆的路由布放，要形成始端、终端、交叉和分支；

（5）收紧吊线：收紧吊线的方法根据吊线张力、工作地点和工具配备等情况而定；

（6）安装线缆：挂电缆挂钩时，要求距离均匀整齐，挂钩的间隔距离为 50cm，电杆两旁的挂钩应距吊线夹板中心各 25cm，挂钩必须卡紧在吊线上，托板不得脱落，如图 7-49所示。

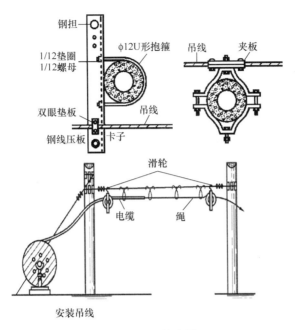

图 7-49　安装线缆

7.5.4　直埋布线法

直埋布线法就是在地面挖沟，然后将缆线直接埋在沟内，通常应埋在距地面 0.6m 以下的地方。

03.07.039
直埋布线法

1. 直埋布线法的施工注意事项

（1）直埋光缆沟深度要按照标准进行挖掘。

（2）不能挖沟的地方可以架空或钻孔预埋管道敷设。

（3）沟底应保证平缓坚固，需要时可预填一部分沙子、水泥或支撑物。

（4）敷设时可用人工或机械牵引，但要注意导向和润滑。

（5）敷设完成后，应尽快回土覆盖并夯实 。

如图 7-50 所示，直埋布线施工

图 7-50　直埋布线现场施工

图 7-51　电缆沟布线法

2. 直埋布线法施工步骤

（1）准备工作：对用于施工项目的线缆进行详细检查，其型号、电压、规格等应与施工图设计相符；线缆外观应无扭曲、坏损及漏油、渗油现象。

（2）挖掘线缆沟槽：在挖掘沟槽和接头坑位时，线缆沟槽的中心线应与设计路由的中心线一致，允许有左右偏差，但不得大于 10cm。如图 7-51 所示。

（3）直埋电缆的敷设：在敷设直埋电缆时，应根据设计文件对已到工地的直埋线缆的型号、规格和长度，进行核查和检验，必要时应检测其电气性能和密闭性能等技术指标。

（4）电缆沟槽的回填：电缆敷设完毕，应请建设单位、监理单位及施工单位的质量检查部门共同进行隐蔽工程验收，验收合格后方可覆盖、填土。填土时应分层夯实，覆土要高出地面 150～200mm，以防松土沉陷。

7.5.5　地下管道布线法

管道布线法是指由管道组成的地下系统，一根或多根管道通过基础墙进入建筑物内部，把建筑群的各个建筑物连接在一起。管道一般为 0.8～1.2m，或符合当地规定的深度。如图 7-52 所示。

管道布线法

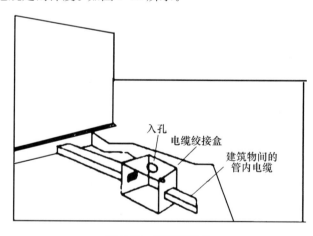

图 7-52　管道布线法

1. 管道布线法的施工注意事项

（1）施工前应核对管道占用情况，清洗、安放塑料子管，同时放入牵引线。如图 7-53 所示。

（2）计算好布放长度，一定要有足够的预留长度。

（3）一次布放长度不要太长（一般 2km），布线时应从中间开始向两边牵引。

（4）布缆牵引力一般不大于 120kg，而且应牵引光缆的加强芯部分，并做好光缆头部的防水加强处理。

（5）光缆引入和引出处需加顺引装置，不可直接拖地。

（6）管道光缆也要注意可靠接地。

2. 管道布线法施工步骤

（1）准备工作：施工前对运到工地和电缆进行核实，核实的主要内容是电缆型号、规格、每盘电缆的长度等。

图 7-53　管道布线法现场施工

（2）清刷试通选用的管孔：在敷设管道电缆前，必须根据设计规定选用管孔，进行清刷和试通。

（3）缆线敷设：在管道中敷设线缆时，最重要的是选好牵引方式，根据管道和缆线情况可选择用人或机器来牵引敷设线缆。如图 7-54 所示。

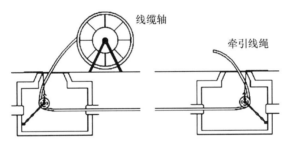

图 7-54　人工到人孔牵引

（4）管道封堵：线缆在管道中敷设完毕后，要对穿线管道进行封堵。

7.5.6　隧道内布线法

隧道内布线法

在建筑物之间通常有地下通道，利用这些通道来敷设电缆不仅成本低，而且可以利用原有的安全设施。如期建筑结构较好，且内部安装的其他管线不会对通信系统线路产生危害，则可以考虑对该设施进行布线。如图 7-55 所示。

1. 隧道内布法的施工注意事项

（1）电缆隧道的净高不应低于 1.90m，有困难时局部地段可适当降低。

（2）电缆隧道内应有照明，其电压不应超过 36V，否则应采取安全措施。

（3）隧道内应采取通风措施，一般为自然通风。

（4）缆沟在进入建筑物处应设防火墙。电缆隧道进入建筑物处，以及在变电所围墙处，应设带门的防火墙。此门应采用非燃烧材料或难燃烧材料制作，并应装锁。

（5）其他管线不得横穿电缆隧道。电缆隧道和其他地下管线交叉时，应尽可能避免隧道局部下降。如图 7-56 所示。

2. 隧道内部施工步骤

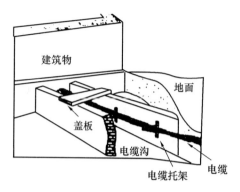

图 7-55　隧道内布法

图 7-56　隧道内部现场施工

（1）施工准备：施工前对电缆进行详细检查；规格、型号、截面、电压等级均要符合设计要求。

（2）电缆展放：质检人员汇同驻地监理检查隐蔽工程金属制电缆支架防腐处理及安装质量。电缆采用汽车拖动放线架敷设，敷设速度控制在 15m/min。如图 7-57 所示。

（3）电缆接续：电缆接续工作人员采取培训、考核，合格者上岗作业，并严格按照制作工艺规程进行施工。

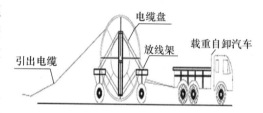

图 7-57　电缆布放施工方法

（4）挂标志牌：沿支架、穿管敷设的电缆在其两端、保护管的进出端挂标志牌，没有封闭在电缆保护管内的多路电缆，每隔 25m 提供一个标志牌。

【理论知识考评】

1. RJ-45 接头在压制前，需要检查哪些环节？
2. 信息模块的安装步骤有哪些？
3. 水平布线有哪几种方式，各有什么优缺点？
4. 管理间配线柜有几种安装方式？
5. 建筑群子系统的布线施工有几种方案？

03.00.002 ⊤

云题

模块四　综合布线工程测试技术

一个优质的综合布线系统工程，不仅要设计合理，选择好的线缆及设备，还要有一支经过专门培训的、高素质的施工队伍，且在工程进行过程中和施工结束时要及时进行测试。目前，在实际网络工程施工中，人们往往对设计指标、设计方案比较关心，对施工质量却不太关心，忽略测试等环节，工程验收形式化。等到开通业务时，发现问题很多，方才认识到测试的重要性。

实践证明，计算机网络故障70%是由综合布线系统质量引起的。要保证综合布线系统工程的质量，必须在整个施工过程中进行严格的测试。对于综合布线系统的施工方来说，测试主要有两个目的：一是提高施工的质量和速度；二是向建设方证明其所作的投资得到了应有的质量保证。

综合线工程实施完成后，需要对布线工程进行全面的测试工作，以确认系统的施工是否达到工程设计方案的要求，它是工程竣工验收的主要环节。要掌握综合布线工程测试技术，关键是掌握综合布线工程测试标准及测试内容、测试仪器的使用方法、电缆和光缆的测试方法。

项目 8　综合布线工程测试认知

【学习目标】

1. 了解综合布线系统工程测试的基础知识。
2. 熟悉电缆认证测试模型。
3. 能识别并熟悉永久链路及信道的各测试参数，判断双绞线测试中的常见问题的原因并找到解决方法。

【学习任务】

综合布线系统工程实施完成后，需要对布线工程进行全面的测试工作，以确认系统的施工达到工程设计方案的要求。它是工程竣工验收的主要环节。

【任务实施】

根据"知识链接"中基础知识学习，了解相关的测试标准及测试内容，电缆的认证测试模型。

【知识链接】

当综合布线系统工程的布线项目完成后，就进入了布线的测试和验收工作阶段，即依照相关的现场电缆/光缆的认证测试标准，采用公认经过计量认可的测量仪器对已布施的电缆和光缆按其设计时所选用的规格、标准进行验证测试和认证测试。也就是说，必须在综合布线系统工程验收和网络运行调试之前进行电缆和光缆的性能测试。测试主要有两个目的：一是提高施工的质量和速度；二是向用户证明他们的投资得到了应有的质量保证。

对于采用了 5 类电缆及相关连接硬件的综合布线来说，如果不用高精度的仪器进行系统测试，很可能会在传输高速信息时出现问题。光纤的种类很多，对于应用光纤的综合布线系统的测试也有许多需要注意的问题。

测试仪对维护人员是非常有帮助的工具，对综合布线的施工人员来说也是必不可少的。测试仪的功能具有选择性，根据测试的对象不同，测试仪器的功能也不同。例如，在现场安装的综合布线人员希望使用的是操作简单、能快速测试与定位连接故障的测试仪器，而施工监理或工程测试人员则需要使用具有权威性的高精度的综合布线认证工具。有些测试需要将测试结果存入计算机，在必要时可绘出链路特性的分析图，而有些则只要求存入测试仪的存储单元中。从工程的角度，可将综合布线工程的测试分为两类：验证测试和认证测试。验证测试一般是在施工的过程中由施工人员边施工边测试，以保证所完成的每个连接的正确性。认证测试是指对布线系统依照标准例行逐项检测，以确定布线是否能达到设计要求，包括连接性能测试和电气性能测试。

8.1 综合布线系统测试类型

1. 验证测试

验证测试又称随工测试，是边施工边测试，主要检测线缆的质量和安装工艺，及时发现并纠正问题，避免返工。验证测试不需要使用复杂的测试仪，只需要使用能测试接线通断和线缆长度的测试仪（验证测试并不测试电缆的电气指标）。在工程竣工检查中，发现信息链路不通、短路、反接、线对交叉、链路超长等问题占整个工程质量问题的 80％，这些问题应在施工初期通过重新端接、调换线缆、修正布线路由等措施来解决。

2. 鉴定测试

鉴定测试是在验证测试的基础上，增加了故障诊断测试和多种类别的电缆测试。

3. 认证测试

认证测试又称为竣工测试、验收测试，是所有测试工作中最重要的环节，是在工程验收时对综合布线系统的安装、电气特性、传输性能、设计、选材和施工质量的全面检验。综合布线系统的性能不仅取决于综合布线系统方案设计、施工工艺，同时取决于在工程中所选的器材的质量。认证测试是检验工程设计水平和工程质量的总体水平，所以对于综合布线系统必须要求进行认证测试。

（1）自我认证测试

自我认证测试由施工方自己组织进行，按照设计施工方案对工程每一条链路进行测试，确保每一条链路都符合标准要求。如果发现未达标链路，应进行修改，直至复测合格；同时需要编制确切的测试技术档案，写出测试报告，交建设方存档。测试记录应准确、完整、规范，方便查阅。

（2）第三方认证测试

第三方认证测试目前主要采用两种做法：

1）对工程要求高，使用器材类别高，投资较大的工程，建设方除要求施工方要做自我认证测试外，还邀请第三方对工程做全面验收测试。

2）建设方在施工方做自我认证测试的同时，请第三方对综合布线系统链路做抽样测试。按工程规模确定抽样样本数量，一般 1000 个信息点以上的工程抽样 30％，1000 个信息点以下的工程抽样 50%。

8.2　测试的相关基础知识

综合布线工程测试内容主要包括三个方面：工作区到设备间的连通状况测试、主干线连通状况测试、跳线测试。每项测试内容主要测试以下参数：信息传输速率、衰减、距离、接线图、近端串扰等。下面具体介绍各测试参数的内容。

1. 接线图（Wire Map）

接线图是用来检验每根电缆末端的八条芯线与接线端子实际连接是否正确，并对安装连通性进行检查。测试仪能显示出电缆端接的线序是否正确。

2. 长度（Length）

基本链路的最大物理长度是 94m，通道的最大长度是 100m。基本链路和通道的长度可通过测量电缆的长度确定，也可从每对芯线的电气长度测量中导出。

测量电气长度是基于信号传输延迟和电缆的额定传播速度（NAP）值来实现的。所谓额定传播速度是指电信号在该电缆中传输速度与真空中光的传输速度比值的百分数。测量额定传播速度方法有：时域反射法（TDR）和电容法。采用时域反射法测量链路的长度是最常用的方法，它通过测量测试信号在链路上的往返延迟时间，然后与该电缆的额定传播速度值进行计算就可得出链路的电气长度。

3. 衰减（Attenuation）

衰减是信号能量沿基本链路或通道传输损耗的量度，它取决于双绞线电阻、分布电容、分布电感的参数和信号频率。衰减量会随频率和线缆长度的增加而增大，单位用 dB 表示。信号衰减增大到一定程度，将会引起链路传输的信息不可靠。引起衰减的原因还有集肤效应、阻抗不匹配、连接点接触电阻以及温度等因素。

4. 近端串扰损耗（NEXT）

串扰是高速信号在双绞线上传输时，由于分布电感和电容的存在，在邻近传输线中感应的信号。近端串扰是指在一条双绞电缆链路中，发送线对对同一侧其他线对的电磁干扰信号。NEXT 值是对这种耦合程度的度量，它对信号的接收产生不良的影响。NEXT 值的单位是 dB，定义为导致串扰的发送信号功率与串扰之比。NEXT 值越大，串扰越低，链路性能越好。

5. 直流环路电阻

任何导线都存在电阻，直流环路电阻是指一对双绞线电阻之和。当信号在双绞线中传输时，在导体中会消耗一部分能量且转变为热量，100Ω 屏蔽双绞电缆直流环路电阻不大于 $19.2\Omega/100m$，150Ω 屏蔽双绞电缆直流环路电阻不大于 $12\Omega/100m$。常温环境下的最大值不超过 30Ω。直流环路电阻的测量应在每对双绞线远端短路，在近端测量直流环路电阻，其值应与电缆中导体的长度和直径相符合。

6. 特性阻抗（Impedance）

特性阻抗是衡量出电缆及相关连接件组成的传输通道的主要特性的参数。一般来说，双绞线电缆的特性阻抗是一个常数。我们常说的电缆规格：100ΩUTP、120ΩFTP、150ΩSTP，这些电缆对应的特性阻抗就是：100Ω、120Ω、150Ω。一个选定的平衡电缆通道的特性阻抗极限不能超过标称阻抗的 15%。

7. 衰减与近端串扰比（ACR）

衰减与近端串扰比是双绞线电缆的近端串扰值与衰减的差值，它表示了信号强度与串扰产生的噪声强度的相对大小，单位以 dB 表示。它不是一个独立的测量值而是衰减与近端串扰（NXET-Attenuation）的计算结果，其值越大越好。衰减、近端串扰和衰减与近端串扰比都是频率的函数，应在同一频率下进行运算。

8. 综合近端串扰（Power Sun NEXT，PSNT）

在一根电缆中使用多对双绞线进行传送和接收信息会增加这根电缆中某对线的串扰。综合近端串扰就是双绞线电缆中所有线对被测线对产生的近端串扰之和。例如，4 对双绞电缆中 3 对双绞线同时发送信号，而在另 1 对线测量其串扰值，测量得到串扰值就是该线对的综合近端串扰。

9. 等效远端串扰（Equal Level FEXT，ELFEXT）

一个线对从近端发送信号，其他线对接收串扰信号，在链路远端测量得到经线路衰减了的串扰值，称为远端串扰（FEXT）。但是，由于线路的衰减，会使远端点接收的串扰信号过小，以致所测量的远端串扰不是在远端的真实串扰值。因此，测量得到的远端串扰值在减去线路的衰减值后，得到的就是所谓的等效远端串扰。

10. 传输延迟（Propagation delay）

这一参数代表了信号从链路的起点到终点的延迟时间。由于电子信号在双绞电缆并行传输的速度差异过大会影响信号的完整性而产生误码。因此，要以传输时间最长的一对为准，计算其他线对与该线对的时间差异。所以传输延迟的表示会比电子长度测量精确得多。两个线对间的传输延迟的偏差对于某些高速局域网来说是十分重要的参数。常用的双绞线、同轴电缆，它们所用的介质材料决定了相应的传输延迟。双绞线传输延迟为 56ns/m，同轴电缆传输延迟为 45ns/m。

11. 回波损耗（Return Loss，RL）

该参数是衡量通道特性阻抗一致性的。通道的特性阻抗随着信号频率的变化而变化。如果通道所用的线缆和相关连接件阻抗不匹配而引起阻抗变化，造成终端传输信号量被反射回去，被反射到发送端的一部分能量会形成噪声，导致信号失真，影响综合布线系统的传输性能。反射的能量越少，意味着通道采用的电缆和相关连接件阻抗一致性越好，传输信号越完整，在通道上的噪声越小。双绞线的特性阻抗、传输速度和长度，各段双绞线的接续方式和均匀性都直接影响到结构回波损耗。

8.3　测试标准

关于综合布线工程的测试，可按照国内外现行的一些标准及规范进行。目前常用的测试标准为美国国家标准协会 EIA/TIA 制定的 TSB—67、EIA/TIA—568—A 等。TSB—67 包含了验证 EIA/TIA—568 标准定义的 UTP 布线中的电缆与连接硬件的规范。由于所有的高速网络都定义了支持 5 类双绞线，所以用户要找一个方法来确定他们的电缆系统是否满足 5 类双绞线规范。为了满足用户的需要，EIA（美国的电子工业协会）制定了 EIA586 和 TSB—67 标准，它适用于已安装好的双绞线连接网络，并提供一个用于认证双绞线电缆是否达到 5 类线所要求的标准。由于确定了电缆布线满足新的标准，用户就可以确信他们现在的布线系统能否支持未来的高速网络（100Mbps）。

随着超 5 类、6 类系统标准制定和推广，目前 EIA568 和 TSB—67 标准已提供了超 5 类、6 类系统的测试标准。

8.4　电缆的认证测试模型

8.4.1　基本链路模型

基本链路包括三部分：最长为 90m 的在建筑物中固定的水平布线电缆、水平电缆两端的接插件（一端为工作区信息插座，另一端为楼层配线架）和两条与现场测试仪相连的 2m 测试设备跳线。

基本链路模型如图 8-1 所示，图中 F 是信息插座至配线架之间的电缆，G、E 是测试设备跳线。F 是综合布线系统施工承包商负责安装的，链路质量由其负责，所以基本链路又称为承包商链路。

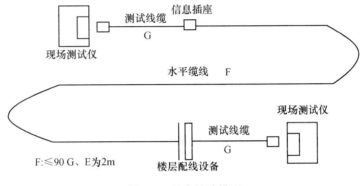

图 8-1　基本链路模型

8.4.2　永久链路模型

永久链路又称固定链路，在国际标准化组织 ISO/IEC 所制定的 5 类、6 类标准草案及 TIA/EIA568B 新的测试定义中，定义了永久链路模型，它将代替基本链路模型。永久链路方式供工程安装人员和用户用以测量安装的固定链路性能。

永久链路由最长为 90m 的水平电缆、水平电缆两端的接插件（一端为工作区信息插座，另一端为楼层配线架）和链路可选的转接连接器组成，与基本链路不同的是，永久链路不包括两端 2m 测试电缆，电缆总长度为 90m；而基本链路包括两端的 2m 测试电缆，电缆总计长度为 94m。永久链路模型如图 8-2 所示。H 是从信息插座至楼层配线设备（包括集合点）的水平电缆，H 的最大长度为 90m。

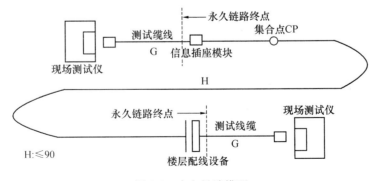

图 8-2　永久链路模型

8.4.3 信道模型

信道是指从网络设备跳线到工作区跳线的端到端的连接，包括最长 90m 的水平线缆、水平电缆两端的接插件（一端为工作区信息插座，另一端为配线架）、一个靠近工作区的可选的附属转接连接器，最长 10m 的在楼层配线架和用户终端的连接跳线，信道最长为 100m。信道模型如图 8-3 所示。其

04.08.003

信道测试

中 A 是用户端连接跳线，B 是转接电缆，C 是水平电缆，D 是最大 2m 的跳线，E 是配线架到网络设备的连接跳线，B 和 C 总计最大长度为 90m，A、D 和 E 总计最大长度为 10m。

信道测试的是网络设备到计算机间端到端的整体性能，是用户所关心的，所以信道也被称为用户链路。

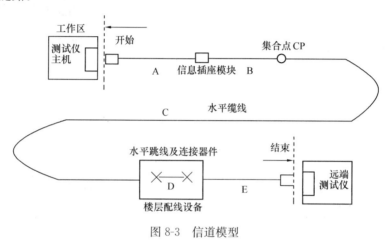

图 8-3 信道模型

【理论知识考评】

1. 填空题

（1）综合布线工程测试内容主要包括三个方面：_____、_____、_____。

（2）目前综合布线工程中，常用的测试标准为美国国家标准协会 EIA/TIA 制定的_____等标准。

（3）线缆传输的衰减量会随着_____和_____的增加而增大。

（4）线缆传输的近端串扰损耗 NEXT_____，则串扰越低，链路性能越好。

（5）衰减与近端串扰比（ACR）表示了信号强度与串扰产生的噪声强度的相对大小，其值_____，线缆传输性能就越好。

2. 简答题

简要说明基本链路测试模型和通道测试模型的区别？

项目 9 综合布线系统工程测试技术

【学习目标】

1. 初步学会 Fluke DSP 系列和 DTX 系列测试仪的使用方法、双绞线电缆测试步骤以及测试报告的生成与分析。

2. 能识别并熟悉永久链路及信道的各测试参数，判断双绞线测试中的常见问题原因并找到解决方法。

【学习任务】

要掌握综合布线系统工程的测试技术，关键是掌握综合布线系统工程测试标准及测试内容、测试仪器的认知与使用方法、电缆测试的步骤以及测试报告的生成与分析，并且熟悉双绞线测试中常见问题及其解决方法。

【任务实施】

1. 选用 Fluke DSP—4300 测试仪或 Fluke DTX—1800 测试仪，在实训实验室仿真墙上模拟完成的双绞线电缆各永久链路及信道进行测试，学会测试仪器的使用方法。

2. 对照 Fluke 测试仪器的各永久链路及信道测试参数，初步完成测试报告的生成与参数分析等操作。

3. 教师随意设置 6 条故障链路，安排学生在进行链路故障分析和故障诊断的基础上，对有故障的链路进行故障维修，熟悉双绞线测试中的常见问题及其解决方法。

【实施条件】

1. 在实训实验室仿真墙上，模拟完成双绞线电缆各永久链路及信道，为电缆测试提供条件。

2. 提供 Fluke DSP—4300 测试仪或 Fluke DTX—1800 测试仪及相应的适配器等套件。

3. 预先随意设置 6 条故障链路，编制综合布线系统常见故障检测分析表，为链路故障分析和故障诊断及故障维修作准备。

【知识链接】

随着网络应用不断扩大，对网络传输性能要求也越来越高。在局域网中最常使用的双绞线电缆传输性能不断提高，目前超 5 类、6 类、超 6 类电缆已经成为主流产品，这就对双绞线测试技术提出越来越高的要求。对于 5 类双绞线电缆，使用 Fluke DSP—100 测试仪就可以满足测试要求；对于超 5 类、6 类双绞线电缆，必须使用 Fluke DSP—4000 系列的测试仪才能满足测试要求。

9.1　双绞线测试技术

1. 5 类双绞线测试内容

根据 EIA/TIA TSB—67 标准规定，5 类双绞线测试的内容有以下项目：

（1）接线图测试，确认一端的每根导线与另一端相应的导线连接的线序，以判断是否正确地绞接。

（2）链路长度测试，测试链路布设的真实长度，一般实际测量时会有至少 10% 的误差。

（3）衰减测试，测试信号在被测链路传输过程中的信号衰减程度，单位为 dB。

（4）近端串扰 NEXT 损耗测试，测试传送信号与接收同时进行的时候产生干扰的信号，是对双绞线电缆性能评估的最主要的标准。

2. 超 5 类、6 类双绞线测试内容

超 5 类、6 类双绞线测试在 5 类双绞线测试的基础上，增加了 7 项测试项目，具体如下：

（1）特性阻抗测试，它是衡量由电缆及相关连接硬件组成的传输通道的主要特性之一；

（2）结构回波损耗（SRL）测试，用于衡量通道所用电缆和相关连接硬件阻抗是否匹配；

（3）等效式远端串扰测试，用于衡量两个以上信号朝一个方向传输时的相互干扰情况；

（4）综合远端串扰（Power Sun ELFEXT）测试，用于衡量发送和接收信号时对某根电缆所产生的干扰信号；

（5）回波损耗测试，用于确定某一频率范围内反射信号的功率，与特性阻抗有关；

（6）衰减串扰比（ACR）测试，它是同一频率下近端串扰 NEXT 和衰减的差值。

（7）传输延迟测试，它代表了信号从链路的起点到终点的延迟时间，两个线对间的传输延迟上的差异对于某些高速局域网来说是十分重要的参数。

3. 常见问题的解决方法

在双绞线电缆测试过程，经常会碰到某些测试项目测试不合格的情况，证明双绞线电缆及其相连接的硬件安装工艺不合格或者产品质量不达标。要有效地解决测试中出现的各种问题，就必须认真理解各项测试参数的内含，并依靠测试仪准确地定位故障。下面将介绍测试过程中经常出现的问题及相应解决办法。

（1）接线图测试未通过

该项测试未通过可以有以下因素造成：

1）双绞线电缆两端的接线相序不对，造成测试接线图出现交叉现象；

2）双绞线电缆两端的接头有短路、断路、交叉、破裂的现象；

3）跨接错误，某些网络特意需要发送端和接收端跨接，当为这些网络构筑测试链路时，由于设备线路的跨接，测试接线图会出现交叉。

相应的解决问题的方法：

1）对于双绞线电缆端接线序不对的情况，可以采取重新端接的方式来解决；

2）对于双绞线电缆两端的接头出现的短路、断路等现象，首先根据测试仪显示的接线图判定双绞线电缆哪一端出现的问题，然后重新端接双绞线电缆；

3）对于跨接错误的问题，只要重新调整设备线路的跨接即可解决。

（2）链路长度测试未通过

链路长度测试未通过的可能原因有：

1）测试仪标称传播相速度设置不正确；

2）实际长度超长，如双绞线电缆通道长度不应超过 100m；

3）双绞线电缆开路或短路，相应的解决问题的方法：

4）可用已知的电缆确定并重新校准标称传播相速度；

5）对于电缆超长问题，只能采用重新布设电缆来解决；

6）双绞线电缆开路或短路的问题，首先要根据测试仪显示的信息，准确地定位电缆开路或短路的位置，然后采取重新端接电缆的方法来解决。

（3）近端串扰测试未通过

近端串扰测试未通过的可能原因有：

1）双绞线电缆端接点接触不良；

2）双绞线电缆远端连接点短路；

3）双绞线电缆线对扭绞不良；

4）存在外部干扰源影响；

5）双绞线电缆和连接硬件性能问题或不是同一类产品；

6）双绞线电缆的端接质量问题。

相应的解决问题的方法：

1）对于端接点接触不良的问题经常出现在模块压接和配线架压接方面，因此应对电缆所端接的模块和配线架进行重新压接加固；

2）对于远端连接点短路的问题，可以通过重新端接电缆来解决；

3）如果双绞线电缆在端接模块或配线架时，线对扭绞不良，则应采取重新端接的方法来解决；

4）对于外部干扰源，只能采用金属槽或更换为屏蔽双绞线电缆的手段来解决；

5）对于双绞线电缆及相连接硬件的性能问题，只能采取更换的方式来彻底解决，所有线缆及连接硬件应更换为相同类型的产品。

（4）衰减测试未通过

衰减测试未通过的原因可能有：

1）双绞线电缆超长；

2）双绞线电缆端接点接触不良；

3）电缆和连接硬件性能问题或不是同一类产品；

4）电缆的端接质量问题；

5）现场温度过高。

相应解决问题的方法：

1）对于超长的双绞线电缆，只能采取更换电缆的方式来解决；

2）对于双绞线电缆端接质量问题，可采取重新端接的方式来解决；

3）对于电缆和连接硬件的性能问题，应采取更换的方式来彻底解决，所有线缆及连接硬件应更换为相同类型的产品。

9.2　大对数电缆测试技术

在综合布线系统的干线子系统中，大对数电缆经常作用数据和语音的主干电缆，其线对数量比 4 对双绞线电缆要多，如 25 对、100 对、300 对等。大对数电缆不能直接采用 4 对双绞线电缆测试的方法，可以使用专用的大对数电缆测试仪进行测试，如 TEXT—ALL25。对于常用的 25 对线大对数电缆可以采用两种方法进行测试：

（1）用 25 对线测试仪进行测试；

（2）分组用双绞线测试仪测试。

9.3　光缆测试技术

9.3.1　光纤测试技术

随着计算机技术和通信技术的高速发展，光纤的应用越来越广泛，光纤测试技术已成为一个崭新的领域。光纤的种类很多，但光纤及其传输系统的基本测试方法与所使用的测试仪器原理基本相同。对光纤或光纤传输系统，其基本的测试内容有连续性和衰减/损耗、光纤输入功率和输出功率、分析光纤的衰减损耗、确定光纤连续性和发生光损耗的部位等。

光纤测试常用的仪器有 Fluke DSP—4000 系列的线缆测试仪（要安装相应的光纤选配件），AT&T 公司生产的 938 系列光纤测试仪。为了确保测试的准确性，在进行光纤的各种参数测量之前，要选择匹配的光纤接头，仔细地平整及清洁光纤接头端面。如果选用的接头不合适，就会造成损耗或者光的反射。

目前，绝大多数的光纤系统都采用标准类型的光纤、发射器和接收器。例如，综合布线几乎全都使用纤芯为 $62.5\mu m$ 的多模光纤和标准发光二极管（LED）光源，工作在 850nm 的光波上，这样就可以大大地减少测量的不确定性。而且，即使是用不同厂家的设备，也可以很容易地进行连接，可靠性和重复性也很好。

测试光纤的目的，是要知道光信号在光纤链路上的传输损耗。光信号是由光纤链路一端的 LED 光源所产生的（对于 LGBC 多模光缆，或室外单模光缆是由激光光源产生的）。光信号从光纤链路的一端传输到另一端的损耗来自光纤本身的长度和传导性能，来自连接器的数目和接续的多少。当光纤损耗超过某个限度值后，表明此条光纤链路是有缺陷的。对光纤链路进行测试有助于找出问题。下面给出如何用 938 系列光纤测试仪来进行光纤链路测试的步骤。

9.4 常用测试仪的使用

在综合布线工程测试中，经常使用的测试仪器有 Fluke DSP—100 测试仪、Fluke DSP—4000 系列测试仪。Fluke DSP—100 测试仪可以满足 5 类线缆系统的测试的要求。Fluke DSP—4000 系列测试仪功能强大，可以满足 5 类、超 5 类、6 类线缆系统的测试，配置相应的适配器还可用于光纤系统的性能测试。

9.4.1 Fluke DSP—100 测试仪

1. Fluke DSP—100 功能及特点

图 9-1 Fluke DSP—100
线缆测试仪

Fluke DSP—100 是美国 Fluke 公司生产的数字式 5 类线缆测试仪，它具有精度高、故障定位准确等特点，可以满足 5 类电缆和光缆的测试要求，如图 9-1 所示。Fluke DSP—100 采用了专门的数字技术测试电缆，不仅完全满足 TSB—67 所要求的二级精度标准（已经过 UL 独立验证），而且还具有强大的测试和诊断功能。它运用其专利的"时域串扰分析"功能可以快速指出由不良的连接、劣质的安装工艺和不正确的电缆类型等缺陷的位置。测试电缆时，DSP—100 发送一个和网络实际传输的信号一致的脉冲信号，然后 DSP—100 再对所采集的时域相应信号进行数字信号处理（DSP），从而得到频域响应。这样，一次测试就可替代上千次的模拟信号。

Fluke DSP—100 具有以下特点：

（1）测量速度快。17s 内即可完成一条电缆的测试，包括双向的 NEXT 测试（采用智能远端串元）。

（2）测量精度高。数字信号的一致性、可重复性、抗干扰性都优于模拟信号。DSP—100 是第一个达到二级精度的电缆测试仪。

（3）故障定位准确。由于 DSP—100 可以获得时域和频域两个测试结果，从而能对故障进行准确定位。如一段 UTP 5 类线连接中误用了 3 类插头和连线，插头接触不良和通信电缆特性异常等问题都可以准确地判断出来。

（4）方便的存储和数据下载功能。DSP—100 可存储 1000 多个 TIA TSB—67 的测试结果或 600 个 ISO 的测试结果，而且能够在 2min 之内下载到 PC 机中。

（5）完善的供电系统。测试仪的电池供电时间为 12h（或 1800 次自动测试），可以保证您一整天的工作任务。

（6）具有光纤测试能力。配置光缆测试选件 FTK 后，可以完成 850/1300nm 多模光纤的光功率损耗的测试，并可根据通用的光缆测量标准给出通过和不通过的测试结果。还可以使用另外的 1310nm 和 1550nm 激光光源来测量单模光缆的光功率损耗。

2. Fluke DSP—100 的组件

Fluke DSP—100 测试仪随机设备包括：

（1）1 个主机标准远端单元；

（2）中英文用户手册；

（3）CMS 电缆数据管理软件（CD—ROM）；

（4）1 条 100ΩRJ—45 校准电缆（15cm）；

（5）1 条 100Ω5 类测试电缆（2m）；

（6）1 条 50ΩBNC 同轴电缆；

（7）AC 适配器/电池充电器；

（8）充电电池（装在 DSP—100 主机内）；

（9）1 条 RS—232 接口电缆（用于连接测试仪和 PC，以便下载测试数据）；

（10）1 条背带；

（11）1 个软包。

根据 Fluke DSP—100 的使用要求，可以选择它相应的选配件。FlukeDSP—100 选件包括：

（1）DSP—FTK 光缆测试包，包括一个光功率计 DSP—FOM、一个 850/1300nm LED 光源 FOS—850/1300、2 条多模 ST—ST 测试光纤、一个多模 ST—ST 适配器、说明书和包装盒；

（2）FOS—850/1300nm LED 光源；

（3）LS—1310/1550 激光光源，包括一个 1310/1550 双波长激光光源、2 条单模 ST—ST 测试光纤、一个单模 ST—ST 适配器和说明书；

（4）DSP—FOM 光功率计，包括一个光功率计、2 条多模 ST—ST 测试光纤、一个多模 ST—ST 适配器、说明书和包装盒；

（5）BC7210 外接电池充电器；

（6）C789 工具包。

3. Fluke DSP—100 测试仪的简要的操作方法

Fluke DSP—100 测试仪的测试工作主要由主机实现，主机面板上有各种功能键，液晶屏显示测试信号及结果。在测试过程中，主要使用以下四个功能键：

（1）TEST 键，选择该键后测试仪进入自动测试状态；

（2）EXIT 键，选择该键后从当前屏幕显示或功能退出；

（3）SAVE 键，保存测试结果；

（4）ENTER 键，确认选择操作。

DSP—100 测试仪的远端单元操作很简便，只有一个开关以及指示灯。测试时将开关打开即可开始测试，测试过程中如果测试项目通过，则 PASS 指示灯显示，如果测试未通过，则 FAIL 的指示灯显示。

使用 Fluke DSP—100 测试仪进行测试工作的步骤如下所示：

（1）将 Fluke DSP—100 测试仪的主机和远端分别连接被测试链路的两端；

（2）将测试仪旋钮转至 SET UP；

（3）根据屏幕显示选择测试参数，选择后的参数将自动保存到测试仪中，直至下次修改；

（4）将旋转钮转至 AUTO TEST，按下 TEST 键，测试仪自动完成全部测试；

（5）按下 SAV 键，输入被测链路编号、存储结果；

（6）如果在测试中发现某项指标未通过，将旋钮转至 SINGLE TEST 根据中文速查表进行相应的故障诊断测试；

（7）排除故障，重新进行测试直至指标全部通过为止；

（8）所有信息点测试完毕后，将测试仪与 PC 连接起来，通过随机附送的管理软件导入测试数据，生成测试报告，打印测试结果。

9.4.2　Fluke DSP—4000 系列测试仪

综合布线工程测试中，最常使用的测试仪器是 Fluke DSP—4000 系列的测试仪，它具有功能强大、精确度高、故障定位准确等优点。FlukeDSP—4000 系列的测试仪包括 DSP—4000、DSP—4300、DSP—4000PL 三类型号的产品。这三类型号的测试仪基本配置完全相同，但支持的适配器及内部存储器有所区别。下面以 Fluke DSP—4300 为例，介绍 Fluke DSP—4000 系列的测试仪的功能及基本操作方法。

1. DSP—4300 电缆测试仪的功能及特点

DSP—4300 是 DSP—4000 系列的最新型号，它为高速铜缆和光纤网络提供更为综合

图 9-2　Fluke DSP—4300 测试仪组件

的电缆认证测试解决方案，如图 9-2 所示。使用其标准的适配器就可以满足超 5 类、6 类基本链路、通道链路、永久链路的测试要求。通过其选配的选件，可以完全满足多模光纤和单模光纤的光功率损耗测试要求。它在原有 DSP—4000 基础之上，扩展了测试仪内部存储器，方便的电缆编号下载功能增加了准确性和效率。

DSP—4300 测试仪具有以下特点：

（1）测量精度高。它具有超过了 5 类、超 5 类和 6 类标准规范的Ⅲ级精度要求并由 UL 和 ETL SEMKO 机构独立进行了认证；

（2）使用新型永久链路适配器获得更准确、更真实的测试结果，该适配器是 DSP—4300 测试仪的标准配件；

（3）标配的 6 类通道适配器使用 DSP 技术精确测试 6 类通道链路，包含的通道/流量适配器提供了网络流量监视功能可以用于网络故障诊断和修复；

（4）能够自动诊断电缆故障并显示准确位置；

（5）仪器内部存储器扩展至 16MB，可以存储全天的测试结果；

（6）允许将符合 TIA—606A 标准的电缆编号下载到 DSP—4300，确保数据准确和节省时间；

（7）内含先进的电缆测试管理软件包，可以生成和打印完整的测试文档。

2．DSP—4300 电缆测试仪的组件

DSP—4300 测试仪的组件如下所示：

（1）DSP—4300 主机和智能远端；

（2）Cable Manger 软件；

（3）16MB 内部存储器；

（4）16MB 多媒体卡；

（5）PC 卡读取器；

（6）Cat 6/5e 永久链路适配器；

（7）Cat 6/5e 通道适配器；

（8）Cat 6/5e 通道/流量监视适配器；

（9）语音对讲耳机；

（10）AC 适配器/电池充电器；

（11）便携软包；

（12）用户手册和快速参考卡；

（13）仪器背带；

（14）同轴电缆（BNC）；

（15）校准模块；

（16）RS—232 串行电缆；

（17）RJ—45 到 BNC 的转换电缆。

根据光纤的测试要求，DSP—4300 测试仪还可以使用以下常用选配件：

（1）DSP—FTA440S 多模光缆测试选件，包括：使用波长为 850nm 和 1300nm 的 VCSEL 光源、光缆测试适配器、用户手册、SC/ST $50\mu m$ 多模测试光缆，ST/ST $50\mu m$ 多模测试光缆、ST/ST 适配器；

（2）DSP—FTA430S 单模光缆测试选件，包括：使用波长为 1310nm 和 1550nm 的激光光源、光缆测试适配器、用户手册、SC/ST 单模测试光缆、ST/ST 单模测试光缆、ST/ST 适配器；

（3）DSP—FTA420S 多模光缆测试选件，包括：使用波长为 850nm 和 1300nm 的 LED 光源、光缆测试适配器、用户手册、SC/ST $62.5\mu m$ 多模测试光缆、ST/ST $62.5\mu m$ 多模测试光缆、ST/ST 适配器；

（4）DSP—FTK 光缆测试包，包括一个光功率计 DSP—FOM、一个 850/1300nm

LED 光源 FOS—850/1300、2 条多模 ST—ST 测试光纤、一个多模 ST—ST 适配器、说明书和包装盒。

【任务验收】

根据教师随意设置的 6 条故障链路，完成链路测试，进行链路故障分析和故障诊断及故障维修。

【理论知识考评】

1. 填空题

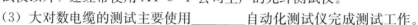

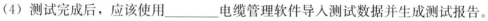

（1）Fluke DSP—100 线缆测试仪只能测试_____类线缆，Fluke DSP—4000 系列线缆测试仪可以测试类线缆。

（2）光纤传输系统的性能测试除了可以使用 Fluke DSP—4000 系列的电缆测试仪以外，还经常使用 AT & T 公司生产的光纤测试仪。

（3）大对数电缆的测试主要使用_____自动化测试仪完成测试工作。

（4）测试完成后，应该使用_____电缆管理软件导入测试数据并生成测试报告。

2. 简答题

（1）简述使用 Fluke DSP—4300 电缆测试仪测试一条超 5 类链路的过程。

（2）光纤传输系统的测试主要包含哪些内容？应该使用什么仪器进行测试？

（3）简要说明工程测试报告应包含的内容。使用什么方法生成测试报告？

模块五　计算机网络与设备调试

项目 10　通信网络基础认知

10.1　计算机网络概述

【学习目标】

1. 了解计算机网络的组成结构、构成设备与对应功能；

2. 了解计算机网络的各种拓扑结构特点；

3. 掌握构成计算机网络组成结构的层次关系和对应功能；

4. 掌握计算机网络的各种拓扑结构特点和设计要点。

05.00.001

MOOC教学视频

【学习任务】

本项目主要介绍了计算机网络形成和发展的过程，讲解了计算机网络的多种分类方式。重点阐述了计算机网络的组成结构、各种拓扑结构和主要功能及应用。

【任务实施】

通过对计算机网络的情况进行介绍，即计算机网络发展—计算机网络应用—计算机分类—计算机拓扑结构—计算机数据传输介质，使学生对计算机网络有了一个概况性的了解，为后面的具体项目实施奠定基础。

10.1.1　计算机网络的形成、结构和发展

18 世纪伴随着工业革命而来的是伟大的机械时代，19 世纪则是蒸汽机时代，20 世纪的关键技术是信息的收集、处理和发布，而 21 世纪的特征则是数字化、网络化和信息化，它是一个以网络为核心的信息时代。计算机技术和通信技术的结合——计算机网络（Computer Network）的出现，对计算机系统的组织方式产生了深远的影响，缩短了人们之间的距离，增强了彼此间的协作与交流，共同享用人类的一切文明成果，出现了"地球村"。

计算机网络是现代计算机技术与通信技术密切结合的产物，是随着社会对信息共享和信息传递日益增强的需求而发展起来的，它涉及通信与计算机两个领域。所谓计算机网络，就是利用通信设备和线路将地理位置不同的、功能独立的多个计算机系统互连起来，以功能完善的网络软件（即网络通信协议、信息交换方式和网络操作系统等）实现网络资源共享和信息传导的系统。

建立计算机网络的主要目的在于实现资源共享，即所有网络用户都能够分享各计算机的全部或部分资源，而用户不必考虑自己和资源在网络中的位置，如图 10-1 所示。

从图 10-1 中可以看出，一个企业级网络一般由三层结构组成。即核心层，一般是由核心交换机、路由器、服务器等构成的数据交换中心，负责整个网络数据的汇总、交换、存储和处理业务，是整个网络运行管理的核心。核心层一般分布有网络管理中心或数据交换中心。

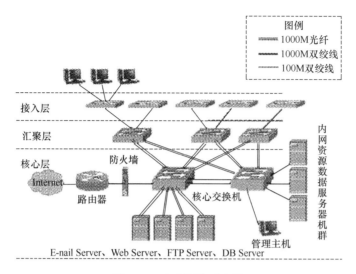

图例
1000M光纤
1000M双绞线
100M双绞线

接入层

汇聚层

核心层　防火墙

Internet

路由器　核心交换机

内网资源数据服务器机群

管理主机

E-nail Server、Web Server、FTP Server、DB Server

图 10-1　企业网络示意图

汇聚层：一般是指业务部门局域网管理单元，该层主要是通过企业级或部门级三层交换机与核心层交换机光纤上连，向下与该单位的业务部交换机级联，一般负责跨网络的数据交换和转发任务。

接入层：负责终端用户的联网和管理。这些交换设备一般大量分布在业务部门的楼层管理单元，多采用光纤或双绞线与汇聚层交换机上连。

在网络中还配置了大量的服务器设备和存储设备如提供网站访问的 Web 服务器，提供邮件服务的 E-Mal 服务器，提供数据文件上传下载服务的 FTP 服务器以及提供单位数据业务服务的办公服务器、财务数据服务器等。

要实现不同地域网络的互联互通和信息共享。实现 Internet 安全访问都离不开数据通信网络的支撑。从图 10-1 中可以看到，一个网络由许多设备和软件构成，也蕴含着大量的技术知识。

10.1.2　计算机网络的应用

计算机网络的实现，为用户构造分布式的网络计算环境提供了基础。目前，计算机网络的应用非常广泛。遍及工业、资源、农业、金融、商贸、科技、文化、国防、政务等领域，可以说，它已经深入到社会的各个方面。它的广泛应用已对社会的信息化、智能化产生了深远的影响。本节仅能涉及一些带有普遍意义和典型意义的应用领域。

10.1.3　计算机网络的分类

计算机网络的分类可按不同的分类标准进行划分，从不同的角度观察网络系统、划分网络有利于全面地了解网络系统的特性。

1. 按网络的地理范围分类

根据网络所覆盖的地理范围、应用的技术条件和工作环境，通常将计算机网络分为局域网、城域网和广域网。

（1）局域网

局域网（LAN，Local Area Network）指在有限的地理区域内构成的规模相对较小的计算机网络，其覆盖范围一般不超过几十公里。局域网通常局限在一个办公室、一幢大楼或一个校园内，用于连接个人计算机、工作站和各类设备以实现资源共享和信息交换。

（2）城域网

城域网（MAN，Metropolitan Area Network）基本上是一种大型的 LAN，通常使用与 LAN 相似的技术。其覆盖范围为一个城市或地区，网络覆盖范围为几十公里到几百公里城域网中可包含若干个彼此互连的局域网。

（3）广域网

广域网（WAN，WideArea Network），又称远程网。它是一种跨越城市、国家的网络，可以把众多的城域网、局域网连接起来。广域网的作用范围通常为几十公里到几千公里。用于通信的传输装置和介质一般由电信部门提供，能实现大范围内的异构网络互联和资源共享。

2. 按网络的管理方式分类

（1）客户机/服务器网络（Client Server）

在客户机/服务器网络中（以下简称 C/S 结构），有一台或多台高性能的计算机专门为其他计算机提供服务，这类计算机称为服务器；而其他与之相连的用户计算机通过向服务器发出请求可获得相关服务，这类计算机称为客户机。C/S 结构的网络性能在很大程度上取决于服务器的性能和客户机的数量。随着 Internet 技术的发展与应用，出现了一种客户维护和使用成本更低的体系结构，即浏览器/服务器结构（B/S，Browser Server）。

（2）对等网络

对等网是最简单的网络。网络中不需要专门的服务器，接入网络的每台计算机没有工作站和服务器之分，都是平等的，既可以使用其他计算机上的资源，也可以为其他计算机提供共享资源。

另外还有一些分类方法，如按网络的拓扑结构将计算机网络分为总线型网络、环形网络、星形网络、树形网络等；按网络的交换方式将计算机网络分为电路交换网、报文交换网、分组交换网和混合交换网。

10.1.4　计算机网络的拓扑结构

计算机网络的拓扑结构指的就是网络中的通信线路和结点相互连接的几何排列方法和模式。拓扑结构影响着整个网络的设计、功能、可靠性和通信费用等许多方面，是研究计算机网络时值得注意的主要环节之一。

计算机网络的拓扑结构主要有：总线型、环型、星型、树型、网状型等。

1. 总线型网络

所有的计算机通过相应的硬件接口直接连接到一个公共的传输介质上，该公共传输介质即称为总线（BUS）。任何一个计算机发送的信号都沿着传输介质双向传播，而且能被所有其他计算机所侦听到。但在同一时间内只允许一个结点利用总线发送数据。总线型网络的结构图如图 10-2 所示。总线型网络的优点是：布线容易，可靠性高，易于扩充；另外，这种结构的网络结点响应速度快、共享资源能力强、设备投入量少、成本低、安装使用方便。总线型网络的主要缺点有：对总线的故障敏感，任何总线的故障都会使得整个网络不能正常运行；随

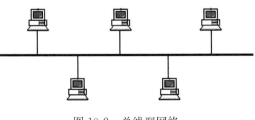

图 10-2　总线型网络

着网络用户数量的增加，总线型网络的通信效率大大下降，用户数量受到限制。在总线两端连接的器件称为终接器或终端阻抗匹配器，主要是与总线进行阻抗匹配。

2. 环形网络

环路上任何结点均可以请求发送信息，但网络中的信息是单向流动的，从任一结点发出的信息经环路传送一周以后都返回到发送结点进行回收。当信息经过目的结点时，目的结点根据信息中的目的地址判断出自己是接收结点，并把该信息拷贝到自己的接收缓冲区中。在环型网络中，一般用令牌传递法来协调控制各结点的发送，实现任意两结点间的通信，如图 10-3 所示。

环型网络的主要优点是：结构简单、容易实现；由于路径选择简单，因此软件都比较简单。主要缺点是：结点故障会引起全网故障；由于环路封闭，因而不利于系统扩充；在负载轻时，最常见的采用环型拓扑的网络有令牌环网。

3. 星型网络

星型网络（Star Nerwork）是由中央结点和通过点到点通信链路链接到中央结点的各个计算机组成的。采用集中控制，即任何两台计算机之间的通信都要通过中央结点进行转发，中央结点通常为交换机（Switch）。同时它又有信号放大、存储和转发等功能，同时它又是网络的中央布线的中心，各计算机通过交换机与其他计算机通信，星型网络又称为集中式网络，如图 10-4 所示。

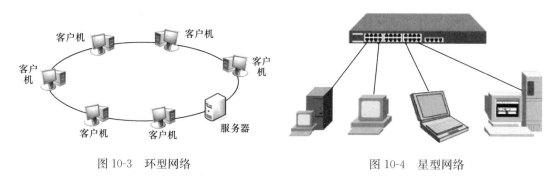

图 10-3　环型网络　　　　　　　　　　图 10-4　星型网络

星型网络的优点是建网容易，网络控制简单，故障检测和隔离方便。其缺点是网络中央结点数据转发负担过重，容易形成数据通信瓶颈。

常见的星型网络有：10BASE/T 以太网、100BASE/T 快速以太网和 1000BASE/FX 光纤网络等。

4. 其他拓扑结构

（1）树型（层次型）网络

树型（层次型）网络是一种分级结构，可以看成是星型拓扑的扩展。它的形状像一棵倒置的树，顶端有一个带分支的根，每个分支还可延伸出子分支。层次结构中处于最高位置的结点（根结点），负责网络的控制，如图 10-5 所示。

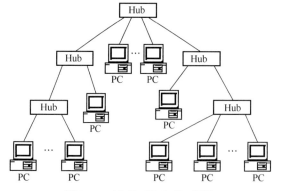

图 10-5　树型（层次型）网络

树型结构的网络易扩展，路径选择

方便，若某一分支线路发生故障，易将该分支和整个系统隔离。其缺点是对根的依赖性大，如果根结点发生故障则全网不能正常工作。

（2）网状型网络

网型结构一般是由星型、总线型和环型等拓扑结构混合应用的结果。在这种网络中，由于网络主要设备间实现了全部或部分全连通，实现了通信线路的冗余和备份，从而容错能力最强、可靠性最高。

10.1.5　计算机网络的传输介质

传输介质是计算机网络中发送和接收方之间的物理通路。计算机网络中采用的传输介质可分为有线传输介质和无线传输介质两大类。

1. 有线传输介质

常见的有线传输介质有双绞线、同轴电缆、光纤三种（在前面章节中已经详细讲述，这里不再重复说明）。

2. 无线传输介质

无线传输介质通过空间传输，不需要架设或铺埋电缆和光纤，目前常用的主要是无线电波和三种视线媒体（微波、红外线和激光）。所谓视线媒体就是需要在发送方和接收方之间有一条视线（Line of Sight）通路。

以上介绍我们可以看到，在网络中可以使用的传输介质有很多，其所支持的传输速率也不尽相同，这是由传输介质自身的特性决定的。

练 习 题

1. 选择题

（1）下列设备属于资源子网的是（　　　）。

A. 打印机　　　　　B. 路由器　　　　　C. 集中器　　　　　D. 交换机

（2）数据处理和通信控制的分工，最早出现在（　　　）。

A. 第一代计算机网络　　　　　　B. 第二代计算机网络

C. 第三代计算机网络　　　　　　D. 第四代计算机网络

（3）下列不属于第二代计算机网络的实例是（　　　）。

A. SNA　　　　　B. DNA　　　　　C. LAN　　　　　D. PDN

（4）计算机网络中可共享的资源包括（　　　）。

A. 主机、外设和通信信道　　　　B. 主机、外设和数据

C. 硬件、软件和数据　　　　　　D. 硬件、软件、数据和通信信道

（5）不受电磁干扰和噪声影响的媒体是（　　　）。

A. 双纹线　　　　　B. 同轴电缆　　　　　C. 光缆　　　　　D. 微波

（6）对环境气候不敏感的无线传输介质是（　　　）。

A. 无线电波　　　　　B. 激光　　　　　C. 微波　　　　　D. 红外线

（7）阻抗为 50 Ω 的同轴电缆叫作（　　　）。

A. 宽带同轴电缆，主要用于传输数字信号

B. 基带同轴电缆，主要用于传输数字信号

C. 宽带同轴电缆，主要用于传输模拟信号

D. 基带同轴电缆，主要用于传输模拟信号

（8）卫星通信的优点是可以克服地面微波通信距离的限制，频带较宽。最主要的缺点是（　　）。

A. 受气候影响大　　B. 受噪声干扰大　　C. 传播延迟时间　　D. 可靠性低

（9）具有中央结点的网络拓扑结构属于（　　）。

A. 星型结构　　　　B. 环型结构　　　　C. 总线型结构　　　D. 树型结构

（10）双绞线由两条相互绝缘的导线绞合而成，下列叙述不正确的是（　　）。

A. 它既可以传输模拟信号，也可以传输数字信号

B. 安装不方便，价格较低

C. 不受外部电磁干扰，误码率较低

D. 通常只用作建筑物内局域网的传输介质

（11）在计算机网络中，一方面连接局域网中的计算机，另一方面连接局域网中的传输介质的部件是（　　）。

A. 双绞线　　　　　B. 网卡　　　　　　C. 终结器　　　　　D. 路由器

2. 简答题

（1）简述计算机网络的发展过程。

（2）什么是计算机网络？

（3）计算机网络主要具有哪些功能？

（4）简述计算机网络的组成。

（5）计算机网络的硬件系统包含哪些部件？

（6）按地理覆盖范围，可将计算机网络分成几类？简述其特点。

（7）什么是计算机网络的拓扑结构？常见的网络拓扑结构有哪几种？

（8）简述计算机网络中常见的几种有线传输介质。

10.2　网络体系结构认知

【学习目标】

1. 了解开放系统互连参考模型（OSI RM）各层功能 TCP/IP 标准；

2. 了解数据的层间通信实质能力目标；

3. 掌握网络体系结构的原理和概念；

4. 掌握网络协议概念；

5. 掌握网络体系结构中的各层功能和各层间的关系；

6. 掌握数据的层间通信原理及封装概念。

【学习任务】

本项目主要介绍了计算机网络网络体系结构，它是理解计算机网络技术的关键概念，其思想是采用分层的设计方法，把复杂的网络互连问题划分为若干个较小的、单一的局部问题，在不同层上予以解决。本章详细介绍了网络体系结构的构建思想、用于理论研究的标准 OSI 参考模型、事实网络互联标准 TCP/IP 模型、理论与实践相结合的实用标准及数据在网络层间的通信实质。

【任务实施】

通过对网络体系结构进行讲解，分析国际标准网络模型，通过大量模拟实例图，使学

生能够理解网络的层次结构，深入了解网络协议、网络服务及网络通信原理。

10.2.1　网络体系结构思想

1. 构建网络体系结构的必要性

学习网络体系结构前，先来了解一下一封邮件的"旅途"。如图 10-6 所示为某高校的网络拓扑图，假如，某同学在学校宿舍区给远在美国的同学发送电子邮件，这些信息是如何在网络中传输到达美国的呢？

首先结合图 10-6 了解信息传输的线路。假设该同学用学生宿舍的联网计算机上网，这封邮件会通过宿舍中的集线器或交换机到达公寓楼的交换机，再到达校园网的汇聚层交换机，最后到达网络中心的核心交换机，再通过高速缓存、防火墙、路由器离开校园，到达中国门户网站，中国教育科研网，此时会离开当地到达北京等国际出口，再通过海底电缆等传输介质漂洋过海到达美国的网络，而后到达对方学校同学的邮箱所联网的计算机。

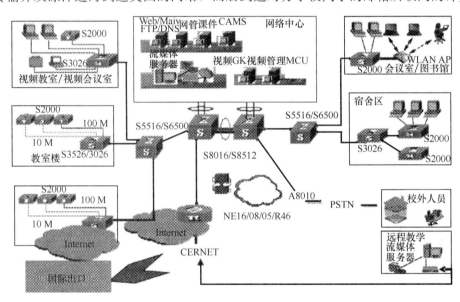

图 10-6　某高校网络拓扑结构图

这样的邮件传输，可能需要经历不同的传输介质，比如有线或无线，不同的传输设备，如集线器、路由器、交换机等，使用不同的操作系统；实现不同种类的业务，如实时、交互、分时等。即传输过程是在网络状况互相交织、非常复杂的系统应用环境下进行的。这种相互交织的复杂状态称为网络的异质性。

因此，邮件传输的过程中会遇到一系列的问题：

（1）邮件在网络中传输是如何确定传输路径的？

（2）对于多个出口的结点怎样确定从哪个出口传输？

（3）对于不同传输速率的路径，如何调整传输速率使网络不拥塞，不丢失数据？

（4）对于不同的编码系统用户如何识别？

（5）万一数据传输过程中出现错误，如何发现？怎样处理？等等。

（6）这样的过程显然是很复杂的，那么对于在复杂的网络异质性环境中，任意两台计算机之间如何通信？有什么解决方法吗？

答案是肯定的，这个解决方法就是：分而治之的思想，即计算机网络体系结构的思想。

网络体系结构的思想是：网络体系结构采用分层方法，把复杂的网络互连问题划分为若干个较小的、单一的局部问题，在不同层上予以解决。而这些较小的局部问题总是比较易于研究和处理的。所以，分层的目的是为了降低复杂性，提高灵活性。网络体系结构的分层思想就好比把一个大型程序分解为若干个层次不同的小模块来实现。如操作系统的实现。

2. 计算机网络的分层模型

为了能够使分布在不同地理位置且功能相对独立的计算机之间能够相互通信，实现数据交换和各种资源的共享。计算机网络系统需要涉及和解决许多复杂的问题，包括信号传输、差错控制、寻址、数据交换和提供用户接口等一系列问题。计算机网络体系结构是为简化这些问题的研究、设计与实现而抽象出来的一种分层结构模型。

将上述分层的思想运用于计算机网络中，就产生了计算机网络的分层模型。网络分层时要遵循以下原则：

（1）根据功能进行抽象分层，每个层次所要实现的功能或服务均有明确的规定；

（2）每层功能的选择应有利于标准化；

（3）不同的系统分成相同的层次，对等层次具有相同功能；

（4）高层使用下层提供的服务时，下层服务的细节对上层屏蔽；

（5）层的数目要适当，层次太少功能不明确，层次太多体系结构过于庞大。

现在，我们需要进一步思考：网络体系的层次结构方法解决哪些问题？

（1）网络应该具有哪些层次？每一层的功能是什么？

（2）各层之间的关系是怎样的？它们如何进行交互？服务与接口的问题。

（3）通信双方的数据传输要遵循哪些规则？即网络协议的问题。

10.2.2　OSI 参考模型

1974 年，美国 IBM 公司首先公布了世界上第一个计算机网络体系结构（SNA，Syster Network Architecture），凡是遵循 SNA 的网络设备都可以很方便地进行互连。继 SNA 之后，一些国际组织和大型公司制定了相关的网络标准：比如 DEC 公司的 DNA（Digital Network Architecture）数字网络体系结构；SUN 公司的 AppleTalk，几年中各公司共推出了十几个网络体系结构方案。

05.10.002

OSI七层参考模型
封装和解封流程

1977 年 3 月，国际标准化组织 ISO（International Standards Organization）的信息技术委员会 TC97 成立了一个新的技术分委会 SC16，专门进行网络体系结构标准化的工作，研究"开放系统互连"，在综合了已有的计算机网络体系结构的基础上，经过多次讨论研究，并于 1983 年公布了开放系统互连参考模型，即著名的 ISO 7498 国际标准（我国相应的国家标准是 GB 9387），记为 OSI/RM（Open System Interconnection ReferenceModel），简称 OSI 参考模型。

1. OSI 分层结构

ISO 推出的 OSI/RM（Open System Interconnection /Reference Model）开放互联参考模型，是一个七层结构的参考模型，如图 10-7 所示。"开放"表示能使任何两个遵守参

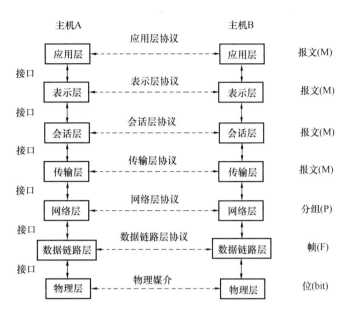

图 10-7　OSI 七层模型

考模型和有关标准的系统进行连接。"互连"是指将不同的系统互相连接起来，以达到相互交换信息，共享资源，分布应用和分布处理的目的。

2. 各层功能简介

OSI 模型的每一层都有必须实现的一系列的功能。以保证数据包能从源传输到目的地下面依次对各层的主要功能作简要介绍。

（1）物理层

物理层位于 OSI 参考模型的最底层，它直接面向原始比特流（bit）的传输。物理层必须解决好包括传输介质、信道类型、数据与信号之间的转换、信号传输中的衰减和噪声等在内的一系列问题。另外，物理层标准要给出关于物理接口标准便于不同的制造厂家既能够根据公认的标准各自独立地制造同类型设备以实现传输介质的不同产品能够相互兼容。物理层协议的目的是要屏蔽各种传输介质对计算机系统的独立性。该层的数据传送单元是比特（bit）。

（2）数据链路层

数据链路层是建立在物理传输能力的基础上。数据链路层主要功能是在通信实体之间建立数据链路连接，无差错地传输数据帧。数据链路层协议的目的是把一条有可能出错的物理链路变成让网络层实体看起来是一条不会出错的数据链路。主要考虑相邻结点之间的数据交换，为了能够实现相邻结点之间无差错的数据传送，数据链路层在数据传输过程中提供了确认、差错检测和流量控制等机制。该层的数据传送单元是帧（Frame）。

（3）网络层

网络中的两台计算机进行通信时，中间可能要经过许多中间结点甚至不同的通信子网。网络层的主要任务就是在通信子网中选择一条适合的路径，使发送端传输层所传下来的数据能够通过所选择的路径到达目的地。并且负责通信子网的流量和拥塞控制，对通信子网的流量控制。对于通信子网，各结点只涉及低三层协议。该层的数据传送单元是分组或成为数据包（Packet）。

（4）传输层

传输层是 OSI 七层模型中唯一负责端到端数据传输和控制功能的层。传输层是 OSI 七层模型中承上启下的层，以确保信息被准确有效地传输；它上面的三个层次则面向用户主机，为用户提供各种服务。传输层通过弥补网络层服务质量的不足，为高层提供端到端的可靠数据传输服务。为了提供可靠的传输服务，传输层也提供了差错控制和流量控制等机制。该层的数据传送单元称为段。

（5）会话层

会话层主要功能是在传输层提供的可靠的端到端的连接的基础上，在两个应用进程之间建立、维护和释放面向用户的连接，并对"会话"进行管理，保证"会话"的可靠性。会话层及以上的数据单元都称为报文（Message），在这里"会话"指的是本地系统的会话实体与远程实体之间交换数据的过程。

（6）表示层

不同计算机体系结构所使用的数据表示法不同，表示层为异种机通信提供一种公共语言，完成应用层数据所需的任何转换，以便能进行互操作。定义一系列代码和代码转换功能，保证源端数据在目的端同样能被识别，比如文本数据的 ASCII 码，表示图像的 GIF 或表示动画的 MPEG 等。

（7）应用层

应用层是 OSI 体系结构的最高层。由若干的应用组成，网络通过应用层为用户提供网络服务。这一层的协议直接为端用户服务。提供分布式处理环境，与 OSI 参考模型的其他层不同的是，它不为任何其他 OSI 层提供服务，而只是为 OSI 模型以外的应用程序或进程之间提供服务。如电子表格程序和文字处理程序。包括为相互通信的应用程序或进程之间建立连接、进行同步，建立关于错误纠正和控制数据完整性过程的协商等。应用层还包含大量的应用协议，如远程终端协议（Telnet），简单邮件传输协议（SMTP）、简单网络管理协议（SNMP）和超文本传输协议（HTTP）等。

10.2.3 TCP/IP 协议体系结构

TCP/IP 是支持网际各异构网络和异种机之间互联通信的一种公共网络协议。TCP 和 IP 两个主要协议分别属于传输层和网络层，在 Internet 中起着重要的作用。

TCP-IP模型

OSI 的七层协议体系结构较复杂，实际应用意义不是很大，但其概念清楚，理论较完整，对于理解网络协议内部的运作很有帮助，在现实网络世界里，另一个标准化的网络体系是 ARPA（Advanced research project agency）美国国防部远景研究规划局颁布的 TCP/IP（Transmission Control Protocol/Internet Protocol）传输控制协议/网际协议（因特网的骨干协议）。TCP/IP 协议是当今计算机网络中应用最广泛，发展至今最成功的通信协议，已成为事实上的工业标准。它被用于构筑目前最大的、开放的互联网络系统 Internet。

1. TCP/IP 协议体系结构概述

TCP/IP 是国际互联网络事实上的工业标准，ARPANET 最初设计的 TCP 称为网络控制程序 NCP，在上面传送的数据单位是报文（Message），实际上就是现在的 TPDU。

随着 ARPANET 逐渐变成了 Internet，子网的可靠性也就下降了，于是 NCP 就演变成了今天的 TCP，与 TCP 配合使用的网络层协议是 IP。

目前我们使用的是 TCP/IP 协议的版本 4，它的网络层 IP 协议一般记作 IPv4；版本 6 的网络层 IP 协议一般记作 IPv6（或 IP next generation）；IPv6 被称为下一代的 IP 协议。

TCP/TP 体系结构将网络的不同功能划分为 4 层，每一层负责不同的通信功能。由下而上分别为网络接口层（也称主机—网络层）、网络层、传输层、应用层。TCP/IP 的层次结构与 OSI 层次结构的对照关系如图 10-8 所示。

2. 各层功能简介

各层功能

（1）网络接口层

TCP/IP 模型的最底层是网络接口层，也被称为主机网络层，它包括了使用 TCP/IP 与物理网络进行通信的协议，且对应着 OSI 的物理层和数据链路层，TCP/IP 标准定义网络接口协议，旨在提供灵活性，以适应各种物理网络类型。这使得 TCP/IP 协议可以运行在任何底层网络上，以便实现它们之间的相互通信。网络接口层对高层屏蔽了底层物理网络的细节，是 TCP/IP 成为互联网协议的基础。

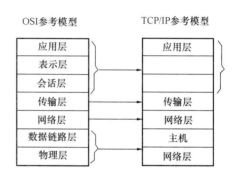

图 10-8　层次结构的对照关系

（2）网络层

网络层也叫网际层，是 TCP/IP 协议体系结构中最重要的一层。网络层所执行的主要功能是处理来自传输层的分组，将分组形成数据报（IP 数据报），并为该数据报进行路径选择，最终将数据报从源主机发送到目的主机，本层涉及为数据报提供最佳路径的选择和交换功能，并使这一过程与它们所经过的路径和网络无关。在网络互联层中，最主要的协议是网际互联协议 IP，其他的一些协议（主要有 ICMP、ARP 和 RARP）通过发送不同功能的数据报来协助 IP 的操作。

（3）传输层

TCP/IP 的传输层与 OSI 的传输层类似，它主要负责进程到进程之间的端对端通信，为保证数据传输的可靠性，传输层协议也提供了确认、差错控制和流量控制等机制。传输层从应用层接收数据。并且在必要的时候把它分成较小的单元，传递给网络层，并确保到达对方的各段信息正确无误。该层使用了 TCP 协议和 UDP 协议两种协议来支持两种不同的数据传送方法。

（4）应用层

在 TCP/IP 模型中，应用层是最高层，它对应着 OSI 模型中的高三层，用于为用户提供网络服务。比如文件传输、远程登录、域名服务和简单网络管理等。因提供的服务不同在这一层上定义了 HTTP、FTP、Telnet、SMTP 和 DNS 等多个不同的协议。

练 习 题

1. 选择题

05. 10. 004 ①

云题

（1）下面哪一个选项不是协议的三要素（　　）。

A. 语法　　　　　　　B. 语义　　　　　　　C. 服务　　　　　　　D. 定时

（2）下面哪一个说法是正确的（　　）。

A. 物理层的数据单元是二进制的比特流

B. 物理层是 OSI/RM 中的第一层，而传输媒介是第零层

C. 物理层的功能是将一条有差错的物理链路改造成无差错的数据链路

D. 以上说法都不对

（3）关于 OSI 的体系结构，下面哪个说法是正确的（　　）。

A. OSI 的体系结构定义了一个七层模型，用以进行进程间的通信

B. OSI 的体系结构定义描述了各层所提供的服务

C. OSI 的体系结构定义了应当发送何种控制信息及解释该控制信息的过程

D. 以上说法都不对

（4）国际标准化组织 ISO 提出的不基于特定机型、操作系统或公司的网络体系结构 OSI 模型中，第二层和第四层分别为（　　）。

A. 物理层和网络层　　　　　　　　B. 数据链路层和传输层

C. 网络层和表示层　　　　　　　　D. 会话层和应用层

（5）在下面给出的协议中，（　　）是 TCP/IP 的应用层协议。

A. TCP 和 FTP　　　　　　　　　B. DNS 和 SMTP

C. RARP 和 DNS　　　　　　　　D. IP 和 UDP

（6）在 OSI 参考模型中能实现路由选择、拥塞控制与互联功能的层是（　　）。

A. 传输层　　　　　　　　　　　　B. 应用层

C. 网络层　　　　　　　　　　　　D. 物理层

（7）若要对数据进行字符转换和数字转换，以及数据压缩，应在 OSI 的（　　）上实现。

A. 网络层　　　　　　　　　　　　B. 传输层

C. 会话层　　　　　　　　　　　　D. 表示层

（8）网络层、数据链路层和物理层传输的数据单位分别是（　　）。

A. 报文、帧、比特　　　　　　　　B. 包、报文、比特

C. 包、帧、比特　　　　　　　　　D. 数据块、分组、比特

（9）允许计算机相互通信的语言被称为（　　）。

A. 寻址　　　　　　B. 协议　　　　　　C. 轮询　　　　　　D. 对话

（10）在开放的系统互连参考模型中，把传输的比特流划分成帧的层次是（　　）。

A. 网络层　　　　　　　　　　　　B. 数据链路层

C. 传输层　　　　　　　　　　　　D. 会话层

（11）以下的协议中，不属于 TCP/IP 的网络层协议的是（　　）。

A. ICMP　　　　　B. ARP　　　　　C. PPP　　　　　D. RARP

2. 简答题

（1）简述计算机网络体系结构的概念。

（2）OSI/RM 将计算机网络体系结构共分为几层？每层叫作什么名字，并分别说出每

层传送的数据单元是什么？

（3）简述 OSI 模型各层的功能。

（4）TCP/ IP 模型分为几层？分别是哪几层？

（5）同一台计算机相邻层如何通信？

项 目 11　局 域 网 组 建

11.1　组建小型交换式局域网

11.1.1　项目概述

【学习目标】

1. 了解局域网交换机的相关知识。

2. 掌握局域网交换机的配置方法。

3. 能进行网络交换机的远程管理。

【学习任务】

在学院信息化建设过程中，校园网中使用了越来越多的可网管交换机，需要对这些交换机的接口以及接口之间的连接进行配置。

【任务实施】

通过网络模拟器软件模拟工程实际，老师先根据具体网络交换机图，分析设备的技术要求，然后给出具体项目实例，并在模拟器上模拟真实环境的网络配置。

11.1.2　相关知识

局域网交换机是一种中间设备，用于为网络中各个网段提供互连。交换机接口有二层和三层之分。所谓二层接口就是仅工作在 OSI/RM 模型第二层（数据链路层）的接口，也称交换端口（Switch Port），是最基本的交换机的接口类型。三层接口就是可以工作在 OSI/RM 模型第三层（网络层）的接口，也称可路由端口，是可实现数据包路由转发的端口。

05.11.001　▶
学习模拟器
辅助学习工具

在本项目中介绍交换机端口模式下配置接口范围、端口速率、双工模式、启用与关闭等相关知识。

1. 交换机接口类型

在 Cisco 以太网交换机上，尽管从外表上看，好像很多端口都是一样的。但实际上，它们的类型和用途、特性都是不一样的。交换机上以太网接口类型主要包括 Ethernet（10Mbps 端口）、FastEthernet（100Mbps 端口）、GigabitEthernet（1000Mbps 端口）、TenGigabitEthernet（10Gbps 端口）或 VLAN 接口。Ethernet（10Mbps 端口）早已经被淘汰了。

（1）快速以太网接口（Fast Ethernet Interface）：支持最高 100Mbps 的接入速率。在配置中的接口类型名称为 FastEthernet，可简写为 Fa。

（2）千兆以太网接口（Gigabit Ethernet Interface）：支持最高 1000Mbps 的接入速率。在配置中的接口类型名称为 GigabitEthernet，可简写为 Gi。

（3）万兆位以太网接口（Ten Gigabit Ethernet Interface）：支持最高 10Gbps 的接入速率。在配置中的接口类型名称为 TenGigabitEthernet，可简写为 Te。

默认情况下，所有以太网接口都是启用的。

2. 选择要配置的交换机端口

在配置交换机端口之前，首先需要选择要配置的端口。

（1）选择单个交换机端口

要选择单个交换机端口，在全局配置模式下输入如下命令：

switch（config）♯interface type mod/num

其中，type 为端口类型，mod/num 为模块号/端口号，不同类型的交换机，模块号/端口号的表示不同，通常有以下几种类型。

1）模块化交换机都在插槽位置标明插槽号，并在模块上标明端口号，通常情况下，模块的排序为从上到下，顶端为 1；端口的排序从左到右，左侧为 1，如图 11-1 所示。

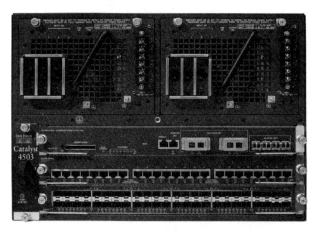

图 11-1　模块化交换机端口

位于 Cisco Catalyst 4503 交换机第 1 个插槽中选择的模块如果是 WS-X4013＋10GE 则拥有 2 个 10GE（X2）端口和 4 个 1GE（SFP）端口。当描述该模块第 2 个 10GE 端口时，应当使用 Ten Giga bitEthernet1/2，或者简写为 T1/2；当描述该模块第 1 个 1GE 端口时，应当使用 GigabitEthernet1/1，或者简写为 Gi1/1。

位于 Cisco Catalvst 4503 交换机第 2 个插槽中选择的模块如果是 WS—X4124—RJ—45，则拥有 24 个 10/100Base— T（RJ—45）端口，当描述该模块第 20 个端口时，应当使用 FastEthernet 2/ 20 或者简写为 Fa2/ 20。

又加上位于 Cisco Catalyst4503 交换机第 3 个插槽中选择的模块如果是 WS—X4548—GB—RJ—45。则拥有 48 个 10 /100/100 /1000 Base—T（RJ—45）端口，当描述该模块第 20 个端口时，应当使用 GigabitEthernet 3/20，或者简写为 Gi3/20。

2）固定端口交换机，固定端口交换机也标明端口号。如图 11-2 所示，通常情况下。固定配置交换机上的所有端口都位于 0 模块上。

图 11-2　固定配置交换机端口标识

例如，当描述 Cisco Catalyst 2960 第 10 个快速以太网端口时。应当使用 FastEthernet0 /10，或者简称 Fa0 /10（或 f0 /10），而描述 Cisco Catalyst 2060 第 1 个吉比特以太网端口时，应当使用 GigabitEthernet1/ 1，或者简称 Gi1/1。

提示：如果不清楚交换机上有哪些接口及如何编号，在实际工作中，首先在没有进行配置前，使用超级终端登录到交换机的特权模式，然后使用 show running-config 命令查看交换机的配置文件，会列出交换机的各个接口以及标识方法。如一款 Catalyst Cisco 2960 交换机的显示如下：

Switch ♯ show running-config

Building configuration···

Current configuration：1009 bytes

version 12 2

no service timestamps log datetimemsec

no service timnestamps debug datetime msec

no service password-encryption

host name Switch

interface FastEthernet0/1

interface FastEthernet0/2

···

interlace FastEthernet0 /24

interface GigabitEthernet 1/1

interface GigabitEthernet 1/2

interface Vlan 1

no ip address

shutdown

···

Switch ♯

（2）选择多个交换机端口

在 Catalyst IOS 软件中，可以使用配置命令 interface range 同时选择多个端口，选择端口范围后，输入的端口配置命令将被应用于该范围内的所有端口。

选择多个不相邻的端口：要选择多个不相邻的端口进行相同的配置，可输入一个由逗号和空格分隔的端口列表。因此，在全局配置模式下使用下述命令：

Switch(config)♯ interface rang type module/number[，type module/ numher···]

例如，要选择端口 FastEthernet 0/3、0/7、0/9 和 0/23 进行配置，可使用下述命令。

Switch(config)♯interface range FastEthernet0/3，FastEthernet0/7，FastEthernet0/9，FastEthernet0/23

Switch(config-if-range)♯

选择一个连续的端口范围从开始端口到结束端口。因此，输入端口类型和模块以及用连字符和空格分隔开的开始端口号到结束端口号。在全局配置模式下使用下述命令。

Switch(config) ♯ interface range type module /first-number-last number

例如，要选择模块 0 中端口 2～23，可使用下述命令：

Switch(config)♯ interface range FastEthernet0/2-23

Switch(config-if-range)♯

3. 交换机端口的基本配置

（1）标识端口

可给交换机端口加上文本描述来帮助识别它。该描述只是一个注释字段，用于说明端口的用途或其他独特的信息。当显示交换机配置和端口信息时，将包括端口描述。要给指定端口注释或描述，可在接口模式下输入如下命令。

Switch(config-if)♯description description-string

如果需要，可以使用空格将描述字符串的单词隔开。若要删除描述，可使用接口配置命令 no description。

例如，给端口 FastEthernet 0/2 加上描述 link to center，表示连接到网络中心。

Swtich(config-if)♯ description link to center

（2）端口速度

可以使用交换机配置命令给交换机端口指定速度。对于快速以太网 10 /100 端口，可将速度设置为 10、100 或 auto（默认值，表示自动协商模式）。吉比特以太网 GBIC 端口的速度设置为 1000，而 1000Base-T 的 10/100/1000 端口可设置为 10、100、1000 或 auto（默认设置），如果 10 /100 或 10 /100/100 端口的速度设置为 auto，将协商其速度和双工模式。10 吉比特以太网端口也可以工作在 10Gbps 速率。

要指定以太网端口的端口速度，可使用如下接口配置命令：

Switch(config-if)♯speed {10 | 100 | 1000 | auto}

例如，若要将 Cisco Catalyst 3750 交换机的第 11 号千兆端口降速为 100Mbps，则配置命令为：

Switch(config)♯interface GigabitEthernet 0/11

Switch(config-if)♯speed 100

（3）端口的双工模式

Cisco Catalyst 交换机有以下 3 种设置选项：

1）auto 选项：设置双工模式自动协商。启用自动协商时，两个端口通过通信来决定最佳操作模式；

2）full 选项：设置全双工模式；

3）half 选项：设置半双工模式。

可以使用 duplex 接口配置命令来指定交换机端口的双工操作模式，可以手动设置交换机端口的双工模式和速度，以避免厂商间的自动协商问题。要设置交换机端口的链路模式，在接口配置模式下输入如下命令：

Switch(config-if)♯duplex{auto | full | half}

例如，若要将 Cisco Catalyst 3750 交换机的第 11 号千兆端口设置为全双工通信模式，则配置命令为：

Switch(config)♯ interfaceFastEtherner 0/11

Switch(config-if)♯ duplex full

（4）启用并使用交换机端口

对于没有进行网络连接的端口，其状态始终是 shutdown，对于正在工作的端口，可以根据管理的需要，进行启用或禁用。

例如，网络管理员发现某一交换机端口数据流量巨大，怀疑其感染病毒。正大量向外发包，此时就可禁用该端口，以断开主机与网络的连接。

例如，若要禁用交换机的第 2 个端口，则配置命令为：

Switch(config)♯ interface FastEthernet0/2

Switch(config-if)♯ shutdown

Switch(config-if)♯

4.　排除端口连接故障

如果遇到交换机端口问题，使用端口查看命令来寻找故障并进行排除。

简单局域网
配置与测试

（1）查看端口状态

要查看端口的完整信息，可使用 show interface 命令。例如，查看交换机端口 2 的状态信息：

Switch♯ show interfaces FastEthernet0/2

FastEthernet0/2 is up，line protocol is up（connected）

Hardware is Lance，address is 0060.7005.d002（bia 0060.7005.d002）

BW 10000 Kbit，DLY 1000 usec，

　　relability 255/255，txload1/255，rxload 1/255

Encapsulation ARPA，loopback not set

Keepalive set(10 sec)

Full-duplex，100 Mbps

Input flow-control is off，output flow-control is off

ARP type：ARPA，ARP Timout 04：00：00

…

相关解释如下

1）FastEthernet 0/2 is up：指出了端口的物理层状态，如果是 down，表明链路在物理上是断开的。没有检测到链路。

2）line protocol is up（connected）：指出了端口数据链路层的状态。

3）Hardware is Lance，address is 0060.7005.d002：指出了该端口的 MAC 地址。

4）Full-duplex，100Mbps：指出了该端口工作在全双工模式和 100Mbps 速率。

（2）查看交换机的 MAC 地址表

Switch♯ show mac-address-table

MacAddress Table

Vlan	Mac Address	Type	Ports
1	0001.42db.7335	DYNAMIC	Fa0/2
1	0001.643a.41le	DYNAMIC	Fa0/3

1	0002.165d.7ad1	DYNAMIC	Fa0/4
1	0030.a3c7.8ecd	DYNAMIC	Fa0/6
1	0090.2133.25aa	DYNAMIC	Fa0/5
1	00d0.bed3.9cle	DYNAMIC	Fa0/1

5. 交换机端口安全

端口安全（Port Security）是一种对网络接入进行控制的安全机制。端口安全的主要功能就是通过定义各种安全模式，让设备学习到合法的源MAC地址，防止非授权设备访问连接网络。

未提供端口安全性的交换机将让攻击者连接到本系统上未使用的已启用端口，并执行信息收集和攻击。

在部署交换机之前，应保护所有交换机端口。在交换机使用之前，应保护未使用的交换机端口，应采用 shutdown 命令禁用这些未使用的端口。

（1）配置端口安全策略的方法

配置端口安全策略有很多方法，在 Cisco 交换机上配置端口安全策略的方法如下：

1）配置端口模式为 Access

Switch（config-if）♯switchport mode access

2）对端口启用安全功能

Switch（config-if）♯switchport port security

3）配置指定端口授权访问的最大 MAC 地址数

Switch（config-if）♯switchport port-security maximum value

value 代表所设置的允许访问的最大 MAC 地址数。不同型号的交换机该项值的取值范围不同，可通过 switchport port-security maximum? 命令来查询。

4）配置指定端口授权访问的主机 MAC 地址，授权访问主机的 MAC 地址的指定方法有如下方式：

① 手动静态配置制定

Switch（config-if）♯ switchport mac-address mac_address

mac_address 代表允许连接到该端口的主机或网络设备的 MAC 地址。MAC 地址采用点分十六进制格式表示，其格式为 H.H.H.H。例如，若要配置允许 MAC 地址为 001c.25a0.0b90 的主机连接交换机的 0/2 端口，则配置命令为：

Switch（config-if）♯switchport mac-address 001c.25a0.0b90

该命令一次添加指定一个 MAC 地址，若有多个需要指定，则重复使用该命令添加。

② 让交换机动态学习。默认情况下，交换机会自动学习插入到端口的主机或网络设备的 MAC 地址。自动学习的 MAC 地址在重启交换机后会丢失。若让端口自动学习，则不需要配置该项。

③ 配置动态粘滞 MAC 地址。动态粘滞 MAC 地址方式支持动态学习或手动静态指定，其配置命令为：

Switch（config-if）♯ switchport por-security mac-address sticky ｛mac_address｝

mac_address 是可选项。若指定该参数项。则用于静态指定允许的 MAC 地址。例如，若端口允许的最大 MAC 地址数为 5，需要手动静态指定 2 个 MAC 地址，其余 3 个自动学习，则配置方法为：

Switch（config-if）♯switchport port-security maximum

Switch（config-if）♯switchport port-security mac-addrss sticky 001c.25a0.0b90

Switch（config-if）♯switchport port-security mac-address sticky 001c.25a0.0b92

（2）安全违规模式

当出现以下任一情况时，则会发生安全违规。

1）地址表中添加了最大数量的安全 MAC 地址，有工作站试图访问端口。而该工作站的 MAC 地址未出现在该地址表中。

2）在一个安全端口上获取或配置的地址出现在同一个 VLAN 中的另一个安全端口上，配置命令为：

Switch（config-if）♯switchport port-security violation ［protect｜restrict｜shutdown］

protect 为保护模式，当安全 MAC 地址的数量达到端口允许的限制时，带有本知源地址的数据包将被丢弃。直至移除足够数量的安全 MAC 地址或增加允许的最大地址数。用户不会得到发生安全违规的通知。

restrict 为限制模式：当安全 MAC 地址的数量达到端口允许的限制时，带有未知源地址的数据包将被丢弃。直至移除足够数量的安全 MAC 地址或增加允许的最大地址数。在此模式下，用户会得到发生安全违规的通知。具体而言就是，将有 SNMP 陷阱发出、syslog 消息记入日志，以及违规计数器的计数增加。

shutdown 为关闭模式：在此模式下，端口安全违规将造成端口立即变为错误禁用（error disabled）状态，并关闭端口 LED。该模式还会发送 SNMP 陷阱，将 syslog 消息记入日志，以及增加违规计数器的计数。当安全端口处于错误禁用状态时，先输入 shutdown，再输入 no shutdown 接口配置命令可使其脱离此状态。此模式为默认模式。

（3）端口绑定

端口安全实现了 MAC 地址与端口的绑定，如要实现将合法用户的 IP 地址、MAC 地址和端口三者绑定。对同一个 MAC 地址，系统只允许进行一次绑定操作。Cisco 的低端或较早型号的交换机可能不支持。端口绑定命令为：

Switch（config）♯arp ip-address mac-address arpa interfacetype mod/num

例如，若交换机 f0/2 端口的安全 MAC 地址为 001c.25a0.0b90，安全 IP 地址为 192.168.10.2，则配置命令为：

Switch（config）♯arp 192.168.10.2 001c.25a0.0b90 arpa f0/2

在用户的 PC 中，也可以实现 IP 地址与 MAC 地址的绑定：

c：＞arp -s ip-address mac-address

6. 配置交换机远程管理 IP 地址

Telnet 协议是一种远程访问协议，可以用它登录到远程计算机、网络设备或专用 TCP/IP 网络。Windows 系统、UNIX/Linux 等系统中都内置有 Telnet 客户端程序，可以用它来实现与远程交换机的通信。

在使用 Telnet 连接至交换机前。应当确认已经做好以下准备工作：

1）在用于管理的计算机中安装有 TCP/IP 协议，并配置好了 IP 地址信息。

2）在被管理的交换机上已经配置好 IP 地址信息。如果尚未配置 IP 地址信息，则必须通过 Console 端口进行设置。

3）在被管理的交换机上建立了具有管理权限的用户账户。如果没有建立新的账户，则 Cisco 交换机默认的管理员账户为 Admin。

Telnet 命令的一般格式如下：

Telnet［Hostname/por］

这里要注意的是：Hostname 包括了交换机的名称，但更多的是指交换机的 IP 地址，格式后面的 Por 一般是不需要输入的，它是用来设定 Telnet 通信所用的端口的。一般来说，Telnet 通信端口在 TCP/IP 协议中有规定，为 23 号端口，最好不改它，也就是说可以不接这个参数。

为了进行 TCP/IP 管理，必须为交换机分配第三层 IP 地址。IP 地址仅用于远程登录管理交换机。对于交换机的运行不是必需的。若没有配置管理 IP 地址，则交换机只能采用控制端口进行本地配置和管理。

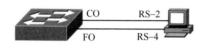

图 11-3 交换机管理接口

而接入层交换机大都工作在 OSI 模型的第二层（数据链路层）。不能为此分配 IP 地址（工作在 OSI 模型的网络层），这时就需要将此 IP 地址分配给称为虚拟 LAN（VLAN）的虚拟接口，然后必须确保 VLAN 分配到交换机上的一个或多个特定端口，交换机管理接口如图 11-3 所示。

VLAN1 是所有交换机的默认管理接口，VLAN1 是交换机自动创建和管理的，所以 VLAN1 存在安全风险。通常情况下，应创建其他的 VLAN，如 VLAN 9 等用 VLAN 分配给适当的端口，如 f0 /1。

每个 VLAN 具有一个活动的管理地址。因此对二层交换机设置管理地址之前，首先应选择 VLAN 接口，然后再利用 ip address 配置命令设置管理中 IP 地址。

Switch（config）# interface vlan vlan-id

Switch（config-if）#ip address address netmask

其中，vlan-id 代表受选择配置的 VLAN 号，address 为要设置的管理地址，netmask 为子网掩码。交换机要通过 Telnet 采用远程管理的方式，必须首先配置远程登陆口令。

（1）配置管理接口

要在交换机的管理 VLAN 上配置 IP 地址和子网掩码，必须处在 VLAN 接口配置模式下，如配置管理 VLAN 99，则先使用命令 interface vlan99，再输入 ip address 配置命令。必须使用 no shutdown 接口配置命令来使此第三层接口正常工作。当看到 "interface VLANx" 提示信息时。这是指与 VLANx 关联的第三层接口。只有管理 VLAN 才有与之关联的 "interface VLAN"。

注意第二层交换机如 Cisco Catalyst 2960 一次只允许一个 VLAN 接口处于活动状态。这意味着当第三层接口 "interface VLAN 99" 处于活动状态时，第三层接口 "interfaceVLAN 1" 不会处于活动状态。

（2）配置默认网关

管理 IP 地址配置后，在同一网段的其他主机就可以利用 Telnet 进行远程登录该交换机了，或者要跨网段登录该交换机，还必须为交换机配置默认网关地址，使交换机（作为一个主机）能与其他主机进行通信。

配置交换机的默认网关地址使用 ip default-gateway 命令。如着要配置交换机的默认网关地址为 192.168.10.1，则配置命令为：

Switch（config）♯ip default-gateway 192.168.10.1

（3）Telnet 连接的挂起和切换

Cisco IOS 的 telnet 命令也支持挂起（不终止，而暂时搁置在一边）一个连接。通过挂起操作，用户可以在路由器之间方便地切换。

1）挂起 Telnet 连接先按 Ctrl＋Shift＋6 键，然后再按 X 键。

2）重新建立挂起的 Telnet 会话的方法如下：

① 按 Enter 键。

② 如果只有一个会话，可输入命令 resume number（如果没有指定会话号，将恢复最后一个活动的会话）。

③ 执行命令 resume session number 重新建立下 telnet 会话。

其中 number 是连接号，采用 show sessions 命令会列出所有挂起的 Telnet 连接。

（4）并发 Telnet 数量

并发 Telnet 数量也可以限制登录到路由器的用户数量以及限制用户登录进入路由器，通常采用以下 3 种方法。

1）不配置 Telnet 口令阻止任何 Telnet，如果路由器的 VTY 口令没有配置，路由器拒绝所有进入的 Telnet 请求，这样不配置 VTY 口令就关闭了路由器的 Telnet 访问。

2）IOS 定义了 VTY 的最大数量。IOS 动态地给每个 Telnet 用户分配一个 VTY 线程。

3）在 VTY Line 模式下用命令 session limit number，可以修改同时连接的最大数。

（5）关闭 Telnet 会话

在 Cisco 设备中，要终止 Telnet 会话，可使用命令 exit、logout、disconnet 或 clear。

11.1.3 方案设计

以交换机为中心，组建个交换式以太网。然后对交换机进行基本配置，包括对交换机端口进行配置并查看端口状态。

11.1.4 项目实施——交换机的端口配置

1. 项目目标

通过本项目的完成，使学生掌握以下技能：

（1）理解交换机端口的类型；

（2）掌握配置交换机端口的方法；

（3）掌握查看交换机端口状态、双工、速率等命令；

（4）掌握查看交换机 MAC 地址表的方法；

（5）掌握交换机远程登录的配置方法。

2. 项目任务

为了实现本项目，构建如图 11-4 所示的网络实训环境。将 6 台计算机连接到交换机上，完成如下的配置任务。

（1）配置交换机的名称、控制台口令、超级密码；

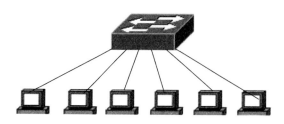

图 11-4　交换式以太网

（2）配置交换机的管理地址；

（3）配置交换机端口的标识；

（4）配置交换机端口的双工模式和速率；

（5）查看交换机端口状态和 MAC 地址表。

3. 设备清单

为了搭建如图 11-4 所示的网络拓扑图，需要下列设备：

（1）Cisco 2960 交换机 1 台；

（2）PC 6 台，从左向右依次是 PC1，PC2，PC3，PC4，PC5，PC6。

（3）直通线若干。

4. 实施过程

步骤 1：规划设计。

设计各计算机的 IP 地址、子网掩码，连接到交换机的端口，使用线缆类型，如表 11-1 所示。

计算机的 IP 地址、子网掩码　　　　　　　　　　　　　　　　表 11-1

计算机	ip 地址	子网掩码	默认网关	交换机端口	线缆类型	描述
PC1	192.168.10.11			F0/1		link to pc1
PC2	192.168.10.12			F0/2		link to pc2
PC3	192.168.10.13	255.255.255.0	192.168.10.1	F0/3	直通线	link to pc3
PC4	192.168.10.14			F0/4		link to pc4
PC5	192.168.10.15			F0/5		link to pc5
PC6	192.168.10.16			F0/6		link to pc6

步骤 2：实训环境准备。

（1）在设备断电状态下，按照图 11-4 所示和表 11-1 所列连接硬件。

（2）设备供电。

步骤 3：配置计算机的 IP 地址、子网掩码。

按照表 11-1 所列配置各计算机的 IP 地址、子网掩码和默认网关。

步骤 4：清除交换机的配置。

步骤 5：测试。

使用 ping 命令测试 PC1、PC2 等 6 台计算机之间的连通性，并填入表 11-2 中。

网络连通性　　　　　　　　　　　　　　　　　　　　　　　表 11-2

设备	PC1	PC2	PC3	PC4	PC5	PC6
PC1						
PC2						
PC3						
PC4						
PC5						
PC6						

步骤 6：配置交换机的名称。

Switch ♯ config terminal

Enter configuration commands，one per line. End with CNTL/ Z

Switch（config）♯ hostname an2n

an2n（switch-config）♯ no hostname an2n

Switch（config）♯ hostname Swlan

Swlan（config）♯

步骤 7：配置交换机端口。

按照表 11-2 所列配置交换机端口的标识和模式。

Swlan＞enable

Swlan ♯ config terminal

Enter configuration commands，one per line. End with CNTL/Z

Swlan（config）♯ interface FastEthernet 0/1

Swlan（config-if）♯ description link to pc1

Swlan（config-if）♯ switchport mode access

Swlan（config-if）♯ interface FastEthernet 0/2

Swlan（config-if）♯ description link to pc2

Swlan（config-if）♯ switchport mode access

Swlan（config-if）♯ interface FastEthernet 0/3

Swlan（config-if）♯ description link to pc3

Swlan（config-if）♯ switchport mode access

Swlan（config-if）♯ interface FastEthernet 0/4

Swlan（config-if）♯ description link to pc4

Swlan（config-if）♯ switchport mode access

Swlan（config-if）♯ interface FastEthernet 0/5

Swlan（config-if）♯ description link to pc5

Swlan（config-if）♯ switchport mode access

Swlan（config-if）♯ interface FastEthernet 0/6

Swlan（config-if）♯ description link to pc6

Swlan（config-if）♯ switchport mode access

Swlan（config-if）♯ end

Swlan ♯ write

Building configuration…

［OK］

Swlan ♯

步骤 8：查看交换机端口状态信息。

（1）使用 show interface 来查看交换机端口信息、双工模式和速率。

Swlan ♯ show interface FastEthernet 0/1

FastEthernet0/1 is up，line protocol is up（connected）

Hardware is Lance，address is 0030.1280.8601（bia 0030.1280.8601）

Description link to pcl

reliability 255/255，txload 1/255，rxload 1/255

Encapsulation ARPA，loopback not set

Keepalive set（10 sec）

Full-duplex，100Mbps

input flow-control is off，output flow-control is off

…

Swlan ♯

（2）使用 show running-config 查看交换机的配置文件。

Swlan ♯ show running-config

hostname xm2sw

interface FastEthernet 0/1

　description link to pc1

　switchport mode access

interface FastEthernet 0/2

　description link to pc2

　switchport mode access

…

步骤 9：对图 11-4 进行调整，在原有图形基础上增加 2 台集线器，Hab1 和 Hab2，如图 11-4（1）拓扑结构所示。

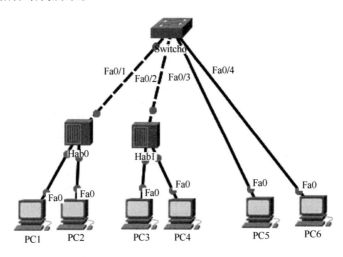

图 11-4（1）　交换机安全端口

（1）配置交换机 SW1 的端口安全。

sw1♯ show mac-address-table

假设地址列表如表 11-3 所示。

交换机 MAC 地址表　　　　　　　　　　　　　　　　表 11-3

Vlan	MacAddress	Type	Ports
1	0003. e4el. 2501	DYNAMIC	Fa0/1
10	0003. e43e. 19da	DYNAMIC	Fa0/4
10	0003. e4el. 2501	DYNAMIC	Fa0/1
10	000a. 417c. 45c4	DYNAMIC	Fa0/1
10	000a. f3ce. ab91	DYNAMIC	Fa0/2
10	0040. 0b9a. 863a	DYNAMIC	Fa0/2

在端口 f0/2 上启用端口安全。

Swlan（config）♯interface FastEthernet 0/2

Swlan（config-if）♯switchport port-security

Swlan（config-if）♯switchport port-security mac-address 0040.0b9a. 863a

在端口 f0/2 上换一台计算机，检查这台计算机和其他计算机的连通性，应该是不通的。

（2）配置交换机 f0/1 的端口安全。

在端口 f0/1 上启用端口安全。

Swlan（config）♯interface FastEthernet0/1

Swlan（config-if）♯switchport port-security

Swlan（config-if）♯switchport port-security maximam 3

在交换机 SW1 上再接 3 台计算机，测试网络连通性。

步骤 10：查看交换机 MAC 地址表。

通过控制台登陆到交换机。查看交换机的 MAC 地址表，并填入表 11-4 中。

Swlan ♯ show mac-address-table

交换机 MAC 表　　　　　　　　　　　　　　　　表 11-4

计算机	端口	MAC 地址
PC1		
PC2		
PC3		
PC4		
PC5		
PC6		

步骤 11：配置交换机的远程管理。

配置交换机的远程管理地址为 192.168.100.120，管理 VLAN 为 99，默认网关为：192.168.100.1。

Swlan ♯ config terminal

Swlan（config）♯

Swlan（config）♯vlan 99

Swlan（config -vlan）♯name manage

Swlan（config -vlan）♯exit

Swlan（config）♯interface vlan 99

Swlan（config -if）♯ip adress 192.168.100.200.255.255.255.0

Swlan（config -if）♯no shutdown

Swlan（config -if）♯exit

Swlan（config）♯ip default-gateway 192.168.100.1

Swlan（config）♯interface FastEthernet 0/1

Swlan（config -if）♯switchport mode access

Swlan（config -if）♯switchport access vlan 99

Swlan（config -if）♯no shutdown

Swlan（config -if）♯exit

设置 PC1 的 IP 地址为 192.168.100.10/24，网关为 192.168.100.1 在 PC 进入到 DOS 命令行方式下时，首先使用 ping 命令检查计算机和交换机的管理 IP 地址之间的连通性。

PC＞ping 192.168.100.200

Pinging 192.168.100.200 with 32 bytes of data：

…（略）

以上命令表示 PC1 和交换机的管理地址已经连通，输入以下命令：

PC＞telnet 192.168.100.200

Trying 192.168.100.200…open

［Connection to 192.168.100.200 closed by foreign host］

PC＞

因为交换机还没有配置口令，因此不能远程登陆。

步骤 12：设置交换机的登录口令。

在下面每一步执行前后，都退回到特权模式下。使用 show running-config 命令查看交换机配置文件，并观察其区别。

步骤 13：远程登录交换机。

PC＞telnet 192.168.100.200

Trying 192 168.100.200…open

User Access Verification

Password：

Swlan＞enable

Password：

Swlan ♯

步骤 14：查看交换机的状态信息。

Swlan ♯ show version

Swlan ♯ show startup-config

Swlan ♯ show clock

Swlan ♯ show flash

Swlan ♯ show processes

Swlan ♯ show running-config

Swlan ♯ show sessions

步骤 15：保存交换机配置文件。

通常有以下两种方法：

（1）在全局配置模式下输入 write

（2）在全局配置模式下输入 copy running-config startup-config

步骤 16：清除交换机配置。（略）

习　　题

1. 选择题

（1）网络管理员想为一台可网管交换机配置 IP，将如何分配 IP 地址？
（　　）

A. 在特权模式下执行

B. 在交换机的接口 f0/1 上执行

C. 在管理 VLAN 中执行

D. 在连接到路由器或下一跳设备的物理接口上执行

（2）为什么应该为交换机分配默认网关？（　　）

A. 使得通过 telnet 和 ping 等命令能够远程连接到交换机

B. 使得可以通过交换机发送到路由器

C. 使从工作站产生并发送到远程网络的帧传递到更高一层

D. 使得通过交换机的命令提示符能够访问其他网络

（3）以太网自动协商确定下列哪项？（　　）

A. 生成树模式

B. 双工模式

C. 服务质量模式

D. 错误阈值

（4）如果连接的远程终端不支持自动协商，将不能确定下列哪项？（　　）

A. 链路的速度

B. 链路的双工模式

C. 链路的介质类型

D. MAC 地址

（5）当 10/100Mbps 以太网链路自动协商时，如果两台计算机都支持相同的能力将选择下列哪种模式？（　　）

A. 10BaseT 半双工

B. 10Base-T 全双工

C. 100Base TX 半双工

D. 100Base TX 全双工

（6）假定刚输入命令 configure terminal，要将 1 号 Cisco Catalyst 交换机模块的第 1 个快速以太网接口的速率配置为 100Mbps，应输入下面哪一条命令？（　　）

A. speed 100Mbps

B. speed 100

C. interface fastethernet1/0/ 1

D. interface fastethernet1/0/ 1

2. 简答题

（1）第二层交换机如何进行数据帧的转发？

（2）第二层交换机如何进行数据帧的过滤？

（3）交换机上通常包含哪些接口？

（4）如何配置第二层交换机的远程管理？

3. 实训题

如图 11-4 所示，进行如下配置，并回答相关问题。

（1）哪条交换机命令可对快速以太网接口 0/1～0/24 进行相同的配置？

（2）假设要将相同的配置用于快速以太网接口 0/1～0/10、0/15、0/17，使用什么命令进行相同的配置？

（3）如果使用命令 speed 100 和 duplex full 配置了个交换机端口，而连接该端口的计算机被设置为自动协商速率和双工，将出现什么情况？如果相反（交换机自动协商，计算机不自动协商），情况又如何？

11.2 组建安全隔离的小型局域网

11.2.1 项目概述

【学习目标】

为了在交换机进行 VLAN 配置，划分子网，作为网络工程师，需要了解本项目所涉及的以下几个方面知识。

1. 了解 VLAN 的概念。

2. 掌握 VLAN 的组网技术。

3. 掌握 VLAN 的配置。

掌握 VLAN 中继应用和配置。

【学习任务】

某学院计算机系、机电工程系、财务处、学生机房分别组建了自己的局域网，其中信息大楼主要为计算机系办公场所，机电大楼为机电工程系办公大楼，实验中心为学生机房，并且有计算机系和财务处办公场所，财务处在学校办公楼办公。随着学校信息化建设的深入，人员交流越来越频繁，在各个办公场所都可能出现其他部门的人员。为了网络安全，把计算机系、机电工程系、财务处、学生机房各自分别置于不同的子网，并且部门内部可以互相访问。

【任务实施】

通过网络模拟器软件模拟工程实际，老师先根据具体局域网 vlan 划分示意图，分析 vlan 的配置方法和优势，然后给出具体项目实例，并在模拟器上模拟真实环境的网络配置。

11.2.2 相关知识

1. VLAN 简介

交换机是工作在 OSI/RM 模型第二层（数据链路层）的设备，它可以隔离冲突域，但不能限制广播。

VLAN 就是一种能够极大改善网络性能的技术，它将大型的广播域细分成较小的广播域。

以太网交换机的一个重要特性是能建立虚拟局域网（VLAN）。设计和配置正确的 VLAN 是网络工程师有力的工具，它具有可分段、灵活性和安全性等特点。

当需要添加、移动或对一个网络进行改造时，VLAN 使工作变得很简单。

（1）虚拟局域网的概念

连接到第二层交换机的主机和服务器处于同一个网段中，这会带来两个严重的问题。

1）交换机会向所有端口泛洪，占用过多带宽。随着连接到交换机的设备不断增多，生成的广播流量也随之上升，浪费的带宽也更多。

2）连接到交换机的每台设备都能够与该交换机上的所有其他设备相互转发和接收帧。

虚拟局域网（Virtual LAN，VLAN）是一种逻辑广播域，可以跨越多个物理 LAN 网段。VLAN 以局域网交换机为基础，通过交换机软件实现根据功能、部门、应用等因素将设备或用户组成虚拟工作组或逻辑网段的技术，其最大的特点是在组成逻辑网时无须考虑用户或设备在网络中的物理位置。虚拟局域网可以在一个交换机或者跨交换机实现。

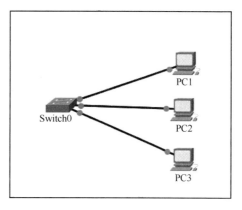

图 11-5　小型局域网

VLAN 是一个逻辑上独立的 IP 子网。多个 IP 网络和子网可以通过 VLAN 存在于同一个交换网络上。图 11-5 所示为包含 3 台计算机的网络。

1996 年 3 月，IEEE 802 发布了 IEEE 802.1Q VLAN 标准。目前，该标准得到全世界重要网络厂商的支持。

图 11-6 所示为使用了 4 个交换机的网络拓扑结构。有 9 台计算机分布在 3 个楼层中，构成了 3 个局域网，即 LAN1（A1，B1，C1），LAN2（A2，B2，C2），LAN3（A3，B3，C3）。

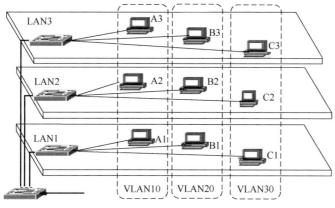

图 11-6　VLAN 划分的示例

但这 9 个用户划分为 3 个工作组，也就是说划分为 3 个虚拟局域网 VLAN，即 VLAN10（A1，A2，A3），VLAN20（B1，B2，B3），VLAN30（C1，C2，C3）。

在虚拟局域网上的每一个站都可以收到同一虚拟局域网上的其他成员所发出的广播。如工作站 B1、B2、B3 同属于虚拟局域网 VLAN20，当 B1 向工作组内成员发送数据时，B2 和 B3 将会收到广播的信息（尽管它们没有连在同一交换机上），但 A1 和 C1 都不会收到 B1 发出的广播信息（尽管它们连在同一个交换机上）。

基于端口的 VLAN 也就是根据以太网交换机的端口来划分广播域，即分配在同一个 VLAN 的端口共享广播域（一个站点发送希望所有站点接收的广播信息，同一个 VLAN 中的所有站点都可以收到），分配在不同 VLAN 的端口不共享广播域。虚拟局域网既可以在单台交换机中实现，也可以跨越多个交换机。终端设备连接到端口时，自动获得 VLAN 连接，如图 11-7 和图 11-8 所示。

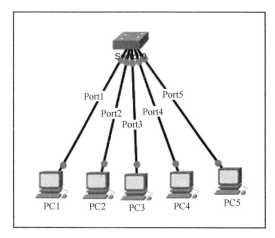

端口	VLAN ID
port1	vlan2
port2	vlan3
port3	vlan2
port4	vlan3
port5	vlan2

图 11-7　拓扑连接图　　　　　　　　　图 11-8　VLAN 映射简化表

假定指定交换机的端口 1、3、5 属于 VLAN 2，端口 2、4 属于 VLAN 3，此时，PC1、PC3、PC5 在同一个 VLAN，PC2 和 PC4 在另一个 VLAN 下。如果将 PC1 和 PC2 交换连接端口，则 VLAN 仍然不变，而 PC1 变成与 PC4 在同一个 VLAN。基于端口的 VLAN 配置简单，网络的可监控性强，但缺乏足够的灵活性。当用户在网络中的位置发生变化时，必须由网络管理员将交换机端口重新进行配置，所以静态 VLAN 比较适合用户或设备位置相对稳定的网络环境。

（2）动态 VLAN

动态 VLAN 是指交换机上以联网用户的 MAC 地址、逻辑地址（如 IP 地址）或数据包协议等信息为基础将交换机端口动态分配给 VLAN 的方式。

总之，不管以何种机制实现，分配在同一个 VLAN 的所有主机共享一个广播域，而分配在不同 VLAN 的主机将不会共享广播域。也就是说，只有位于同一个 VLAN 中的主机才能直接相互通信，而位于不同 VLAN 中的主机之间是不能直接相互通信的。

2. 静态 VLAN 配置

在建立 VLAN 之前，必须考虑是否使用 VLAN 中继协议（VLAN Trunk Protocol，VTP）来为网络进行全局 VLAN 的配置。在本项目中不使用 VTP 中继协议。

Catalyst 交换机在默认情况下，所有交换机端口被分配到 VLAN1。VLAN 被设置为以太网最大传输单元（MTU）为 1500B。

（1）VLANID 范围

首先，如果 VLAN 不存在，必须在交换机上创建它。然后将交换机端口分配给 VLAN，VLAN 总是使用 VLANID 号来引用的。VLANID 在数字上分为普通范围和扩展范围。

1) 普通范围的 VLAN。普通范围的 VLAN 具有以下特点。

① 用于中小型商业网络和企业网络。

② VLAN ID 范围为 1~1005。1002~1005 的 ID 保留供令牌环 VLAN 和光纤分布式数据接口（Fiber Distributed Data Interface，FDDI）VLAN 使用。

③ ID1 和 ID1002~1005 是自动创建的，不能删除。

④ 配置存储在名为 vlan.dat 的 VLAN 数据库文件中，vlan.dat 文件位于交换机的闪存中。

⑤ 用于管理交换机之间 VLAN 配置的 VLAN 中继协议只能识别普通范围的 VLAN，并将它们存储到 VLAN 数据库文件中。

2) 扩展范围的 VLAN。为与 IEEE802.1Q 标准兼容，CiscoCatalyst IOS 还支持扩展的 VLAN 编号。但仅当使用全局配置命名将交换机配置为 VTP 透明模式时，扩展范围才被启用。扩展范围的 VLAN 具有以下特点。

① 可让服务提供商扩展自己的基础架构以适应更多的客户。某些跨国企业的规模很大，从而需要使用扩展范围的 VLAN ID。

② VLAN ID 范围为 1006~4094。

③ 支持的 VLAN 功能比普通范围的 VLAN 更少。

④ 保存在运行配置文件中。

⑤ VTP 无法识别扩展范围的 VLAN。

一台 CiscoCatalyst 2960 交换机在标准镜像上可以支持最多 250 个普通范围与扩展范围的 VLAN，但是配置的 VLAN 数量的多少会影响交换机硬件的性能。

（2）配置静态 VLAN

1) 配置 VLAN 的 ID 和名字。配置 VLAN 最常见的方法是在每个交换机上手动指定端口 LAN-LAN 映射。在全局配置模式下使用 VLAN 命令：

Switch（config）♯ vlanvlan-id

其中，vlan-id 是配置要被添加的 VLAN 的 ID，如果安装的是增强的软件版本，范围为 1~4096；如果安装的是标准的软件版本，范围为 1~1005。每一个 VLAN 都有一个唯一的 4 位的 ID（范围为 0001~1005）。

Switch（config-vlan）♯ namevlan-name

定义一个 VLAN 的名字，可以使用 1~32 个 ASCII 字符，但是必须保证这个名称在管理域中是惟一的。

为了添加一个 VLAN 到 VLAN 数据库，需要给 VLAN 分配一个 ID 号和名字。VLAN1（包括 VLAN1002、VLAN1003、VLAN1004 和 VLAN1005）是一些厂家默认 VLAN ID。

为了添加一个以太网 VLAN，必须至少指定一个 VLAN ID。如果不为 VLAN 输入一个名字，默认的 VLAN 名称为 VLANXXX，其中 XXX 是 VLAN 号。例如，如果不加以命名，VLAN0004 将使用 VLAN4 的默认名字。

如果要修改一个已存在的 VLAN 的名字或 ID 码，需要使用与添加 VLAN 时相同的命令。例如，可以使用下述命令创建 VLAN10（名称为 jisj10）和 VLAN20（名称为 qicx20）。

Switch（config）♯ vlan 10

Switch（config-vlan）#name jsj10

Switch（config-vlan）#vlan 20

Switch（config-vlan）#name jsj20

2）分配端口。在新创建一个 VLAN 之后，可以为之手动分配一个端口号或多个端口号。一个端口只能属于唯一一个 VLAN。这种为 VLAN 分配端口号的方法称为静态接入端口。

在接口配置模式下，分配 VLAN 端口的命令为：

Switch（config）#interface type mod/num

Switch（config-if）#switchport

Switch（config-if）#switchport mode access

Switch（config-if）#switchport access vlan vlan-id

（3）检验 VLAN 配置

配置 VLAN 后，可以使用 Cisco IOS show 命令检验 VLAN 配置。

Switch#show vlan［brief｜idvlan-id｜name vlan-name summary］

switch#show interface［interface-id｜vlan vlan-id］switchport

（4）添加、更改和删除 VLAN

默认情况下，在交换机上可以添加、更改和删除 VLAN。为了修改 VLAN 的属性（如 VLAN 的名字），应使用全局配置命令 vlan vlan-id，但不能更改 VLAN 编号。为了使用不同的 VLAN 编号，需要创建新的 VLAN 编号，然后再分配相应的端口到这个 VLAN 中。

为了把一个端口移到一个不同的 VLAN 中，要用一个和初始配置相同的命令。在接口配置模式下使用 switchport access 命令来执行这项功能，无须将端口移出 VLAN 来实现这项转换。

在接口配置模式下，使用 no switchport access vlan 命令，可以将该端口重新分配到默认 VLAN（VLAN1）中。

3. 部署 VLAN

要实现 VLAN，必须考虑所需的 VLAN 的数量以及如何最优地放置它们。通常，VLAN 数量取决于数据流模式、应用类型、工作组划分和网络管理需求。

VLAN 和使用的 IP 编制方案之间的关系很重要。通常，Cisco 建议每个 VLAN 对应一个 IP 子网。这意味着，如果子网掩码为 24 位（255.255.255.0），VLAN 中的主机将不能超过 254 台。另外，不应让 VLAN 跨越分布层交换机的第二层边界，也就是说，VLAN 不应该跨越网络核心进入另一个交换模块，防止广播和不必要的数据流离开核心模块。

要扩展交换模块中的 VLAN，可使用端到端 VLAN 和本征 VLAN 两种基本方法。

（1）端到端 VLAN

端到端 VLAN 也称园区级 VLAN，它跨越整个网络的交换结构，用于为终端设备提供最大的机动性和灵活性。无论位于什么位置，都可以将其分配到 VLAN。用户在园区内移动时，其 VLAN 成员资格保持不变。这意味着必须使 VLAN 在每个交换模块的接入层都是可用的。

端到端 VLAN 应根据需求将用户分组，在同一个 VLAN 中，所有用户的流量模式都必须大致相同，并遵循 80/20 规则，即大约 80% 的用户流量是在本地工作组内，只有

20%前往园区网中的远程资源。虽然，在 VLAN 中只有 20%的流量将通过网络核心，但端到端 VLAN 使得 VLAN 内的所有流量都可能通过网络核心。

由于所有 VLAN 都必须在每台接入层交换机上可用，因此必须在接入层交换机和分布层交换机之间使用 VLAN 中继来传输所有的 VLAN。

由于在端到端 VLAN 中，广播数据流将从网络的一端传输到另一端，可能在整个 VLAN 范围内导致广播风暴和第二层桥接环路，进而耗尽分布层和核心层链路的带宽以及交换机的 CPU 资源。因此，一般不推荐在园区网中使用端到端 VLAN。

（2）本征 VLAN

目前，大多数企业基本符合 20/80 规则，即只有 20%的流量是本地的，80%的流量将穿过核心层前往远程资源。终端用户经常需要访问其 VLAN 外面的资源，用户必须频繁地经过网络核心。在这种网络中，应根据地理位置来设计 VLAN，而不考虑离开 VLAN 的流量。

本征 VLAN 的规模可以小到配线间中的单台交换机，也可大到整栋建筑物。通过这种方式安排 VLAN，可以在园区网中使用第三层功能来智能处理 VLAN 之间的流量负载。这种方案提供了最高的可用性（使用多条前往目的地的路径）、最高的扩展性（将 VLAN 限制在交换模块内）和最高的可管理性。

4．VLAN 中继

在规划企业级网络时，很有可能会遇到隶属于同一部门的用户分散在同一座建筑物中的不同楼层中。这时可能就需要跨越多台交换机的多个端口划分 VLAN，不同于在同一交换机上划分 VLAN 的方法。如图 11-9 所示，需要将不同楼层的用户主机 A、C 和 B、D 设置为同一个 VLAN。

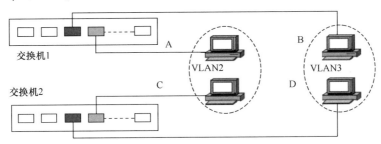

图 11-9　跨多台交换机的 VLAN

当 VLAN 成员分布在多台交换机的端口上时，VLAN 内的主机彼此间应如何自由通信呢？最简单的解决方法是在交换机 1 和交换机 2 上各拿出一个端口，用于将两台交换机级联起来，专门用于提供该 VLAN 内的主机跨交换机间的相互通信，如图 11-10 所示。

这种方法虽然解决了 VLAN 内主机间的跨交换机通信，但每增加一个 VLAN，就需要在交换机间添加一条互联链路，并且还要额外占用交换机端口，扩展性和管理效率都很差。

为了避免这种低效率的连接方式和对交换机端口的浪费占用，人们想办法让交换机间的互联链路汇聚到一条链路上，让该链路允许各个 VLAN 的通信流经过，这样就可解决对交换机端口的额外占用，这条用于实现各 VLAN 在交换机间通信的链路称为 VLAN 中继（Trunk）。中继是两台网络设备之间的点对点链路，负责传输多个 VLAN 的流量，如

图 11-11 所示。

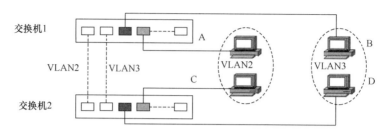

图 11-10 VLAN 内的主机跨交换机的通信

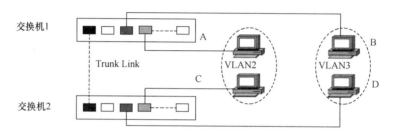

图 11-11 中继实现主机跨交换机的通信

Cisco 在快速以太网和吉比特以太网交换机链路上都支持 VLAN 中继技术，为在中继链路上区分属于不同 VLAN 的数据流，交换机必须使用相应的 VLAN 标识每一帧。事实上，中继链路两端的交换机必须使用相同的方法将帧同 VLAN 关联起来。

5. 标识 VLAN 帧

VLAN 中继是以太网交换机接口和另一联网设备（如路由器或交换机）的以太网接口之间的点对点链路，负责在单个链路上传输多个 VLAN 的流量。同一条 VLAN 中继链路可能传输很多 VLAN 的数据流，而接入交换机属于第二层设备，它只根据以太网帧头信息来转发数据包。以太网帧从连接设备到达接入端口时，帧头本身并不包含以太网帧属于哪个 VLAN 的相关信息，所以，交换机通过中继链路发送和接收帧时，必须使用相应的 VLAN 对其进行标识。帧标识（标记）是指给通过中继链路传输的每个帧指定独特的用户定义 ID，可将该 ID 视为 VLAN 号或 VLAN 颜色。

VLAN 帧标识是为交换型网络开发的。对于通过中继链路传输的每个帧，将唯一的标识符加入到帧头中。传输路径中的交换机收到这些帧后，对标识符进行检查以判断属于哪个 VLAN，然后将标识删除。

如果帧必须通过另一条中继链路传输出去，将把 VLAN 标识符重新加入到帧头中，如果帧将通过接入（非中继）链路传输出去，交换机将在传输之前将 VLAN 标识符删除。因此，对终端隐藏了所有 VLAN 关键踪迹。

可以使用交换机间链路协议（ISL）和 IEEE 802.1Q 协议两种方法来执行 VLAN 标识，它们使用不同的帧标识机制。

（1）交换机间链路协议

交换机间链路协议是 Cisco 公司私有的协议，当有数据在多个交换机间流动的时候，它控制 VLAN 信息并且使这些交换机互连起来。

（2）IEEE 802.1Q 协议

IEEE802.1Q 协议能够通过中继链路传输 VLAN 数据，然而这种帧标识方法是标准化的，使得 VLAN 中继链路可以在不同厂商的设备之间运行。

IEEE802.1Q 也可用于在以太网中继链路上标识 VLAN，但 802.1Q 将标记信息嵌入到第二层帧中，而不是使用 VLANID 帧头和帧尾封装每个帧。这种方法称为"单标记"或"内部标记"。

IEEE802.1Q 也在中继链路上使用本征 VLAN，属于该 VLAN 的帧不使用任何标记信息进行封装。如果终端连接的是 802.1Q 中继链路，它将只能够接收和理解本征 VLAN 帧。这样，为能够理解 802.1Q 的设备提供了完整的中继封装，同时通过中继链路为常规接入设备提供了固有的连接性。

（3）动态中继协议

在 Catalyst 交换机上，可以手动将中继链路配置为 ISL 或 802.1Q 模式。另外，Cisco 还实现了一种点到点协议，被称为动态中继协议（DTP），它在两台交换机之间协商一种双方都支持的中继模式。协商包括封装（ISL 或 802.1Q）以及是否将链路作为中继链路。这样不需进行大量的手动配置和管理，就能够使用中继链路。

如果交换机通过中继线路连接到非中继路由器或防火墙接口，应禁用 TP 协商，因为这些设备不能参与 DTP 协商。仅当两台交换机属于同一个 VLAN 中继协议管理域，或其中至少有一台交换机没有定义自己的 DTP 域时，才能够协商它们之间的中继链路。

如果两台交换机位于不同的 VTP 域中，并要在它们之间进行中继，必须将中继链路设置为非协商模式。这种设置将强行建立中继链路。

6．VLAN 数据帧的传输

目前任何主机都不支持带有 Tag 域的以太网数据帧，即主机只能发送和接收标准的以太网数据帧，而将 VLAN 数据帧视为非法数据帧。所以支持 VLAN 的交换机在与主机和交换机进行通信时，需要区别对待。当交换机将数据发送给主机时，必须检查该数据帧，并删除 Tag 域。而发送给交换机时，为了让对端交换机能够知道数据帧的 VLAN ID，应该给从主机接收到的数据帧增加一个 Tag 域后再发送，其数据帧传输过程中的变化如图 11-12 所示。

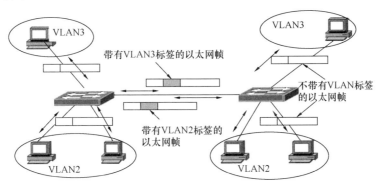

图 11-12　VLAN 数据帧的传输

当交换机接收到某数据帧时，交换机根据数据帧中的 Tag 域或者接收端口的默认 VLAN ID 来判断该数据帧应该转发到哪些端口。如果目标端口连接的是普通主机，则删除 Tag 域（如果数据帧中包含 Tag 域）后再发送数据帧；如果目标端口连接的是交换机，则添加 Tag 域（如果数据帧中不包含 Tag 域）后再发送数据帧。为了保证在交换机之间的中继链路上能够接入普通主机，当检查到数据帧的 VLAN ID 和 Trunk 端口的默认 VLAN ID 相同时，数据帧不会被增加 Tag 域。而到达对端交换机后，交换机发现数据帧中没有 Tag 域时，就认为该数据帧为接收端口的默认 VLAN 数据。

根据交换机处理数据帧的不同，可以将交换机的端口分为以下两类。

（1）Access 端口：只能传送标准以太网帧的端口，一般是指那些连接不支持 VLAN 技术设备的端口。这些端口接收到的数据帧都不包含 VLAN 标签，而向外发送数据帧时，必须保证数据帧中不包含 VLAN 标签。

（2）Trunk 端口：既可以传送有 VLAN 标签的数据帧，也可以传送标准以太网帧的端口，一般是指那些连接支持 VLAN 技术的网络设备（如交换机）的端口。这些端口接收到的数据帧一般都包含 VLAN 标签（数据帧 VLAN ID 和端口默认 VLAN ID 相同除外），而向外发送数据帧时，必须保证接收端能够区分不同 VLAN 的数据帧，故常常需要添加 VLAN 标签（数据帧 VLAN ID 和端口默认 VLAN ID 相同除外）。

7. 配置 VLAN 中继

实际工程中 CiscoCatalyst 交换机现在越来越少使用 ISL 中继技术，转而更多地使用 802.1Q 标准技术。最新的 Catalyst 交换机支持 ISL 协议和 802.1Q 协议，或者只支持 802.1Q 协议。例如，Catalyst3750 交换机支持 ISL 协议和 802.1Q 协议，但是 Catalyst 2950 就只支持 802.1Q 协议。

（1）创建 VLAN 中继链路

Catlyst 交换机支持多种封装类型，但是通常都会支持 DTP、ISL、802.1Q 这 3 种封装。

1）802.1Q：启用 Trunk 模式时端口只会使用 802.1Q 封装。

2）ISL：启用 Trunk 模式时端口只会使用 ISL 封装。

3）Negotiate：端口会协商封装类型，这是大多数交换机的默认设置。使用如下命令创建 VLAN 中继链路。

Switch（config）#interface type mod/num

要支持中继，交换机端口必须处于第二层模式。要设置为第二层模式，可执行命令 switchport，并不指定任何关键字。

Switch（config-if）#switchport

Switch（config-if）#switchport trunk encapsulation ｛ISL｜ dot 1q｜ negotiate ｝

将中继封装为下列方式之一：

① ISL：使用 Cisco ISL 协议在每帧中标记 VLAN。

② dot1q：使用 IEEE802.1Q 标准协议在每帧中标记 VLAN。唯一的例外是本征 VLAN，它被正常发送，不进行标记。

③ negotiate（默认设置）：通过协商选择中继线两端都支持的 ISL 或 IEEE802.1Q。如果两端都支持这两种类型，将优先选择 ISL。

Switch（config-if）♯switchport mode｛trunk｜ dynamic｛desirable｜ auto｝｝

可以将中继设置为下述模式之一：

trunk：将端口设置为永久中继模式。在这种情况下，仍可以使用 DTP，如果远端交换机端口被设置为 dynamic desirable 或 dynamic auto 模式，使用中继协商。

（2）静态指定 Trunk 链路中的 VLAN

默认情况下，Trunk 链路允许所有 VLAN 的流量通过，但可采用手动静态指定或动态自动判断两种方式来设置允许通过 Trunk 链路的 VLAN 流量。

手动静态地从 Trunk 链路中删除或添加允许通过的 VLAN 的方法如下：

1）设置不允许通过 Trunk 链路的 VLAN。在配置前，首先应使用 interface 配置命令选中 Trunk 链路端口，然后再从 Trunk 链路中删除指定的 VLAN，即不允许这些 VLAN 的通信流量通过 Trunk 链路。配置命令为：

Switch（config）♯interface type mod/port

Switch（config-if）♯switchport trunk allowed vlan remove vlan-list

其中，vlan-list 表示要删除的 VLAN 号列表，各 VLAN 之间用逗号进行分隔。

例如，Cisco 3550 的端口 2 是 Trunk 链路端口，现要将 VLAN2 和 VLAN5 从 Trunk 链路中删除，则配置命令为：

Switch3550（config）♯ interface FastEthernet0/2

Switch3550（config-if）♯switchport trunk allowed vlan remove 2，5

若要在 Trunk 链路中删除 100～200 号 VLAN 的流量，则配置命令为：

Switch3550（config-if）♯switchport trunk allowed vlan remove 100-200

2）设置允许通过 Trunk 链路的 VLAN。配置命令为：

Switch（config）♯ interface type mod/port

Switch（config-if）switchport trunk allowed vlan add vlan-list

其中，vlan-list 表示要添加的 VLAN 号列表，各 VLAN 之间用逗号进行分隔。或

Switch（config-if）♯switchport trunk allowed vlan except vlan-list

其中，except vlan-list 是指除列出的 vlan-id 以外的所有 VLAN。

例如，Cisco3550 的端口 2 是 Trunk 链路端口，现要添加允许 VLAN2 和 VLAN5 的通信流量通过，则配置命令为：

Switch3550（config）♯ interface FastEthernet0/2

Switch3550（config-if）♯ switchport trunk allowed vlan add 2，5

若要配置 Trunk 链路仅允许 VLAN2、VLAN5 和 VLAN7 通过，则配置命令为：

Switch3550（config）♯Interface FastEthernet0/2

Switch3550（config-if）♯switchport trunk allowed vlan remove2-1001

Switch3550（config-if）♯switchport trunk allowed vlan add2，5，7

若要设置允许所有的 VLAN 通过 Trunk 链路，则配置命令为：

Switch3550（config-if）♯switchport trunk allowed vlan all

（3）配置本征 VLAN

Switch（config-if）♯switchport trunk native vlan vlan-list

（4）检验中继配置

使用 show interfaces interface -id switchport 命令可以查看配置的中继。

（5）管理中继配置

Switch（config-if）#no switchport trunk allowed vlan

//接口配置模式下使用此命令重置中继端口上配置的所有 VLAN。

Switch（config-if）#no switchport trunk native vlan

//在接口配置模式下使用此命令将本征 VLAN 重置回 VLAN1。

Switch（config-if）#switchport mode access

//在接口配置模式下使用此命令将中继端口重置回静态接入模式端口。

11.2.3　方案设计

为了让实验中心的计算机系用户能够与信息大楼计算机系用户在同一子网，实验中心的财务处用户能够与办公楼财务处用户在同一子网，实现网络互通性，这时就需要将实验中心和办公楼的交换机更改为可网管的交换机（支持 VLAN），将计算机系和财务处的各自所有用户（3 座办公楼）划分在同一 VLAN 内。这样就可以实现不在同一办公场所的部门内部网络的互联互通及资源共享。办公楼和机电大楼的交换机为不可网管的交换机。创建 4 个 VLAN，分别属于计算机系、机电工程系、财务处和学生机房等，这样就可以在信息大楼和实验中心两座大楼内实现不同 VLAN 内用户的互联互通，即实现了部门内网络的互通性。实验中心、办公楼和机电大楼的交换机均通过光缆和光电转换器与信息大楼的交换机相连，如图 11-13 所示。

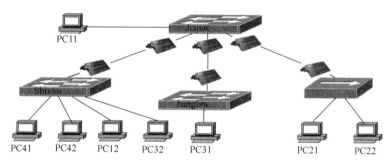

图 11-13　多交换 VLAN 划分

11.2.4　项目实施——在交换机上划分 VLAN

1．项目目标

通过项目的完成，使学生可以掌握以下技能。

（1）能够跨交换机实现 VLAN 划分。

（2）能够掌握将交换机端口分配到 VLAN 中的操作技巧。

2．项目任务

为了在实训室中模拟本项目的实施，搭建如图 11-14 所示的实训网络拓扑环境。在信息大楼、实验中心和办公楼采用 Cisco Catalyst 2960 交换机，实现网管功能，机电大楼也采用 Cisco Catalyst 2960 交换机，但作为傻瓜交换机使用，也可采用另外的傻瓜交换机。实验中心、办公楼和机电大楼的交换机与信息大楼的交换机采用双绞线直接连接起来。

（1）完成网络中各交换机、计算机等的名称、口令、IP 地址、子网掩码、网关、VLAN 号等的详细规划，交换机端口 VLAN 的划分。

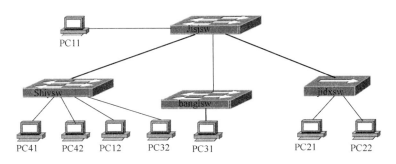

图 11-14　多 VLAN 实例

（2）设置交换机的名称、口令、管理地址。

（3）划分各部门 VLAN。

（4）配置中继链路。

（5）分配各交换机端口 VLAN 成员。

3. 设备清单

为了搭建如图 11-14 所示的网络环境，需要如下的设备清单。

（1）Cisco Catalyst 2960 交换机 3 台。

（2）Cisco Catalyst 2960 交换机 1 台，作傻瓜交换机用，不进行任何配置。

（3）PC 机 8 台。

（4）双绞线若干根。

（5）反转电缆一根。

4. 实施过程

步骤如下：

步骤 1：划化设计

（1）规划计算机 IP 地址、子网掩码、网关。配置 PC11、PC12、PC21、PC22、PC31、PC32、PC41、PC42 的 IP 地址，如表 11-5 所示。

计算机 IP 地址配置表　　　　　　　　　　　　　　　　　　表 11-5

部门	VLAN	VLAN 名称	计算机	IP 地址	子网掩码	网关
计算机系	10	jisj10	PC11	192.168.10.11		192.168.10.1
			PC12	192.168.10.12		
机电工程系	20	jidx20	PC21	192.168.20.11		192.168.20.1
			PC22	192.168.20.12		
财务处	30	caiwc30	PC31	192.168.30.11	255.255.255.0	192.168.30.1
			PC32	192.168.30.12		
学生机房	40	xsjf 40	PC41	192.168.40.11		192.168.40.1
			PC42	192.168.40.12		
管理	99	manage				

（2）规划各场所交换机名称，端口所属 VLAN 以及连接的计算机，如表 11-6 和表 11-7 所示。

各交换机之间接口及端口与 VLAN 关系　　　　　　表 11-6

办公场所	交换机型号	交换机名称	远程管理地址	端口	所属 VLAN	连接计算机
信息大楼	Cisco Catalyst 2960	jisjsw	192.168.100.201	F0/2-20	10	PC11
				F0/21-22	30	
				F0/23	20	
				F0/24	99	
机电大楼	Cisco Catalyst 2960（做傻瓜用，不配置）	jidxsw			20	PC21、PC22
办公楼	Cisco Catalyst 2960	banglsw	192.168.100.202	F0/2-20	30	PC31
				F0/21-22	10	
				F0/23	20	
				F0/24	99	
实验中心	Cisco Catalyst 2960	shiysw	192.168.100.203	F0/2-16	40	PC41、PC42
				F0/17-20	10	PC12
				F0/21-23	30	PC32
				F0/24	99	

各交换机的连接关系　　　　　　表 11-7

上联端口			下联端口		
交换机名称	接口	描述	交换机名称	接口	描述
Jisjsw	F0/1	Link to shiysw-f0/1	shiysw	F0/1	Link to jisjsw-f0/1
Jisjsw	G1/1	Link to banglsw-g1/1	banglsw	G1/1	Link to jisjsw-g1/1
Jisjsw	F0/23	Link to jidxsw-f0/1	jidxsw	F0/1	傻瓜，不配置

步骤 2：实训环境准备

（1）硬件连接。在交换机和计算机断电的状态下，按照图 11-14、表 11-6 和表 11-7 所示连接硬件。交换机接口之间的连接采用交叉线。

（2）分别打开设备，给设备加电。

步骤 3：按照表 11-5 所列设置各计算机的 IP 地址、子网掩码、默认网关。

步骤 4：清除交换机配置

Switch♯ erase startup-config

Switch♯

步骤 5：测试连通性

使用 Ping 命令分别测试 PC11、PC12、PC21、PC22、PC31、PC32、PC41、PC42 这 8 台计算机之间的连通性。

步骤 6：配置交换机 jisjsw

在设备断电的状态下，将交换机 jisjsw 和 PC11 通过反转电缆连接起来，打开 PC11 的超级终端，配置交换机 jisjsw，配置如下。

（1）配置信息大楼的交换机的主机名为 jisjsw。

Switch＃config terminal

Switch（config）＃hostname jisjsw

jisjsw（config）＃exit

jisjsw＃write

（2）在交换机 jisjsw 创建 VLAN10、VLAN20、VLAN30、VLAN99。

jisjsw（config）＃vlan 10

jisjsw（config-vlan）＃name jisj10

jisjsw（config-vlan）＃vlan 20

jisjsw（config-vlan）＃name jidx20

jisjsw（config-vlan）＃vlan30

jisjsw（config-vlan）＃name caiwc30

jisjsw（config-vlan）＃vlan 99

jisjsw（config-vlan）＃name manage

jisjsw（config-vlan）＃exit

jisjsw（config）＃interface vlan 10

jisjsw（config-if）＃ip address 192.168.10.1 255.255.255.0

jisjsw（config-if）＃no shutdown

jisjsw（config-if）＃exit

jisjsw（config）＃interface vlan 20

jisjsw（config-if）＃ip address 192.168.20.1 255.255.255.0

jisjsw（config-if）＃no shutdown

jisjsw（config-if）＃exit

jisjsw（config）＃interface vlan 30

jisjsw（config-if）＃ip address 192.168.30.1 255.255.255.0

jisjsw（config-if）＃no shutdown

jisjsw（config-if）＃exit

jisjsw（config）＃interface vlan 99

jisjsw（config-if）＃ip address 192.168.100.1 255.255.255.0

jisjsw（config-if）＃no shutdown

jisjsw（config-if）＃end

jisjsw＃write

（3）按照表 11-6 分配交换机 jisjsw 端口 VLAN。

jisjsw（config）＃interface range FastEthernet0/2-20

jisjsw（config-if-range）＃switchport mode access

jisjsw（config-if-range）＃switchport access vlan 10

jisjsw（config-if-range）♯no shutdown

jisjsw（config-if-range）♯exit

jisjsw（config）♯interface range FastEthernet0/21-22

jisjsw（config-if-range）♯switchport mode access

jisjsw（config-if-rangc）♯switchport access vlan 30

jisjsw（config-if-range）♯no shutdown

jisjsw（config-if-range）♯exit

jisjsw（config）♯interface FastEthernet 0/23

jisjsw（config-if）♯description link to jidxsw-f0/1

jisjsw（config-if）♯switchport mode access

jisjsw（config-if）♯switchport access vlan 20

jisjsw（config-if）♯no shutdown

jisjsw（config-if）♯exit

jisjsw（config）♯interface FastEthernet 0/24

jisjsw（config-if）♯description manage

jijisw（config-if）♯switchport mode access

jisjsw（config-if）♯switchport access vlan 99

jisjsw（config-if）♯no shutdown

jisisw（config-if）♯end

jisjsw♯write

步骤 7：配置办公楼的交换机

（1）配置办公楼交换机的主机名为 banglsw。

Switch＞enable

Switch♯ config terminal

Switch（config）♯hostname banglsw

banglsw（config）♯no ip domain lookup

banglsw（config）♯

（2）在交换机 banglsw 创建 VLAN 10、VLAN 20、VLAN 30、VLAN 99。

banglsw♯config terminal

banglsw（config）♯vlan 10

banglsw（config-vlan）♯name jisj10

banglsw（config-vlan）♯vlan 20

banglsw（config-vlan）♯name jidx20

banglsw（config-vlan）♯vlan 30

banglsw（config-vlan）♯name caiwc30

banglsw（config-vlan）♯exit

banglsw（config-vlan）♯vlan 99

banglsw（config-vlan）♯name manage

banglsw（ config）♯ interface vlan 10

banglsw（config-if）＃ip address 192.168.10.1 255.255.255.0

banglsw（config-if）＃no shutdown

banglsw（config-if）＃interface vlan 20

banglsw（config-if）＃ip address 192.168.20.1 255.255.255.0

banglsw（config-if）＃no shutdown

banglsw（config-if）＃interface vlan 30

banglsw（config-if）＃ip address 192.168.30.1 255.255.255.0

banglsw（config-if）＃no shutdown

banglsw（config-if）＃interface vlan 99

banglsw（config-if）＃ip address 192.168.100.1 255.255.255.0

banglsw（config-if）＃no shutdown

banglsw（config-if）＃end

banglsw＃write

（3）按照表 11-6 分配交换机 banglsw 端口 VLAN。

banglsw（config）＃interface range FastEthernet0/2-20

banglsw（config-if-range）＃switchport mode access

banglsw（config-if-range）＃switchport access vlan 30

banglsw（config-if-range）＃no shutdown

banglsw（config-if-range）＃exit

banglsw（config）＃interface range FastEthernet 0/21-22

banglsw（config-if-range）＃switchport mode access

banglsw（config-if-range）＃switchport access vlan 10

banglsw（config-if-range）＃no shutdown

banglsw（config-if-range）＃exit

banglsw（config）＃interface FastEthernet 0/23

banglsw（config-if）＃switchport mode access

banglsw（config-if）＃switchport access vlan 20

banglsw（config-if）＃no shutdown

banglsw（config-if）＃exit

banglsw（config）＃interface FastEthernet 0/24

banglsw（config-if）＃switchport mode access

banglsw（config-if）＃switchport access vlan 99

banglsw（config-if）＃no shutdown

banglsw（config-if）＃end

banglsw＃write

（4）查看 banglsw 的 VLAN 配置。

banglsw＃show vlan

步骤 8：配置实验中心的交换机（注：步骤 2 已经完成）

（1）配置实验中心交换机的主机名为 shiysw。（略）

（2）在交换机 shiysw 创建 VLAN10、VLAN20、VLAN30、VLAN40、VLAN99。（略）

（3）按照表 11-6 分配交换机 shiysw 端口 VLAN。（略）

（4）查看 shiysw 的 VLAN 配置。（略）

步骤 9：测试

使用 ping 命令分别测试 PC11、PC12、PC21、PC22、PC31、PC32、PC41、PC42 这 8 台计算机之间的连通性。

步骤 10：配置 jisjsw 和 banglsw、shiysw 之间的中继

（1）将交换机 jisjsw 的端口（g1/1、f0/1）定义为中继链路。

jisjsw（config）# interface GigabitEthernet1/1

jisjsw（config-if）# description link to banglsw-g1/1

jisjsw（config-if）# switchport mode trunk

jisjsw（config-if）# no shutdown

jisjsw（config-if）# exit

jisjsw（config）# interface FastEthernet 0/1

jisjsw（config-if）# description link to shiysw-f0/1

jisisw（config-if）# switchport mode trunk

jisjsw（config-if）# no shutdown

jisjsw（config-if）# end

jisjsw# write

jisjsw# show interface trunk

（2）将交换机 shiysw（f0/1）和交换机 banglsw 的端口（g1/1）定义为中继链路。

banglsw（config）# interface GigabitEthernet1/1

banglsw（config-if）# description link to jisjsw-g1/1

banglsw（config-if）# switchport mode trunk

banglsw（config-if）# no shutdown

bangIsw（config-if）# end

banglsw# write

shiysw（config）# interface FastEthernet 0/1

shiysw（config-if）# description link to jisjsw-f0/1

shiysw（config-if）# switchport mode trunk

shiysw（config-if）# no shutdown

shiysw（config-if）# end

shiysw# write

步骤 11：项目测试

（1）使用 ping 命令分别测试 PC11、PC12、PC21、PC22、PC31、PC32、PC41、PC42 这 8 台计算机之间的连通性。

（2）分别打开交换机 jisjsw 和交换机 banglsw，查看交换机的配置信息。

jisjsw# show running-config

banglsw# show running-config

shiysw♯ show running-config

步骤 12：配置交换机口令

配置各交换机远程登录口令、超级口令和控制台登录口令。（略）

步骤 13：配置远程管理

（1）将 PC11（也可以另外接一台计算机）接到交换机 jisjsw 的端口 f0/24 上，IP 地址改为 192.168.100.100/24，网关为 192.168.100.1 。

（2）配置交换机 jisjsw 管理地址，管理 VLAN 端口 f0/24 所属 VLAN。

jisjsw（config）♯ interface vlan 99

jisjsw（config-if）♯ip address 192.168.100.201 255.255.255.0

jisjsw（config）♯ ip default-gateway 192.168.100.1

jisjsw（config-if）♯ exit

jisjsw（config）♯

（3）测试 PC11 和交换机 jisjsw 的远程管理地址的连通性。

PC＞ping 192.168.100.201

PC＞telnet 192.168.100.201

Password：

jisjsw＞en

jisjsw＞enable

Password：

jisjsw♯

（4）配置交换机 shiysw、banglsw 管理地址，端口 f0/24 所属 VLAN。

banglsw（config）♯interface vlan 99

banglsw（config-if）♯ip address 192.168.100.202 255.255.255.0

banglsw（config-if）♯exit

banglsw（config）♯ip default-gateway 192.168.100.1

PC＞telnet 192.168.100.202

Trying 192.168.100.202

... Open

User Access Verification

Password：

banglsw＞enable

Password：

banglsw ♯

步骤 14：保存配置文件

通过控制台和远程终端分别保存配置文件为文本文件。

步骤 15：清除交换机的所有配置

（1）清除交换机启动配置文件。

（2）删除交换机 VLAN。

项目 12　路 由 网 络 组 建

12.1　路由器的 IP 配置

12.1.1　项目概述

【学习目标】

1. 了解路由器的相关知识。

2. 掌握路由器的配置方法。

3. 能进行路由器远程管理。

05.12.001

家庭网络的组成

【学习任务】

路由器上有各种类型的接口，路由器也是通过各种类型的接口把各种类型的网络连接起来的。路由器的接口是网络管理员首先要进行配置的。

【任务实施】

通过网络模拟器软件模拟工程实际，老师先根据具体路由器拓扑图，分析设备的技术要求，然后给出具体项目实例，并在模拟器上模拟真实环境的网络配置。

12.1.2　路由器功能

路由器的主要功能就是实现网络互连。路由器的硬件连接包括 3 个部分：路由器与局域网设备之间的连接，路由器与广域网设备之间的连接以及路由器与配置设备之间的连接。路由器的接口多种多样，它们在不同的连接中发挥着重要的作用。

1. 路由器功能

路由器是一种智能选择数据传输路由的设备，它的主要功能如下：

（1）连接网络。路由器将两个或多个局域网连接在一起，组建成为规模更大的广域网络，并在每个局域网出口对数据进行筛选和处理，选择最为恰当的路由，从而将数据逐次传递到目的地。局域网的类型有以太网、ATM 网、FDDI 网络等。这些异构网络由于分别采用不同的数据封装方式，因此，彼此之间无法直接进行通信，即使都采用同一种网络协议（如 TCP/IP）也无法直接通信。而路由器能够将不同类型网络之间的数据信息进行"翻译"，以使它们能够相互"读"懂对方的数据，因此，要实现异构网络间的通信，就必须借助路由器。

（2）隔离广播域。路由器可以将广播域隔离在局域网内（路由器的一个接口均可视为一个局域网），不会将广播包向外转发。大中型局域网都会被人为地划分成若干虚拟局域网，并使用路由设备实现彼此之间的通信，以达到分隔广播域，提高传输效率的目的。

（3）路由选择。路由器能够按照预先指定的策略，智能选择到达远程目的地的路由。

（4）网络安全。路由器作为整个局域网络与外界网络连接的唯一出口，还担当着保护内部用户和数据安全的重要角色。路由器的安全功能主要是通过地址转换和访问控制列表来实现的。

路由器其实也是计算机，它的组成结构类似于任何其他计算机（包括 PC）。路由器中含有许多其他计算机中常见的硬件和软件组件。

2. 路由器接口 IP 配置原则

路由器的每个接口都连着一个具体的网络。从具体网络的角度来看，在网络上的所有接口都应有一个 IP 地址,所以连接到该网络的路由器端就应该有一个 IP 地址。由于连接到该网络的路由器接口位于该网络上,因此路由器这个接口的 IP 地址的网络号和所连接网络的网络号应该相同。

如图 12-1 所示,对于路由器 A、B 来说,它们互为相邻的路由器,其中路由器 A 的 Se0/0/0 与路由器 B 的 Se0/0/1 为相邻路由器的相邻接口,但路由器 A 的 Se0/0/1 口与路由器 B 的 Se0/0/1 口并不是相邻接口,路由器 A 与 D 不是相邻路由器。要使 Cisco 路由器在 IP 网络中正常工作,一般必须为路由器的接口设置 IP 地址。

路由器接口 IP 配置原则如下:

(1)路由器的物理网络接口通常要有一个 IP (图 12-1)连接相邻路由器及相邻路由器的接口地址。

(2)相邻路由器的相邻接口 IP 地址必须在同一个 IP 网络上。

(3)同一个路由器的不同接口的 IP 地址必须在不同 IP 的网段上。

(4)除了相邻路由器的相邻接口外,所有网络中路由器所连接的网段即所有路由器的任何两个非相邻接口都必须不在同一网段上。

3. 配置以太网接口

以太网接口常用于连接企业局域网,因此需要对接口配置内部网络的 IP 地址信息。

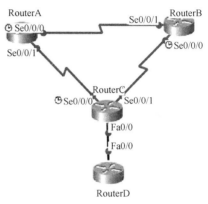

图 12-1 相邻路由器及相邻路由器的接口

(1)指定欲配置的接口,进入指定的接口配置模式

配置每个接口时,首先必须进入该接口的配置模式,即进入全局配置模式,然后输入进入指定接口配置模式的命令:

Router(config)♯interface type mod/num

例如,配置 Cisco 2621 路由器的第一个快速以太网插槽的第一个接口。

Router(config)♯ interface FastEthernet0/0

(2)为接口配置一个 IP 地址

Router(config-if)♯ ip address ipaddress mask

ipaddress 为接口 IP 地址;mask 为子网掩码,用于识别 IP 地址中的网络号,例如:

router(config-if)♯ip address 218. 10. 220 . 129 255. 255. 255. 252

(3)给一个接口指定多个 IP 地址

router(config-if)♯ ip address ip-address mask secondary

secondary 参数可以使每一个接口支持多个 IP 地址,可以无限制地指定多个 secondary 地址。secondary IP 地址可以用在各种环境下。例如,在同一接口上配置两个以上的不同网段的 IP 地址,实现连接在同一局域网上的不同网段之间的通信。

(4)设置对接口的描述

可给路由器接口加上文本描述来帮助识别它。该描述只是一个注释字段,用于说明接口的用途或其他独特的信息。当显示路由器配置和接口信息时,将包括接口描述。

要给指定接口注释或描述，可在接口模式下输入如下命令：

Router（config-if）# description description-string

如果需要，可以使用空格将描述字符串的单词隔开。要删除描述，可使用接口配置命令 no description。

例如，接口 FastEthernet0/1 加上描述 link to center 表示连接到网络中心。

Router（config-if）# description link to center

（5）设置通信方式

可以使用 duplex 接口配置命令来指定路由器接口的双工操作模式。可手动设置路由器接口的双工模式和速率，以避免厂商间的自动协商问题。路由器一般有 3 种设置选项：auto 选项设置双工模式自动协商，启用自动协商时，两个接口通过通信决定最佳操作模式；fall 选项设置全双工模式；half 选项设置半双工模式。

要设置交换机接口的链路模式，在接口配置模式下输入如下命令：

Router（config-if）# duplex {auto | full | half}

（6）配置接口速度

Router（config-if）# bandwidth kilobits 命令用于一些路由协议（如 OSPF 路由协议）计算路由度量和 RSVP 计算保留带宽。修改接口带宽不会影响物理接口的数据传输速率。其中 kilobits 参数取值为 1～10000000，单位为 Kbps。

（7）接口速度

可以使用路由器配置命令给路由器接口指定速率。对于快速以太网 10/100 接口，可将速率设置为 10、100 或 auto（默认值，表示自动协商模式）。吉比特以太网 GBIC 接口的速率总是设置为 1000，而 1000Base-Tx 的 10/100/1000 接口可设置为 10、100、1000 或 auto（默认设置）。如果 10/100 或 10/100/1000 接口的速率设置为 auto，将协商其速率和双工模式。

要指定以太网接口的速率，可使用如下接口配置命令：

Router（config-if）# speed {10 | 100 | 1000 | auto}

（8）启用与禁用接口默认情况下，所有路由器接口都是 shutdown 状态（即已关闭），对手正在工作的接口，可以根据管理的需要，进行启用或禁用。

Router（config-if）# no shutdown //启用接口

Router（config-if）# shutdown //禁用接口

例如，若要启用路由器的接口 FastEthernet0/1，则配置命令为：

Router（config）# interface FastEthernet0/1

Router（config-if）# no shutdown

（9）检查路由器接口

1）显示所有接口的状态信息

Router# show interface 命令会显示接口状态，并给出路由器上所有接口的详细信息。

2）显示指定接口的状态信息

Router# show interface type slot/number 命令会显示某个指定接口状态的详细信息。

3）用于检查接口的其他命令

Router# show ip interface brief 命令可用来以紧缩形式查看部分接口信息，可快速检测到接口的状态。

Router♯show running-config 命令可显示路由器当前使用的配置文件，也可显示出路由器接口的状态信息。

4. 配置广域网接口

广域网接口配置方式和以太网接口配置方式完全相同，在这里只介绍专用于广域网接口的配置命令。

（1）配置封装协议

Router（config-if）♯encapsulation {frame-relay | hdlc | ppp | lapb | X25}

该命令仅用于配置同步串口（Serial 接口）。封装协议是同步串口传输的数据链路层数据的帧格式，路由器支持 5 种封装协议，即 PPP、帧中继、X.25、LAPB 以及 HDLC。同步串口默认值的链路封装格式是 HDLC。

（2）配置同步接口的时钟速率

Router（config-if）♯clock rate {9600 | ... | ... | 8000000}

该命令仅用于配置同步串口（Serial 接口）。同步串口有两种工作方式，即 DTE 和 DCE，不同的工作方式则选择不同的时钟。如果同步串口作为 DCE 设备，需要向 DTE 设备提供时钟；如果同步串口作为 DTE 设备，需要接受 DCE 设备提供的时钟。两个同步串口相连时，线路上的时钟速率由 DCE 端决定，因此，当同步串口工作在 DCE 方式下时，需要配置同步时钟速率；工作在 DTE 方式下时，则不需配置，其时钟由 DCE 端提供。默认情况下，同步串口没有时钟的设置。如果同步串口作为 DTE 设备，路由器系统将禁止配置其时钟速率。

（3）检验串行接口

Router♯show controllers serial mod/num 命令用来确定路由器接口连接的是电缆的哪一端，即 DCE 端还是 DTE 端。其余的串行口配置和局域网接口类似。

5. Cisco IOS 的 ping 和 traceroute 命令

TCP/IP 的两个最常用的排错命令是 ping 和 traceroute。这两个命令都用于测试第三层地址和路由是否工作正常。

（1）Cisco IOS 的 ping 命令

IOS 的 ping 命令发送一系列的 ICMP 回声请求消息（默认为 5 个消息）给另外的主机。根据 TCP/IP 标准规定，任何 TCP/IP 主机收到 ICMP 回声请求消息后应该回应一个 ICMP 回声应答消息。如果 ping 命令发送了几个回声请求并且每个请求都得到了一个应答，就可以判定到达远程主机的路由工作正常。

IOS ping 命令检测数据包是否能被路由到远程主机，也包括从发出到返回的时间。由于 ping 命令也显示正确接收回声应答消息的数量，所以它也能告诉用户经过这条路由丢失的数据包数量。（注意：惊叹号表示收到了回声应答；句号表示没有收到）

（2）Cisco IOS 的 traceroute 命令

traceroute 命令也是用来测试到另一台主机的 IP 路由的，但它可以指明在路由中的每一台路由器。

traceroute 命令开始发送几个数据包到命令中的目的地址，但这些数据包的 IP 包头中的存活时间（TTL）字段设置为 1，路由器每转发一个数据包会将 TTL 的值减 1，如果将 TTL 的值减到了 0，路由器会将数据包丢弃。路由器在将 TTL 值减为 0 丢弃数据包的同时会发送 ICMP TTL 超时消息给源地址主机。在后面将会对 tracroute 命令做详细介绍。

12.1.3 方案设计

组建一个交换式以太网并连接到路由器的以太网口，然后对路由器接口进行配置，并查看接口状态。

12.1.4 项目实施——路由器的 IP 协议配置

1. 项目目标

通过本项目的完成，使学生掌握以下技能。

（1）掌握路由器的接口配置。

（2）掌握查看路由器接口状态、双工、速率等的命令。

（3）掌握远程登录的操作。

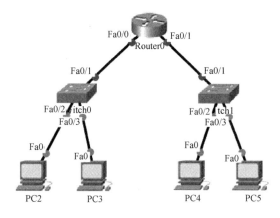

图 12-2　配置路由器的接口

2. 项目任务

为了实现本项目，构建如图 12-2 所示的网络实训环境。将 4 台计算机连接到交换机，并将交换机和路由器连接上，然后完成如下配置任务。

（1）配置路由器的名称、远程口令和超级口令。

（2）配置路由器的接口地址。

（3）配置路由器接口的标识。

（4）配置路由器接口的双工模式和速率。

（5）配置路由器的远程登录。

3. 设备清单

为了搭建如图 12-2 所示的网络实训环境，需要如下网络设备。

（1）Cisco 2811 路由器 1 台。

（2）Cisco Catalyst 2960 交换机 2 台。

（3）PC 机 4 台。

（4）直通线若干。

4. 实施过程

步骤 1：规划设计。

（1）规划计算机 IP 地址、子网掩码和网关如表 12-1 所示。

各计算机 IP 地址、子网掩码和网关　　　　　　　　　　　　表 12-1

计算机	IP 地址	子网掩码	网关
PC2	192.168.10.10	255.255.255.0	192.168.10.1
PC3	192.168.10.11	255.255.255.0	192.168.10.1
PC4	192.168.20.10	255.255.255.0	192.168.20.1
PC5	192.168.20.11	255.255.255.0	192.168.20.1

（2）规划路由器各接口 IP 地址如表 12-2 所示。

路由器接口地址　　　　　　　　　　　　　　表 12-2

设备	接口	IP 地址	子网掩码	描述
路由器	F0/0	192.168.10.1	255.255.255.0	Link to sw1
	F0/1	192.168.20.1	255.255.255.0	Link to sw2

步骤 2：实训环境搭建。

（1）在路由器、交换机和计算机断电的状态下，按照图 12-2 所示连接硬件。

（2）分别打开设备，给设备加电。

步骤 3：按照表 12-1 所列设置各计算机的 IP 地址、子网掩码、默认网关。

步骤 4：清除各路由器的配置到出厂状态。

步骤 5：测试网络连通性。

使用 ping 命令分别测试 PC2、PC3、PC4、PC5 之间的网络连通性。

步骤 6：配置路由器。

在这里交换机作为傻瓜交换机使用，不进行配置。

新路由器第一次配置时，必须使用控制台端口进行配置，使用配置线将路由器的 Console 口和计算机的 COM 口连接起来，打开计算机的超级终端，然后进行配置。

（1）更改路由器的名称。

Router♯configure terminal

Enter configuration commands，one per line. End with CNTL/Z.

Router（config）♯hostname Router0

Router（config）♯no hostname Router0

Router（config）♯

（2）配置路由器的控制台口令、特权口令、远程登录口令。（略）

（3）取消路由器的登录口令。（略）

（4）配置路由器的接口。

Router（config）♯interface Fast Ethernet0/0

Router（config-if）♯ip address 192.168.10.1 255.255.255.0

Router（config-if）♯description link to sw0

Router（config-if）♯no shutdown

Router（config-if）♯exit

Router（config）♯interface FastEthernet0/1

Router（config-if）♯ipaddress 192.168.20.1 255.255.255.0

Router（config-if）♯description link to sw1

Router（config-if）♯no shutdown

（5）查看接口状态。

Router♯show interfaces FastEthernet0/0

FastEthernet0/0 is up，line Protocol is up（connected）

Hardware is Lance，address is 0060.7086.9101（bia 0060.7086.9101）

Description：link to sw0

IP 192.168.10.1/24

MTU 1500 bytes，BW 100000 Kbit，DLY 100 usec，

Reliability 255/255，txload 1/255，rxload 1/255

第一个是物理层状态，它实际上反映了接口是否收到了另一端的载波检测信号；第二个是数据链路层的状态，反映了是否收到了数据链路层协议的存活消息。

命令 show interface 的输出，可修复可能存在的问题。

1）如果接口处于 UP 状态，但线路协议处于 down 状态，说明存在问题。导致问题的可能原因包括：没有存活消息；封装类型不匹配。

2）如果接口和线路协议都处于 down 状态，可能是电缆没有接好或存在其他接口问题。例如，背对背连接的另一端被管理性关闭。

3）如果接口被管理性关闭，说明在运行配置中手动禁用了它（shutdown）。

router＃show running-config

（6）在路由器上测试到计算机的连通性。

Router＃ping192.168.10.10

Type escape sequence to abort

Sendig5，100-byte ICMP Echos to 192.168.10.10，timeout is2 seconds；

!!!!!

Success rate is 100 percent（5/5），rowd-trip min/avg/max＝31/52/62 ms

Router＃ping 192.168.10.11

Router＃ping 192.168.20.11

Router＃ping 192.168.20.10

（7）使用 ping 命令分别测试 PC2、PC3、PC4、PC5 之间的连通性。

（8）配置路由器的接口速率。

Router（config）＃interface FastEthernet0/0

Router（config-if）＃speed 10

Router（config-if）＃exit

Router（config）＃interface FastEthernet0/1

Router（config-if）＃speed 10

（9）使用 ping 命令分别测试 PC2、PC3、PC4、PC5 之间的网络连通性。

（10）保存路由器配置文件。

在全局配置模式下输入 write 命令。

在全局配置模式下输入 copy running-config startup-config 命令。

Router＃copy running-config startup-config

步骤 7：测试远程登录。

（1）在 PC2、PC3、PC4、PC5 上分别进入 DOS 方式下，输入 telnet 192.168.10.1

PC2＞telnet 192.168.10.1

Trying 192.168.10.1 …Open

User Access Verification

Password：

Router>

（2）在 PC2、PC3、PC4、PC5 上分别进入 DOS 方式下，输入 telnet 192.168.20.1。

PC2>telnet 192.168.20.1

Trying 192.168.20.1... Open

User Access Verification

Password：

Router>

步骤 8：保存路由器配置。

在控制台和远程终端上分别将路由器的配置文件保存为文本文件。

步骤 9：清除路由器配置。

清除路由器启动配置文件。

习 题

1. 选择题

（1）路由器有下面哪两种端口？（   ）

A. 打印机端口

B. 控制台端口

C. 网络接口

D. CD-ROM 端口

（2）下面哪两项正确地描述了路由器的功能？（   ）

A. 路由器维护路由表并确保其他路由器知道网络中发生的变化

B. 路由器使用路由表来确定将分组转发到哪里

C. 路由器将信号放大以便在网络中传输更远的距离

D. 路由器导致冲突域更大

（3）下面哪个 Cisco IOS 命令对模块化路由器中位于插槽 0 的接口 1 上的串行接口进行配置？（   ）

A. interface serial 0-1

B. interface serial 0/1

C. interface serial 0 1

D. interface serial 0.1

（4）要将 Cisco 路由器的一个串行接口的时钟速率为 64Kbps，应使用下面哪个 Cisco IOS 命令？（   ）

A. clock rate 64

B. clock speed 64

C. clock rate 64000

D. clock speed 64000

（5）如果串行接口的状态信息为 "Serial 0/1 is up. line protocol is down"，这种错误是由下面哪两种原因导致的？（   ）

A. 没有设置时钟速率

B. 该接口被手动禁用

C. 该串行接口没有连接电缆

D. 没有收到存活消息

E. 封装类型不匹配

（6）在全局配置模式下，哪些步骤对于在以太网接口配置 IP 地址是必需的？（选两项）（　　）

A. 使用 shutdown 命令来关闭接口

B. 进入接口配置模式

C. 连接电缆到以太网接口

D. 配置 IP 地址和子网掩码

（7）当用户在两个路由器之间使用背对背串行连接时，必须要输入 clock rate 命令。如果用户不能看到串行电缆，那么哪个命令将会提供详细的信息来告诉用户应该在哪个接口配置？（　　）

A. show interface serial 0/0

B. show interface fa 0/ 1

C. show controllers serial 0/0

D. show clock

E. show flash

F. show controllers interface serial 0/0

2. 简答题

（1）路由器上通常有哪些类型的接口？

（2）路由器接口编号和交换机中编号有何不同？

（3）路由器接口 IP 配置原则有哪些？

（4）路由器接口通信方式有哪几种？

（5）路由器同步接口有哪几种方式？哪种方式需要提供时钟？

（6）路由器需要进行什么配置才能允许远程登录？

3. 实训题

某公司为了更好地管理局域网，购买了路由器，现需要对路由器进行基本配置和管理。用配置线把路由器的 Console 口和计算机的 COM 口连接起来。

（1）在计算机上配置超级终端，启动路由器进行配置。

（2）配置路由器的名称、口令（终端口令、远程登录口令、特权用户口令，并进行加密）。

（3）查看的各种信息（版本信息、配置信息、接口信息、CPU 状态等）。

（4）保存路由器的配置文件。

（5）清除路由器的配置。

12. 2　实现静态路由

12. 2. 1　项目概述

【学习目标】

1. 能够理解路由器的路由过程。

2. 能够理解路由器中的路由表。

3. 能够配置静态路由和默认路由。

【学习任务】

某高校新近兼并了两所学校，这两所学校都建有自己的校园网。需要将这两个校区的校园网通过路由器连接到本部的路由器，现要在路由器上做静态路由配置，实现各校区校园网内部主机的相互通信，并且通过主校区连接到互联网。

【任务实施】

通过网络模拟器软件模拟工程实际，老师先根据具体路由器拓扑图，分析设备的技术要求，然后给出具体项目实例，并在模拟器上模拟真实环境的网络配置。

12.2.2 相关知识

1. 路由器和网络层

路由器的主要用途是连接多个网络，并将数据包转发到自身的网络或其他网络。由于路由器的主要转发决定是根据第三层 IP 数据包（即根据目的 IP 地址）做出的，因此路由器被视为第三层设备，做出决定的过程称为路由。

2. 路由器的路由功能

路由器通常用来将数据包从一条数据链路传送到另外一条数据链路。这其中使用了两项功能，即寻径功能和转发功能。

3. 构建路由表

路由器的主要功能是将数据包转发到目的网络，即转发到数据包目的 IP 地址。为此，路由器需要搜索存储在路由表中的路由信息。

路由的种类

新的路由器中没有任何地址信息，路由表也是空的，需要在使用过程中获取。根据获得地址信息的方法不同，路由可分为直连路由、静态路由和动态路由 3 种。

（1）直连路由。直连网络就是直连到路由器某一接口的网络。当路由器接口配置有 IP 地址和子网掩码时，此接口即成为该相连网络的主机。接口的网络地址和子网掩码以及接口类型和编号都将直接输入路由表，用于表示直连网络。路由器若要将数据包转发到某一主机（如 PC2），则该主机所在的网络应该是路由器的直连网络。生成直连路由的条件有两个：接口配置了网络地址，并且这个接口物理链路是连通的，如图 12-3 所示。

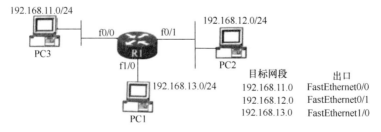

图 12-3 直连路由

（2）静态路由。静态路由是由网络管理员手动配置路由器中的路由信息。当网络的拓扑结构或链路的状态发生变化时，网络管理员需要手动去修改路由表中相关的静态路由信息。

（3）动态路由。由路由器按指定的协议格式在网上广播和接收路由信息，通过路由器之间不断交换的路由信息动态地更新和确定路由表，并随时向附近的路由器广播，这种方式称为动态路由。动态路由通过检查其他路由器的信息，并根据开销、链接等情况自动决定每个包的路由途径。动态路由方式仅需要手动配置第一条或最初的极少量路由线路，其他的路由途径则由路由器自动配置。动态路由由于较具灵活性，使用配置简单，成为目前主要的路由类型。

4. 路由表

路由表是保存在 RAM 中的数据文件，其中存储了与直接连接网络以及远程网络相关的信息。路由表包含网络与下一跳的关联信息。这些关联告知路由器：要以最佳方式到达某一目的地，可以将数据包发送到特定路由器（即在到达最终目的地的途中的下一跳）。下跳也可以关联到通向最终目的地的外发或送出接口。

使用 show ip route 命令可以显示路由器的路由表。在图 12-15 所示的网络中，查看路由表如下：

router ♯ show ip route

Codes：C-connected，S-static，I-IGRP，R-RIP，M-mobile，B-BGP

D-EIGRP，EX-EIGRP external，O-OSPF，IA-OSPF inter area

N1-OSPF NSSA external type 1，N2-OSPF NSSA external type 2

E1-OSPF external type 1，E2-OSPF external type 2，E-EGP

I-IS-Is，L1-IS-IS level- 1，L2-IS-IS level-2，ia IS-IS inter area

* -candidate default，U-per-user static route，o-ODR

P-periodic downloaded static route

Gateway of last resort is not set

C　　192.168.11.0/24 is directly connected，FastEthernet0/0

C　　192.168.12.0/24 is directly connected，FastEthernet0/1

C　　192.168 13.0/24 is directly connected，FastEthernet1/0

5. 静态路由

（1）静态路由的特点

静态路由是由网络管理员手动输入到路由器的，当网络拓扑发生变化而需要改变路由时，网络管理员就必须手动改变路由信息，不能动态反应网络拓扑。

静态路由不会占用路由器的 CPU、RAM 和线路的宽带，同时静态路由也不会把网络的拓扑暴露出去。

通过配置静态路由，用户可以人为地制定对某一网络访问时所要经过的路径。通常只能在网络路由相对简单、网络与网络之间只能通过一条路径路由的情况下使用静态路由。如从一个网络路由到末端网络时，一般使用静态路由。末端网络是只能通过单条路由访问的网络，如图 12-4 所示。任何链接到 R1 的网络都只能通过一条路径到达其他目的地，无论其目的网络是与 R2 直连还是远离 R2。因此网络 112.16.30.0 是一个末端网络，而 R1 是末端路由器。

注：末端网络又称为末接网络、边界网络、边缘网络、存根网络。

（2）静态路由的配置

1）在全局配置模式下，建立静态路由的命令格式为：

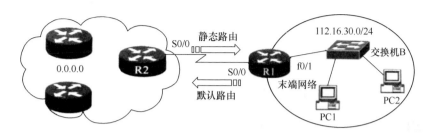

图 12-4　静态路由应用于末端网络

router（config）♯ip route destination-network network-mask ⟨next-hop-address/interface⟩

其中相关参数说明如下：

① destination-network：所要到达的目标网络号或目标子网号。

② network-mask：目标网络的子网掩码。可对此子网掩码进行修改，以汇总一组网络。

③ next-hop-address：到达目标网络所经由的下一跳路由器的 IP 地址，即相邻路由器的接口地址。

④ interface：将数据包转发到目的网络时使用的送出接口（用于到达目标网络的本机出口）。

2）可以使用 no ip route 命令来删除静态路由。

3）可以使用 show ip route 命令来显示路由器中的路由表。

4）可以使用 show running-config 命令来检查静态路由。

6. 默认路由

（1）默认路由概念

默认路由也叫缺省路由，是指路由器没有明确路由可用时所采纳的路由，或者叫最后的可用路由。当路由器不能用路由表中的一个具体条目来匹配一个目的网络时，它就将使用默认路由。即"最后的可用路由"。实际上，路由器用默认路由来将数据包转发给另一台路由器，这台新的路由器必须要么有一条到目的地的路由，要么有它自己的到另一台路由器的默认路由；这台新的路由器依次也必须要么有具体路由，要么有另一条默认路由。以此类推，最后数据包应该被转发到真正有一条到目的地网络的路由器上。没有默认路由，目的地址在路由表中无匹配表项的包将被丢弃。

（2）默认路由的命令

配置默认路由通常有两种方法。

1）0.0.0.0 路由

创建一条到 0.0.0.0/0 的 IP 路由是配置默认路由的最简单的方法。在全局配置模式下建立默认路由的命令格式为：

router（config）♯ip route 0.0.0.0 0.0.0.0（next-hop-ip｜interface）

其中 next-hop-ip 为相邻路由器的相邻接口地址；interface 为本地物理接口号。

对于 Cisco IOS 网络 0.0.0.0/0 为最后的可用路由，具有特殊的意义。所有的目的地址都匹配这条路由。因为全为 0 的掩码不需要对在一个地址中的任何比特进行匹配。到

0.0.0.0/0 的路由经常被称为"4 个 0 路由"或"全零路由"。

在图 12-4 中路由器 R1 除了与路由器 R2 相连外，不再与其他路由器相连，所以也可以为它赋予一条默认路由。假设路由器 R2 的 S0/0 接口地址为 192.2.20.1/24。

router3（config）# ip route 0.0.0.0   0.0.0.0 192.2.20.1

即只要没有在路由表里找到去特定目的地址的路径，则数据均被路由到地址为 192.2.20.1 的相邻路由器。

2）default network 路由

ip default network 命令可以被用来标记一条到任何 IP 网络的路由，而不仅仅是 0.0.0.0/0 作为一条候选默认路由，其命令语法格式如下：

router（config）# ip default-network network

候选默认路由在路由表中是用星号来标注的，并且被认为是最后的网关。

12.2.3 方案设计

针对客户提出的要求，公司网络工程师计划通过同步串口线路将两个校区局域网连接到主校区的路由器上，然后再连接到互联网上（在这里用一台路由器和计算机来模拟互联网）。分别对路由器的接口分配 IP 地址，并配置静态路由，这样，对校园网内的各主机设置 IP 地址及网关就可以相互通信了。

12.2.4 项目实施——路由器静态路由

1. 项目目标

通过本项目的完成，使学生掌握以下技能。

（1）能够使用路由器静态路由实现网络的连通。

（2）能够正确使用路由器默认路由。

2. 项目任务

为了实现本项目，构建如图 12-5 所示的网络实训环境，完成如下的配置任务。

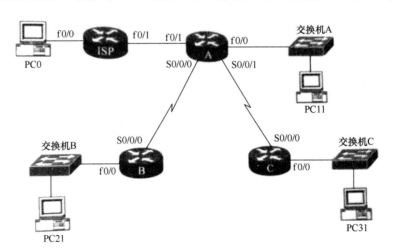

图 12-5　路由器静态路由

（1）配置路由器的名称、控制台口令、超级密码。

（2）配置路由器各接口地址。

（3）配置路由器的静态路由、默认路由。

3. 设备清单

为了构建如图 12-5 所示的网络实训环境，需要如下网络设备：

（1）Cisco 2811 路由器 4 台。

（2）Cisco 2960 交换机 3 台。

（3）PC 4 台。

（4）双绞线（若干根）。

（5）反转电缆两根。

4. 实施过程

步骤 1：规划设计。

（1）规划各路由器名称，各接口 IP 地址、子网掩码如表 12-3 所示。

路由器名称、接口 IP 地址　　　　　　　　表 12-3

部门	路由器名称	接口	IP 地址	子网掩码	描述
主校区 A	routera	S0/0/0	192.168.100.1	255.255.255.0	routerb-s0/0/0
		S0/0/1	192.168.200.1	255.255.255.0	routerc-s0/0/0
		f0/0	192.168.10.1	255.255.255.0	Lan10
		f0/1	192.168.110.2	255.255.255.0	isp-f0/1
分校区 B	routerb	S0/0/0	192.168.100.2	255.255.255.0	routera-s0/0/0
		f0/0	192.168.20.1	255.255.255.0	Lan20
分校区 C	routerc	S0/0/0	192.168.200.2	255.255.255.0	routera-s0/0/1
		f0/0	192.168.30.1	255.255.255.0	Lan30
ISP	routerisp	f0/0	192.168.40.1	255.255.255.0	Lan40
		f0/1	192.168.110.1	255.255.255.0	routera-f0/1

（2）规划各计算机的 IP 地址、子网掩码和网关如表 12-4 所示。

计算机 IP 地址、子网掩码、网关　　　　　　　　表 12-4

计算机	IP 地址	子网掩码	网关
PC0	192.168.40.10	255.255.255.0	192.168.40.1
PC11	192.168.10.10	255.255.255.0	192.168.10.1
PC21	192.168.20.10	255.255.255.0	192.168.20.1
PC31	192.168.30.10	255.255.255.0	192.168.30.1

步骤 2：实训环境准备。

（1）在路由器、交换机（用做傻瓜机）和计算机断电的状态下，按照图 12-5 所示连接硬件。

（2）给各个设备供电。

步骤 3：按照表 12-4 所列设置各计算机的 IP 地址、子网掩码、默认网关。

步骤 4：清除各路由器的配置。

步骤 5：测试网络连通性。

使用 ping 命令分别测试 PC0、PC11、PC21、PC31 这 4 台计算机之间的连通性。

步骤 6：配置路由器 A。

在 PC11 计算机上通过超级终端登录到路由器 A 上，进行配置。

（1）配置路由器主机名称。

Router＞enable

Router＃config terminal

Router（config）＃hostname routera

Routera（config）＃exit

（2）为路由器各接口分配 IP 地址。

Routera（config）＃ interface serial0/0/0

Routera（config）＃description link to routerb-s0/0/0

Routera（config-if）＃ ip address 192.168 100.1 255.255.255.0

Routera（config-if ）＃ clock rate 64000

Routera（config-if）＃ no shutdown

Routera（config-if）＃ exit

Routera（config）＃ interface serial0/0/1

Routera（config）＃ description link to routerc-s0/0/0

Routera（config-if）＃ ip address 192.168 200.1 255.255.255.0

Routera（config if）＃ clock rate 64000

Routera（config if）＃no shutdown

Routera（config-if）＃exit

Routera（config）＃ interface FastEthernet0/0

Routera（config）＃ description link to lan10

Routera（config-if）＃ ip address 192.168.10.1 255.255.255.0

Routera（config if）＃ no shutdown

Routera（config-if）＃ exit

Routera（config）＃ interface FastEthernet0/1

routera（config）＃ description link to isp-f0/1

routera（config-if）＃ ip address 192.168.110.2 255.255.255.0

Routera（config-if）＃ no shutdown

Routera（config-if）＃ end

Routera ＃ write

（3）查看路由器的路由表。首先查看路由器 A 的路由表，可以看到只有直连路由。

routera＃show ip route

…

Gateway of last resort is not set

C 192.168.10.0/24 is directly connected FastEthernet0/0

C 192.168.110.0/24 is directly connected FastEthernet0/1

C　192.168.200.0/24 is directly connected Serial0/0/1

router＃

（4）配置静态路由。

routera＃ config terminal

routera（config）＃ip route192.168.20.0 255.255.255.0 192.168.100.2

routera（config）＃ip route192.168.30.0 255.255.255.0 192.168.200.2

或

routera（config）＃ip route192.168.20.0 255.255.255.0 serial0/0/0

routera（config）＃ip route192.168.30.0 255.255.255.0 serial0/0/1

routera（config）＃end

routera＃write

（5）查看路由表。此时可以看到路由器的路由表中包含直连路由，也包含静态路由。

routera＃ show ip route

...

Gateway of last resort is not set

C　192.168.10.0/24 is directly connected，FastEthernet0/0

C　192.168.110.0/24 is directly connected，FastEthernet0/1

S　192.168.20.0/24 ［1/0］ via 192.168.100.2

S　192.168.30.0/24 ［1/0］ via 192.168.200.2

C　192.168.100.0/24 is directly connected，Serial0/0/0

C　192.168.200.0/24 is directly connected，Serial0/0/1

routera＃

其中相关参数说明如下：

1）S：路由表中表示静态路由的代码。

2）192.168.10.0：该路由的网络地址。

3）/24：该路由的子网掩码，该掩码显示在上一行（即父路由）中。

4）［1/0］：该静态路由的管理距离和度量。

5）via 192.168.200.2：下一跳路由器的 IP 地址。

步骤 7：配置路由器 B。

在 PC21 计算机上通过超级终端登录到路由器 B 上，进行配置。

（1）配置路由器主机名。（略）

（2）为路由器各接口分配 IP 地址。（略）

（3）查看路由器的路由表。（略）

（4）配置静态路由。

Routerb＃ config terminal

Routerb（config）＃ip route 192.168.10.0 255.255.255.0 192.168.100.1

Routerb（config）＃ip route 192.168.30.0 255.255.255.0 192.168.100.1

或

Routerb（config）＃ip route 192.168.10.0 255.255.255.0 serial0/0/0

Routerb（config）♯ip route 192.168.30.0 255.255.255.0 serial0/0/0

Routerb（config）end

Routerb♯write

（5）查看路由表。此时可以看到路由器的路由表中包含直连路由，也包含静态路由。

routerb♯show ip route

...

Gateway of last resort is not set

S　192.168.10.0/24［1/0］via 192.168.100.1

C　192.168.20.0/24 is directly connected，FastEthernet0/0

S　192.168.30.0/24［1/0］via 192.168.100.1

C　192.168.100.0/24 is directly connected，Serial0/0/0

routerc♯

步骤8：配置路由器C。

在PC31计算机上通过超级终端登录到路由器C上，进行配置。

（1）配置路由器主机名。（略）

（2）为路由器各接口分配IP地址。（略）

（3）查看路由器的路由表。（略）

（4）配置静态路由。

routerc♯config terminal

routerc（config）♯ip route 192.168.10.0 255.255.255.0 192.168.200.1

routerc（config）♯ip route 192.168.20.0 255.255.255.0 192.168.200.1

或

routerc（config）♯ip route 192.168.10.0 255.255.255.0 serial0/0/0

routerc（config）♯ip route 192.168.20.0 255.255.255.0 serial0/0/0

routerc（config）♯end

routerc♯write

（5）查看路由表。此时可以看到路由器的路由表中包含直连路由，也包含静态路由。

router♯show ip route

...

Gateway of last resort is not set

S　192.168.10.0/24［1/0］via 192.168.200.1

S　192.168.20.0/24［1/0］via 192.168.200.1

C　192.168.30.0/24 is directly connected，FastEthernet0/0

C　192.168.200.0/24 is directly connected，Seria0/0/0

routerc♯

步骤9：测试网络连通性。

使用ping命令分别测试PC0、PC11、PC22、PC31这4台计算机之间的连通性。

步骤10：在路由器B上配置默认路由，检查网络连通性，并比较默认路由和静态路由的区别。

routerb♯config terminal

routerb（config）♯ ip route 0. 0. 0. 0 0. 0. 0. 0 192. 168. 100. 1

routerb♯show ip route

...

Gateway of last resort is 192. 168. 100. 1 to network 0. 0. 0. 0

C　192. 168. 20. 0/24 is directly connected，FastEthernet0/0

C　192. 168. 100. 0/24 is directly connected，Serial0/0/0

S ＊　0. 0. 0. 0/0 [1/0] via 192. 168. 100. 1

步骤 11：配置路由器 ISP。

（1）配置路由器 A 的默认路由。

routera（config）♯ip route 0. 0. 0. 0 0. 0. 0. 0 192. 168. 110. 1

（2）配置路由器 ISP。配置路由器的名称、接口地址、静态路由等。

Routerisp♯configure terminal

Routerisp（config）♯interface FastEthernet0/0

Routerisp（config）♯description link to lan40

Routerisp（config-if）♯ip address 192. 168. 40. 1 255. 255. 255. 0

Routerisp（config-fi）♯no shutdown

Routerisp（config-if）♯interface FastEthernet0/1

Routerisp（config）♯description link to routera-f0/1

Routerisp（config-if）♯ip address 192. 168. 110. 1 255. 255. 255. 0

Routerisp（config-if）♯no shutdown

Routerisp（config-if）♯exit

Routerisp（config）♯ip route 192. 168. 10. 0 255. 255. 255. 0 192. 168. 110. 2

Routerisp（config）♯ip route 192. 168. 30. 0 255. 255. 255. 0 192. 168. 110. 2

Routerisp（config）♯ip route 192. 168. 20. 0 255. 255. 255. 0 192. 168. 110. 2

Routerisp（config）♯exit

Routerisp♯show ip route

...

Gateway of last resort is not set

C　　192. 168. 40. 0 is directly connected，FastEthernet0/0

S　192. 168. 10. 0/24 [1/0] via 192. 168. 110. 2

S　192. 168. 20. 0/24 [1/0] via 192. 168. 110. 2

S　192. 168. 30. 0/24 [1/0] via 192. 168. 110. 2

C　　192. 168. 110. 0 is directly connected，FastEthernet0/1

routerisp♯ping 192. 168. 110. 2

Type escape sequence to abort.

Sending 5，100-byte ICMP Echos to 192. 168. 110. 2 timeout is 2 seconds：

!!!!

Success rate is 80 percent (4/5)，round-trip min/avg/max＝18/28/32 ms

（3）用 show ip route 命令分别查看路由 A、B、C、ISP 的路由表。

（4）分别测试 PC0、PC11、PC21、PC31 这 4 台计算机之间的连通性。

通过测试网络连通性，有些计算机之间网络不通，请分析原因并解决。

思考：该训练能直接运用到实际网络中吗？为什么？

步骤 12：配置各路由器的口令。

为了方便路由器在配置过程中登录，一般都是在路由器调试配置完成后再配置路由器的口令。和配置交换机的口令一样，在这里不再介绍。

步骤 13：远程登录路由器。

（1）在任何一台计算机上远程登录各路由器。

（2）在 PC11 上的 DOS 方式下，执行以下命令。

C：\＞tracert 192.168.30.10

观察路由经过的网关。

在 PC0 计算机上的 DOS 方式下，执行以下命令。

C：\＞tracert 192.168.10.10

C：\＞tracert 192.168.20.10

C：\＞tracert 192.168.30.10

步骤 14：保存配置文件。

通过控制台和远程终端分别保存配置文件为文本文件。

步骤 15：清除路由器的所有配置。

清除路由器启动配置文件。

习　题

1. 选择题

（1）以下哪项最确切地描述了路由器的功能？（　　）

A. 在 LAN 主机之间提供可靠路由

B. 与远程 LAN 主机上的物理地址无关

C. 确定通过网络的最佳路径

D. 利用路由协议将 MAC 地址放入路由表中

（2）以下哪项最确切地描述了路径确定的核心功能？（　　）

A. 给路由分配管理距离

B. 从所有到达某个子网的路由中选择最佳路由

C. 在 LAN 环境中转发或路由数据包

D. 阻止 BGP 离开自治系统

（3）在转发数据包时，网络层所使用的主要信息依据是什么？（　　）

A. IP 路由表　　　　　　　　B. RP 响应

C. 名字服务器的数据　　　　D. 桥接表

（4）以下哪项最确切地描述了路由协议？（　　）

A. 它的地址提供了足够的将数据包从一台主机发送到另一台主机的信息

B. 它的地址提供了将数据报送往下一层的必要信息

C. 允许路由器与其他的路由器通信以维护和更新路由表

D. 允许路由器将 MAC 地址与 IP 地址绑定

(5) 以下哪项最确切地描述了路由协议?(　　)

A. 让路由器可以学习到所有可能路由的协议

B. 用于确定 MAC 和 IP 地址如何绑定的协议

C. 网络上的主机启动时分配 IP 地址的协议

D. 在 LAN 中允许数据包从一台主机发送到另一台主机的协议

(6) 以下哪项最确切地描述了默认路由?(　　)

A. 网络管理员手动输入的紧急数据路由

B. 网络失效时所用的路由

C. 在路由表中没有找到明确列出目的网络的条目时所用的路由

D. 预先设定的最短路径

(7) 关于使用下一跳地址配置静态路由,下列哪个描述是正确的?(　　)

A. 路由器不能使用多于一条的带下一跳地址的静态路由

B. 当路由在路由表中找到了数据包目的网络的带下一跳地址的路由,那么路由器不用进一步分析信息,而立即转发该数据包

C. 路由器配置使用下一跳地址作为静态路由,必须在该条路由中列出送出接口,或者路由表中具有一条其他路由,该路由可以到达下一跳地址所在网络,并有相关的送出接口

D. 配置下一跳地址的路由比使用送出接口更加有效率

(8) 下面关于直连网络的描述哪些是正确的?(　　)

A. 只要电缆连接到路由器上他就会出现在路由表中

B. 当 IP 地址在接口上配好后他就会出现在路由表中

C. 当在路由器接口模式下输入 no shutdown 命令后他就会出现在路由表中

D. 直连网络是指不用经过其他路由器就可以到达的网络

(9) 当静态路由的管理距离被手动配置为大于动态路由选择协议的默认管理距离时,该静态路由被称为什么?(　　)

A. 半静态路由 　　　　　　 B. 浮动静态路由

C. 半动态路由 　　　　　　 D. 手动路由

(10) 下列哪种情形不适合使用静态路由?(　　)

A. 管理员需要完全控制路由器使用的路由

B. 需要为动态获悉的路由提供一条备用的路由

C. 需要快速汇聚

D. 让路由在路由器看来像是一个直连网络

2. 简答题

(1) 路由器的路由表中包含哪些信息?

(2) 路由种类包含哪几种?

(3) 静态路由有什么优点?

(4) 为什么在修改静态路由配置前必须从配置中删除该静态路由?

（5）默认路由和汇总路由各用在什么场所？

12.3 动态路由配置

在大型网络中通常采用动态路由协议，与仅使用静态路由协议相比，可以减少管理和运行方面的成本。一般情况下，网络会同时使用动态路由协议和静态路由协议。在大多数网络中，通常只使用一种动态路由协议，不过，也存在网络的不同部分使用不同路由协议的情况。使用动态路由协议能适应网络拓扑结果的变化、维护工作量小。没有动态路由协议就没有互联网的今天，可见动态路由协议在路由器配置和使用中的重要性。

有很多不同的路由选择协议，但路由选择信息协议（Routing Information Protocol，RIP）是最久经考验的协议之一，它是一种距离矢量路由选择协议。

12.3.1 项目概述

【学习目标】

1. 能够理解动态路由的工作原理。

2. 能够使用可变长子网掩码和进行子网划分。

3. 能够使用无类别域间路由（CIDR）和进行路由汇总。

4. 能够使用 RIP 路由协议连接两个网络。

【学习任务】

某高校新近兼并了两所学校，这两所学校都建有自己的校园网。需要将这两个校区的校园网通过路由器连接到本部的路由器，再连接到互联网。现要在路由器上做动态路由协议 RIP 配置，实现各校区校园网内部主机的相互通信，并且通过主校区连接到互联网。

【任务实施】

通过网络模拟器软件模拟工程实际，老师先根据具体动态路由器拓扑图，分析动态路由的技术和设置方法，然后给出具体项目实例，并在模拟器上模拟真实环境的网络配置。

12.3.2 相关知识

1. RIP 协议配置

在路由器上配置 RIPV1 协议的步骤如下：

（1）启动 RIP 路由协议。指定使用 RIP 协议作为路由选择协议开始动态选择过程，使 RIP 全局有效。在全局配置模式下执行如下命令进入路由器配置模式。

Router（config）♯router rip

Router（config-router）♯

（2）启用参与 RIP 路由的子网，并且通告全网，其命令为：

Router（config-router）♯network network number

其中，network-number 为网络地址。

network 命令完成以下 3 个功能：

1）公告属于某个基于类的网络的路由。

2）在所有接口上监听属于这个基于类的网络的更新。

3）在所有接口上发送属于这个基于类的网络的更新。

（3）被动接口（Passive-interface）在局域网内的路由不需要向外发送路由更新，这时，可以将路由器的该接口设置为被动接口。所以被动接口只在路由器的某个接口上只接收路由更新，却不发送路由更新。配置命令为：

Router（config-router）# passive-interface interface。

（4）查看命令。命令 show ip protocols 显示路由器中的定时器值和网络信息；命令 show ip route 显示路由器中 IP 路由选择表的内容。

（5）诊断命令。命令 debug ip rip 实时地显示被发送和接收的 RIP 路由选择更新。

2．RIPV2 路由协议概述及其配置

RIPV1 路由协议使用广播方式每隔 30s 向邻居发送一次周期性的路由更新包。如果在 10s 内没有收到邻居发来的路由更新包，路由器就会认为邻居已经崩溃，所有从这个邻居学到的路由都会进入保持状态，保持时间是 180s。如果在保持时间里还没有收到邻居的任何信息，或者其他的邻居通告了比原度量值还大的度量值而不被采用，该路由器就会将被保持的路由信息从路由表里清除。

RIPv1 路由协议是典型的有类路由协议，不支持可变长子网掩码和地址聚合。为了克服这些弊病，就出现了 RIPv2 协议。

RIPv2 路由协议在很多特性上都与 RIPv1 路由协议相同，包括同样是距离向量路由协议，同样是用跳数来计算路由，同样是用水平分制和 180s 的保持时间来防止出现路由环路，但是 RIPv2 路由协议支持在发送路由更新的同时，也发送网段的子网掩码信息，所以 RIP 路由协议支持 VLSM 运行 RIPv2 路由协议的路由器可以学习到子网的路由。RIPv2 路由协议可以使用明码或者 MD5 加密的密码验证，以增强网络的安全性，同时使用多点广播 224.0.0.9 进行路由更新。

在路由器上配置 RIPv2 路由协议主要有以下步骤。

（1）启动 RIP 路由协议。

Router（config）# router rip

（2）声明版本号。

Router（config-router）# version 2

（3）启用参与路由协议的接口，并且通告全网。

Router（config-router）# network network-mumber

（4）关闭自动汇总。

Router（config-router）# no auto-summary

默认情况下是启动路由汇总功能的。如果连续的子网在接口间进行分隔，那么应该禁止路由汇总功能。

（5）触发更新。为了避免环路，可以使用触发更新，在接口模式下输入如下命令即可。

Router（config-if）# ip rip triggered

12.3.3 方案设计

针对客户提出的要求，公司网络工程师计划通过同步串口线路将两个校区局域网连接到主校区的路由器上，然后再连接到互联网上（在这里用一台路由器和一台计算机来模拟）。分别对路由器的接口分配 IP 地址，并配置 RIP 动态路由协议，从而使分布在不同地理位置的校园网之间互连互通。并在主校区的路由器 A 上配置默认路由，连接到 ISP 的路由器。

12.3.4　项目实施——路由器动态路由 RIP 配置

1. 项目目标

通过本项目的完成，使学生掌握以下技能。

（1）能够掌握 RIP 的配置方法。

（2）能够使用 RIP 动态路由协议实现 3 个校区网络的连通。

（3）能够配置边界路由器上的默认路由。

2. 项目任务

为了实现项目，假设和项目 11 一样的网络拓扑结构，将 4 台计算机连接到交换机上再接到路由器上，完成如下配置任务：

（1）路由器的名称、控制台口令、超级密码。

（2）配置路由器各接口地址。

（3）配置路由器的动态路由 RIP 协议。

（4）检验各路由器的路由表。

（5）配置路由器 A（边界路由器）的默认路由。

3. 设备清单

需要的网络设备同项目 11 一样。

4. 实施过程

步骤 1：规划设计。

（1）各路由器名称，各接口 IP 地址、子网掩码同项目 11 一样。

（2）各计算机的 IP 地址、子网掩码和网关同项目 11 一样。

步骤 2：实训环境准备。

（1）在路由器、交换机和计算机断电的状态下，连接硬件。

（2）打开设备，给设备加电。

步骤 3：设置各计算机的 IP 地址、子网掩码、默认网关。

步骤 4：清除各路由器的配置。

步骤 5：测试网络连通性。

步骤 6：配置路由器 A。

在 PC11 计算机上通过超级终端登录到路由器 A 上，进行配置。

（1）配置路由器主机名。（略）

（2）为路由器各接口分配 IP 地址。（略）

（3）查看路由器路由表。（略）

（4）配置动态路由。

```
Routera＃config terminal
Routera（config）＃router rip
Routera（config-router）＃ network 192.168.10.0
Routera（config-router）＃ network 192.168.100.0
Routera（config-router）＃ network 192.168.110.0
Routera（config-router）＃ network 192.168.200.0
Routera（config-router）＃ end
```

Routera ♯ write

（5）查看路由表。此时可以看到路由器的路由表中还只包含直连路由，没有包含动态路由，思考为什么？

Routera ♯ show ip route

Gateway of last resort is not set

C 192.168.10.0/24 is directly connected，FastEthernet0/0

C 192.168.110.0/24 is directly connected，FastEthernet0/1

Routera ♯

步骤 7：配置路由器 B。

（1）配置路由器主机名。（略）

（2）为路由器各接口分配 IP 地址。（略）

（3）配置动态路由。

Routerb ♯ config terminal

Routerb（config）♯ router rip

Routerb（config-router）♯ network 192.168.100.0

Routerb（config-router）♯ network 192.168.20.0

Routerb（config-router）♯ end

Routerb ♯ write

（4）查看路由表。此时可以看到路由器的路由表中包含直连路由，也包含动态路由。

Routerb ♯ show ip route

Gateway of last resort is not set

R 192.168.10.0/24

     ［120/1］via 192.168.100.1，00：00：15，Serial0/0/0

C 192.168.20.0/24 is directly connected，FastEthernet0/0

C 192.168.100.0/24 is directly connected，Serial0/0/0

Routerb ♯

其中相关参数说明如下：

1）R：路由表中表示动态路由的代码，R 表示 RIP 协议。

2）192.168.10.0：该路由的网络地址。

3）/24：该路由的子网掩码。该掩码显示在上一行（即父路由）中。

4）［120/1］：该动态路由的管理距离（120）和度量（到该网络的距离为 1 跳）。

5）via192.168.100.1：下一跳路由器的 IP 地址。

6）00：00：15：自上次更新以来经过了多少秒。

7）Serial0/0/0：路由器用来向该远程网络转发数据的送出接口。

此时再登录到路由器 A 上查看其路由表，观察其变化。

Routera ♯ show ip route

Gateway of last resort is not set

C 192.168.10.0/24 is directly connected，FastEthernet0/0

R 192.168.20.0/24

[120/1] via 192.168.100.2，00：00：03，Serial0/0/0

C　192.168.100.0/24 is directly connected，Serial0/0/0

Routera ♯

步骤 8：配置路由器 C。

在 PC31 计算机上通过超级终端登录到路由器 C 上，进行配置。

（1）配置路由器主机名。（略）

（2）为路由器各接口分配 IP 地址。（略）

（3）配置动态路由。

Routerc ♯ config terminal

Routerc（config）♯ router rip

Routerc（config-router）♯ network 192.168.200.0

Routerc（config-router）♯ network 192.168.30.0

Routerc（config-router）♯ end

Routerc ♯ write

（4）查看路由表。

此时可以看到路由器的路由表中包含直连路由，也包含动态路由。

Routerc ♯ show ip route

Gateway of last resort is not set

R 192.168.10.0/24

[120/1] via192.168.200.1，00：00：05，Serial0/0/0

R 192.168.20.0/24

[120/2] via 192.168.200.1，00：00：05，Serial0/0/0

R 192.168.100.0/24

[120/1] via 192.168.200.1，00：00：05，Serial0/0/0

C 192.168.200.0/24 is directly connected，Serial0/0/0

Routerc ♯

此时再登录到路由器 A 和 B 上查看其路由表，观察其变化。

步骤 9：使用 ping 命令分别测试 PC1、PC2、PC3 这 3 台计算机之间的连通性。

步骤 10：配置 ISP 路由器。

（1）配置 ISP 路由器各接口 IP 地址。（略）

（2）配置 ISP 路由器的路由表。

Isp（config）♯ ip route 192.168.10.0 255.255.255.0 192.168.110.2

Isp（config）♯ ip route 192.168.20.0 255.255.255.0 192.168.110.2

Isp（config）♯ ip route 192.168.30.0 255.255.255.0 192.168.110.2

Isp（config）♯ exit

Isp ♯ write

步骤 11：配置路由器 A 的默认路由。

Routera（config）♯ ip route 0.0.0.0 0.0.0.0 192.168.110.1

Routera（config）♯ router rip

Routera（config-router）# default-information originate

最后再配置各路由器的各种口令，然后远程登录各路由器。

步骤 12：测试网络连通性。（略）

步骤 13：配置各路由器的口令。（略）

步骤 14：保存配置文件。

通过控制台和远程终端分别保存配置文件为文本文件。

步骤 15：清除路由器的所有配置。

清除路由器启动配置文件。

12.4　构建基于静态路由的多层网络

12.4.1　项目概述

【学习目标】

1. 能够理解静态路由的应用场景。

2. 能够理解三层交换机的应用方法。

3. 能够配置三层交换机。

【学习任务】

实验中心学生机房计算机数量的增加，学生在使用网络的过程中经常需要从网上下载一些网络测试软件。网络也经常会出现问题，影响学院其他用户的正常使用。

【任务实施】

通过网络模拟器软件模拟工程实际，老师先根据具体三层网络拓扑图，分析设备的技术要求，然后给出具体项目实例，并在模拟器上模拟真实环境的网络配置。

12.4.2　相关知识

由于局域网交换机的三层路由结构相对简单，且路由设备数量较少，因此通常情况下可以采用效率最高、占用系统资源最少的静态路由配置方式。

1. 配置静态路由

（1）启用 IP 单播路由

在默认情况下，交换机处于二层交换模式，并且 IP 路由功能是不可用的。要使用三层交换机，必须启用 IP 路由器。

启用 IP 路由：

Switch（config）# ip routing

Switch（config）# router ip _ routing _ protocol//指定一个 IP 动态路由协议，在本书中不介绍

（2）设置静态路由

Switch（config）# ip route destination-network network-mask（next-hop-address | interface）

其中，相关参数说明如下。

1）destination-network：所要到达的目标网络号或目标子网号。

2）network-mask：目标网络的子网掩码。可对此子网掩码进行修改，以组建一组网络。

3）next-hop-address：到达目标网络所经由的下一跳路由器的 IP 地址，即相邻路由

器的接口地址。

4) interface：将数据包转发到目的网络时使用的送出接口（用于到达目标网络的本机出口）。

2. 配置三层以太信道接口

（1）创建 port-channel 逻辑接口

Switch（config）# interface port-channel port_channel_number

//创建 port-channel 接口，port_channel_nunber 取值范围为 1～64

Switch（config-if）# no switchport

Switch（config-if）# ip-address ip-address subnetmask

//为该 EtherChannel 接口分配 IP 地址和子网掩码

Switch（config-if）# no shutdown

（2）将物理端口配置为三层 EtherChannel 接口

Switch（config）#interface type mod/num//选择欲配置的物理接口

Switch（config-if）#no switchport//创建三层路由端口

Switch（config-if）#no ip address//确保该物理接口没有指定 IP 地址

Switch（config-if）#switchport

Switch（config-if）#channe-group port_channel_number mode〈auto｜desirable｜on〉

//将该接口配至 port_channel，并指定 PAgP 模式

12.4.3　方案设计

为了解决由于学生机房网络的不正常中断影响全院网络的正常进行，将实验中心的交换机更换为三层交换机。

12.4.4　项目实施——构建基于静态路由的多层网络

1. 项目目标

通过本项目的完成，使学生掌握以下技能。

（1）理解三层交换机的静态路由原理。

（2）掌握三层交换机的静态路由配置方法。

（3）掌握三层端口聚合的静态路由配置方法。

2. 项目任务

为了实现项目，构建如图 12-6 所示的网络实训环境。配置交换机 center 为核心，创建 4 个 VLAN，分别属于计算机系、机电工程系、财务处和学生机房等。

3. 设备清单

为了构建如图 12-6 所示的网络拓扑需要下列设备清单。

（1）Cisco 2950 交换机 2 台。

（2）Cisco 3560 交换机 3 台。

（3）PC 机 8 台。

（4）直通线若干。

4. 实施过程

步骤 1：规划设计。

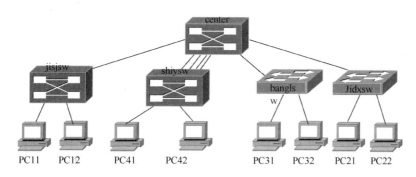

图 12-6　多层交换网络

（1）规划各部门 VLAN ID、名称，各部门计算机 IP 地址、子网掩码和网关。

（2）规划各场所交换机名称，端口所属 VLAN 以及连接的计算机和各交换机之间的连接关系，与项目 11 相同。

（3）规划各交换机之间的连接关系以及各端口工作的层次和三层端口的 IP 地址等。

交换机之间的连接及接口地址　　　　　　　　　　　　　　表 12-5

交换机	上联端口				下联端口				
	端口	层数	描述	IP 地址及子网掩码	交换机	端口	描述	层数	IP 地址及子网掩码
Center	G0/1	2 层	banglswg1/1		Banglsw	G1/1	Centerg0/1	2 层	
	G0/2	3 层	jisjswg0/1	192.168.101.1/24	Jisjsw	G0/1	Centerg0/2	3 层	192.168.101.2/24
	F0/1	3 层	shiyswf0/1	192.168.102.1/24	Shiysw	F0/1	Centerf0/1	3 层	192.168.102.2/24
	F0/2		shiyswf0/2			F0/2	Centerf0/2		
	F0/3		shiyswf0/3			F0/3	Centerf0/3		
	F0/4		shiyswf0/4			F0/4	Centerf0/4		
	F0/5	2 层	jidxswf0/1		Jidxsw	F0/1	Centerf0/5	2 层	2

步骤 2：实训环境搭建。

（1）在交换机和计算机断电的状态下，按照图 12-6 所示和表 12-5 所示连接硬件。

（2）然后分别打开设备，给设备加电。

步骤 3：设置各计算机 IP 地址、子网掩码和默认网关。

步骤 4：清除各交换机的配置。

步骤 5：测试计算机之间的连通性。

使用 ping 命令分别测试 PC11、PC12、PC21、PC22、PC31、PC32、PC41、PC42 这 8 台计算机之间的连通性。

步骤 6：配置 center 交换机和 banglsw、jidxsw 之间的连通性。

（1）配置核心交换机。

1）配置信息大楼中的核心交换机的名称。

2）在核心交换机 center 上配置 VLAN。

3）在核心交换机 center 上配置 VTP 服务器。

4）配置 center 和 banglsw、jidxsw 等之间的中继链路。

Center（config）# interface GigabitEthernet 0/1

Center（config-if）# description banglsw g1/1

Center（config-if）# switchport mode trunk

Center（config-if）# switchport trunk encapsulation dot1q

Center（config-if）# no shutdown

Center（config）# interface FastEthernet 0/5

Center（config-if）# description jidxsw f0/1

Center（config-if）# switchport mode trunk

Center（config-if）# switchport trunk encapsulation dot1q

Center（config-if）# no shutdown

Center（config-if）# exit

Center（config）# ip routing

Center（config-if）# end

Center # write

（2）配置 banglsw 交换机。

1）配置 banglsw 交换机的名称。

2）配置 VTP 客户端。

3）配置 center 和 banglsw 之间的中继链路。

banglsw（config ）# interface GigabitEthernet1/1

banglsw（config-if）# description center g0/1

banglsw（config-if ）# switchport mode trunk

banglsw（config-if）# no shutdown

bangisw（config-if）# end

banglsw # write

building configuration...

［OK］

banglsw # show vlan

VLAN Name	Status	Ports
default	active	Fa0/1，Fa0/2，Fa0/3，Fa0/4
		Fa0/5，Fa0/6，Fa0/7，Fa0/8
		Fa0/9，Fa0/10，Fa0/11，Fa0/12

           Fa0/13，Fa0/14，Fa0/15，Fa0/16

           Fa0/17，Fa0/18，Fa0/19，Fa0/20

           Fa0/21，Fa0/22，Fa0/23，Fa0/24

           Gig1/2

20	jidx20	active
30	caiwc30	active
99	manage	active

...

表示两者之间的中继已经连通。

banglsw（config）♯ interface range FastEthernet0/2-20

banglsw（config-if-range）♯switchport mode access

banglsw（config-if-range）♯ switchport access vlan30

banglsw（config-if-range）♯ no shutdown

banglsw（config-if-range）♯ end

banglsw♯show interface trunk

banglsw ♯

    （3）配置 jidxsw 交换机。（略）

Center ♯ show interfaces trunk

Port	Mode	Encapsulation	Status	Native vlan
Fa0/5	auto	n-802.1q	trunking	1
Gig0/1	on	802.1q	trunking	1

注意阴影部分，找出问题所在。

    （4）使用 ping 命令测试 PC21、PC22、PC31 和 PC32 之间的连通性。

    步骤 7：配置 center 交换机和 jisjsw 之间的连通性。

    （1）继续配置交换机 center。

center♯config terminal

center（config）♯ interface GigabitEthernet0/2

center（config-if）♯description jisjsw g1/1

center（config-if）♯no switchport

center（config-if）♯ip address 192.168.101.1 255.255.255.0

center（config-if）♯ no shutdown

center（config-if）♯ exit

concofig♯ip

    Route 192.168.10.0 255.255.255.0 192.168.101.2

center（config）♯ exit

center♯show interface trunk

    （2）配置交换机 jisjsw。

Switch＞enable

Switch ＃ config terminal

Switch（config）＃ hostname jisjsw

jisjsw（config ）＃ no ip domain lookup

jisjsw（config）＃ interface GigabitEthernet0/1

jisjsw（config-if）＃ description centerg0/2

jisjsw（config-if）＃ no switchport

jisjsw（config-if）＃ ip address 192. 168. 101. 2 255. 255. 255. 0

jisjsw（config-if）＃ exit

jisjsw（config）＃ vlan 10

jisjsw（config-vlan）＃ name jsj10

jisjsw（config-vlan）＃ exit

jisjsw（config）＃ inteface vlan 10

jisjsw（config-if）＃ ip address 192. 168. 10. 1255. 255. 255. 0

jisjsw（config-if）＃ exit

jisjsw（config）＃ interface range f0/2-20

jisjsw（config-if-range）＃switchport mode access

jisjsw（config-if-range）＃ switchport access vlan 10

jisjsw config-if-range）＃ no shutdown

jisjsw（config-if-range）＃ exit

jisjsw（config）＃ip route 192. 168. 20. 0 255. 255. 255. 0 192. 168. 101. 1

jisjsw（config）＃ip route 192. 168. 30. 0 255. 255. 255. 0 192. 168. 101. 1

jisjsw（config）＃ip routing

（3）使用 ping 命令测试 PC11、PC12 与 PC21、PC22、PC31、PC32 之间的连通性。

步骤 8：配置 center 交换机和 shiysw 之间的连通性。

（1）再次继续配置 center 交换机。

center＃ config terminal

center（config）＃ interface port-channel 10

center（config-if）＃ no switchport

center（config-if）＃ ip address 192. 168. 102. 1 255. 255. 255. 0

center（config-if）＃ no shutdown

center（config-if）＃ exit

center（config）＃ interface range FastEthernet0/14

center（config-if-range）＃ no switchport

center（config-if-range ）＃ no ip address

center（config-if-range）＃ switchport

center（config-if-range）＃ channel-group 10 mode on

center（config-if-range）＃ no shutdown

center（config-if-range）＃ exit

center（config）＃ip route 192. 168. 40. 0255. 255. 255. 0192. 168. 102. 2

center（config）# end

center # write

center # show ip route

（2）配置 shiysw 交换机。

switch # config terminal

shiysw（config）# interface port-channel 10

shiysw（config-if）# no switchport

shiysw（config-if）# ip address 192.168.102.2　255.255.255.0

shiysw（config-if）# no shutdown

shiysw（config-if）# exit

shiysw（config）# interface range FastEthernet 0/1-4

shiysw（config-if-range）# no switchport

shiysw（config-if-range）# no ip address

shiysw（config-if-range）# switchport

shiysw（config-if-range）# channel-group 10 mode on

shiysw（config-if-range）# no shutdown

shiysw（config-if-range）# exit

shiysw（config）# ip route 0.0.0.0 0.0.0.0 192.168.102.1

shiysw（config）#

shiysw（config）# vlan 40

shiysw（config-vlan）# name xsjf40

shiysw（config-vlan）# exit

shiysw（config）# ip routing

shiysw（config）# interface vlan 40

shiysw（config-if）# ip address 192.168.40.1255.255.255.0

shiysw（config-if）# exit

shiysw（config）# interface range FastEthernet 0/5-20

shiysw（config-if-range）# switchport mode access

shiysw（config-if-range）# switchport access vlan 40

shiysw（config-if-range）# end

shiysw # write

Building configuration...

［OK］

shiysw #

shiysw # show ip route

（3）使用 ping 命令测试 PC41、PC42 与 PC11、PC12、PC21、PC22、PC31、PC32
之间的连通性。

步骤 9：配置交换机的口令。（略）

步骤 10：配置交换机远程管理。（略）

步骤 11：保存配置文件。（略）

步骤 12：清除交换机的所有配置。（略）

项目 13　网络服务器搭建

13.1　网络服务和 web 服务器实现

05.13.001

Web服务器

教学提示：本章主要介绍了当一个局域网没有接入 Internet 时，如何在其内部模拟 Internet，实现在 Internet 上的常见服务：WWW、FTP 及 DNS。

13.1.1　项目概述

【学习目标】

1. 理解 Windows 2000 Server 提供的 IIS（Internet Information Server）5.0 版本。

2. 能熟练地利用它在局域网内部实现 Internet 的常见服务 WWW。

【学习任务】

Internet 就是因特网，它是全世界各种网络连接起来的互联网。实现不同网络的物理连接使用的是路由器，而实现不同网络的逻辑连接使用的是 TCP/IP 协议。连接在 Internet 上的任意两台计算机之间可以互相通信。现在，Internet 已经成为许多人工作环境的一部分，已经发展成为一个充满巨大商机的商业网。据统计，人们上网做得最多的几件事是：收发电子邮件、搜索资料、聊天、游戏娱乐，这些也正是 Internet 提供的最基本的服务。Internet 提供的各种服务是通过服务器（Server）来实现的，服务器就是提供各种信息服务的计算机。Internet 提供的主要服务有：

- DNS Server：域名服务
- WWW Server：全球信息网服务
- FTP Server：文件传输服务
- Archie Server：文件搜索服务
- BBS Server：电子布告栏服务
- Gopher Server：Gopher 信息查询系统服务
- News Server：网络论坛服务
- POP Server：电子邮件接收服务
- SMTP Server：电子邮件发送服务
- PPP/SLIP Server：PPP/SLIP 拨接线服务

【任务实施】

通过实际操作，使学生自己动手进行 web 服务器配置，并进行验证，在项目中了解 web 服务器的布置和应用。

13.1.2　WWW 服务的实现

建立一个网站或从 Internet 上下载一个网站，放在局域网服务器上的任意位置，其他工作站通过登录服务器，在浏览器里通过输入服务器网卡绑定的某一 IP 地址，从而进行访问或管理。

1. 实现 WWW 服务须做的准备

为了实现上述任务，需要在服务器上做好绑定多个 IP 地址和下载网站两方面的准备。

（1）在服务器上绑定多个 IP 地址

Windows 2000 Server 上除网卡对应的 IP 地址外，还可以绑定多个 IP 地址，用于设置内部多个 WEB 和 FTP 虚拟站点。Windows 2000 Server 对绑定的 IP 地址数量没有限制，而且所有的 IP 地址都可以绑定在同一块网卡上。在服务器上进行 IP 地址的设置及多个 IP 地址绑定的操作如下。

1）打开【控制面板】窗口，双击【网络和拨号连接】图标，打开【网络和拨号连接】窗口，如图 13-1 所示。

图 13-1　【网络和拨号连接】窗口

2）右击【本地连接】图标，从快捷菜单中选择【属性】命令，弹出【本地连接属性】对话框，如图 13-2 所示。

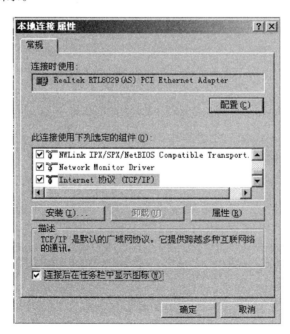

图 13-2　【本地连接属性】对话框

3）在对话框中选择【Internet 协议（TCP/IP）】，单击【属性】按钮，弹出【Internet 协议（TCP/IP）属性】对话框，如图 13-3 所示。可以看到，局域网上服务器的 IP 地址为"192.168.0.4"，子网掩码为"255.255.255.0"。要设置同时绑定在同一网卡上的多个 IP 地址，需要单击【高级】按钮。

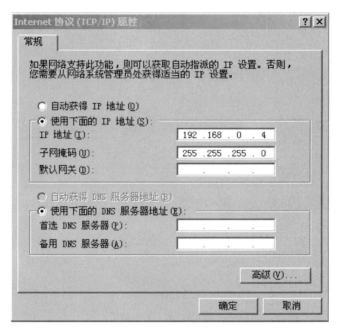

图 13-3　【Internet 协议（TCP/IP）属性】对话框

4）单击【高级】按钮，弹出【高级 TCP/IP 设置】对话框，如图 13-4 所示。

图 13-4　【高级 TCP/IP 设置】对话框

5）单击【添加】按钮，弹出【TCP/IP 地址】对话框，如图 13-5 所示。

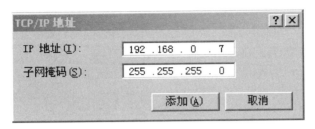

图 13-5　【TCP/IP 地址】对话框

6）在对话框内输入一个 IP 地址、输入一个相应的子网掩码，单击【添加】按钮，返回【高级 TCP/IP 设置】对话框，输入的 IP 地址及子网掩码显示在对话框的 IP 地址列表中。在【高级 TCP/IP 设置】对话框内再次单击【添加】按钮，又弹出【TCP/IP 地址】对话框，再输入一个 IP 地址、输入一个相应的子网掩码，再单击【添加】按钮，又返回【高级 TCP/IP 设置】对话框，输入的"IP 地址"及"子网掩码"显示在对话框的 IP 地址列表框中。依此类推，可以输入多个 IP 地址和与之对应的子网掩码。这里新增了两个 IP 地址"192.168.0.7"和"192.168.0.8"。注意，IP 地址可以在 192.168.0.1～192.168.0.254 之间选择，而子网掩码则一律输入"255.255.255.0"。

7）输入完上述两个 IP 地址及其子网掩码后，【高级 TCP/IP 设置】对话框画面如图 13-6所示。

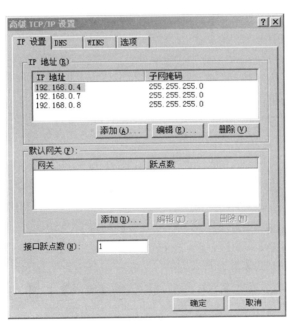

图 13-6　新的【高级 TCP/IP 设置】对话框

8）单击【高级 TCP/IP 设置】对话框中的【确定】按钮，返回【Internet 协议（TCP/IP）属性】对话框（图 13-3），单击此对话框中的【确定】按钮，则设置生效，并返回【本地连接属性】对话框（图 13-2），单击【确定】按钮，关闭此对话框。

（2）在服务器上准备网站

在服务器上放置的网站可以是自己设计制作的，也可以是从网上下载的，此处我们以从 Internet 上下载一个"网址之家"网站的主页为例进行说明。

1）在服务器的 D 盘上新建一个文件夹"hao123"。

2）服务器上网后，输入网址"http：//www. eyou. com"，访问到该网站。

3）在 IE 主菜单中，打开【文件】菜单，选择【另存为】命令，弹出【保存 Web 页】对话框，如图 13-7 所示。

图 13-7 【保存 Web 页】对话框

4）将网页保存在 D 盘新建文件夹"hao123"之下，网页文件另存名为 index（扩展名 .htm 是系统自动添加的），单击【保存】

5）如果要下载整个网站，可以借助一些下载工具，如网络蚂蚁、Teleport Pro 等。

2.【默认 Web 站点】的设置及访问

在完成上述准备工作后，现在我们通过 Windows 2000 Server 的 IIS5.0 来实现 WWW 服务的配置。先通过对【默认 Web 站点】进行属性修改来实现 WWW 服务。所谓【默认 Web 站点】，一般是用于向所有人开放的 WWW 站点，局域网中的任何用户都可以无限制地通过浏览器来查看它。【默认 Web 站点】的设置及访问操作如下。

（1）依次选择【开始】|【程序】|【管理工具】|【Internet 服务管理器】菜单选项，打开【Internet 信息服务】窗口，如图 13-8 所示。

（2）选择【默认 Web 站点】，单击工具栏上的【属性】按钮，打开【默认 Web 站点属性】对话框，选择【Web 站点】选项卡，如图 13-9 所示。

（3）【Web 站点标识】选项区域中的【说明】、【IP 地址】和【TCP 端口】都可以更改。现在，我们从【IP 地址】下拉列表中选择"192. 168. 0. 4"，【TCP 端口】内容维持原来的"80"不变。

（4）选择【主目录】选项卡，设置网站路径，如图 13-10 所示。在【本地路径】文本框内，通过单击【浏览】按钮来选择网页文件的路径，此处选择"D：\ hao123"。

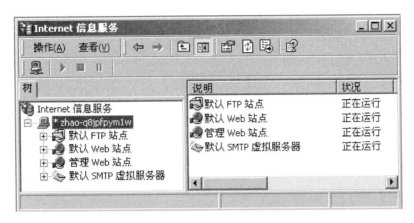

图 13-8　【Internet 信息服务】窗口

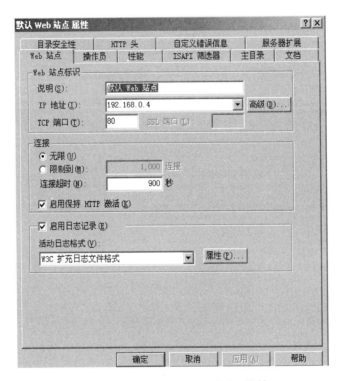

图 13-9　【默认 Web 站点属性】对话框

（5）选择【文档】选项卡，如图 13-11(a) 所示。选中【启用默认文档】复选框，单击【添加】按钮，弹出【添加默认文档】对话框，如图 13-11(b) 所示。输入默认文档名"index. htm"，单击【确定】按钮，关闭【添加默认文档】对话框，"index. htm"被添加到【启用默认文档】列表中。

（6）其他项目可不用修改，直接单击【确定】按钮，弹出一个【继承覆盖】对话框。单击【全选】按钮，再单击【确定】按钮，最终完成【默认 Web 站点】的属性设置。

（7）完成【默认 Web 站点】的属性设置后，可以看到"D：\ hao123"文件夹的内容已被添加到【默认 Web 站点】中了，如图 13-12 所示。

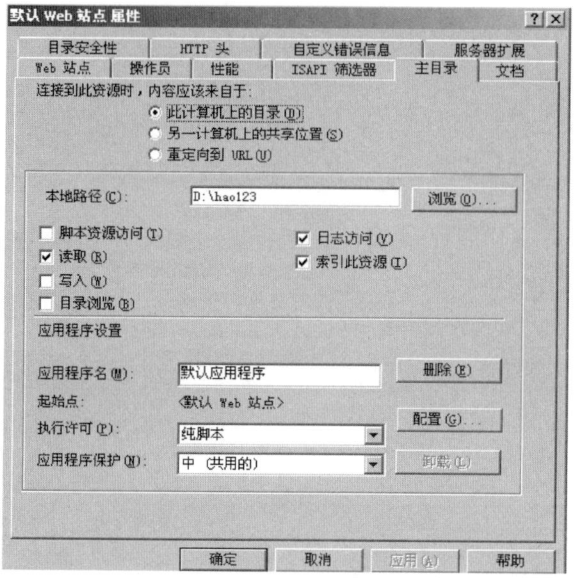

图 13-10　【默认 Web 站点属性】-【主目录】

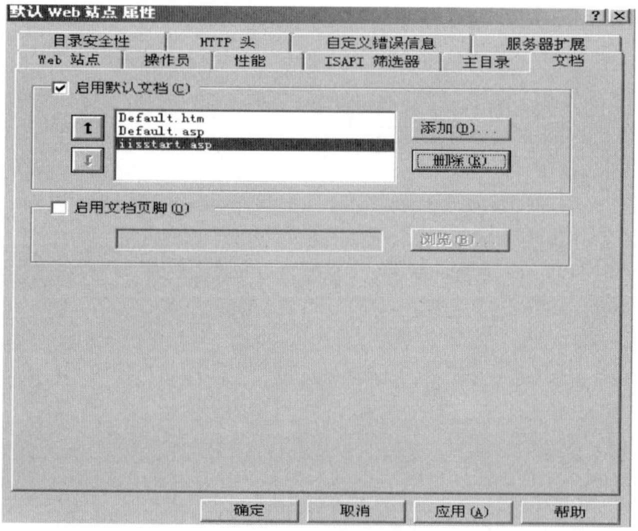

(*a*)

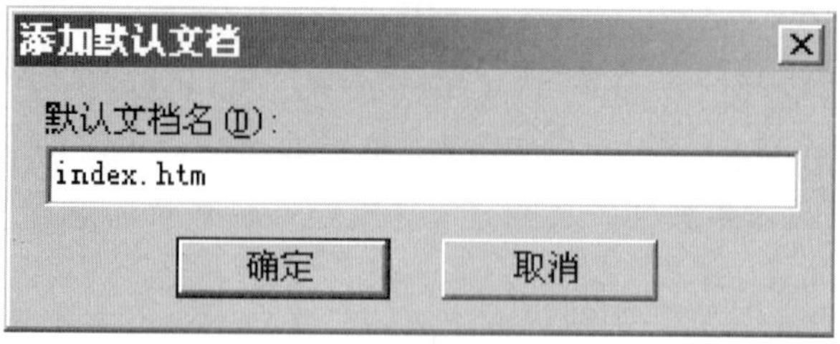

(*b*)

图 13-11　添加默认文档“index. htm”

图 13-12　"D：\ hao123"文件夹的内容已被添加到【默认 Web 站点】中

（8）设置完成后，可以测试【默认 Web 站点】，方法是：在服务器或任何一台工作站上打开 IE 浏览器，在地址栏输入"http：//192.168.0.4"，再回车就可以访问到相应的页面，如图 13-13 所示。

图 13-13　地址栏输入"http：//192.168.0.4"访问到了网站

3. 新建一个 Web 站点及访问

对于 WWW 服务器来说，可以提供多个 Web 站点服务，满足人们建立多种不同网站的需要。下面以新建一个访问 IP 地址为"http：//192.168.0.8"的站点为例进行说明。在此之前需要下载一个网站到服务器的"C：\ mysoftware"文件夹内。新建一个 Web 站点及访问的操作如下：

（1）打开【Internet 信息服务】窗口，右击窗口中的服务器名（此处为"zhao-q8jpfpymlw"），指向快捷菜单中的【新建】项，单击下一级子菜单中的【Web 站点】命令，如图 13-14 所示。

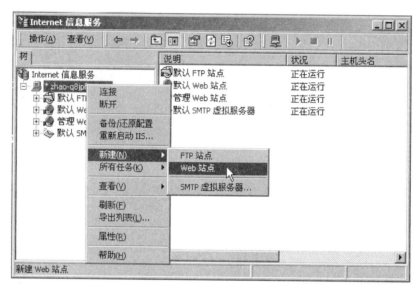

图 13-14　在服务器上执行新建 Web 站点命令

（2）执行命令后，弹出【Web 站点创建向导】对话框，如图 13-15 所示。

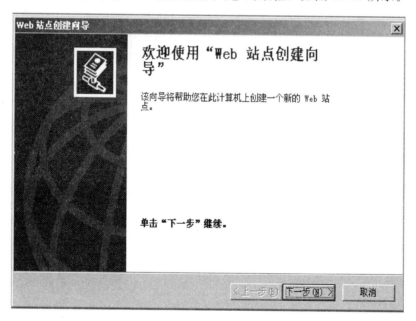

图 13-15　【Web 站点创建向导】对话框

（3）单击【下一步】按钮，弹出【Web 站点说明】对话框，如图 13-16 所示。在【说明】文本框中输入"我的软件库"。

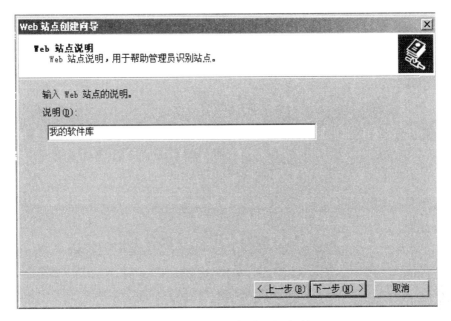

图 13-16　【Web 站点说明】对话框

（4）单击【下一步】，弹出【IP 地址和端口设置】对话框，如图 13-17 所示。

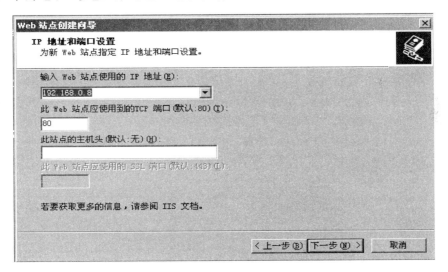

图 13-17　设置 IP 地址和端口

（5）设置 IP 地址和端口。从下拉列表中选择一个 IP 地址，这里选取 "192.168.0.8"；端口采用默认值 "80"。请注意，下拉列表中包含有该服务器上绑定的全部 IP 地址，我们在此选择的 IP 地址要和 DNS 中设置的一致。

（6）单击【下一步】，弹出【Web 站点主目录】对话框，如图 13-18 所示。

（7）在对话框中输入主目录的路径 "C：\ mysoftware"（或通过单击【浏览】按钮来选定），单击【下一步】，弹出【Web 站点访问权限】对话框，如图 13-19 所示。

（8）在此对话框中设置访问权限，一般采用默认设置【读取】和【运行脚本】，单击

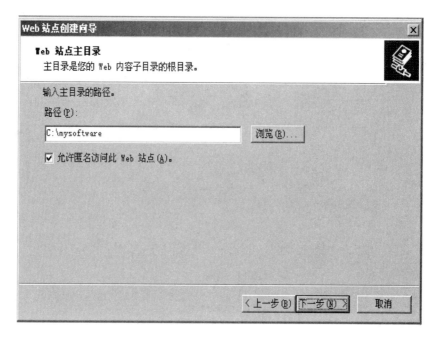

图 13-18　【Web 站点主目录】对话框

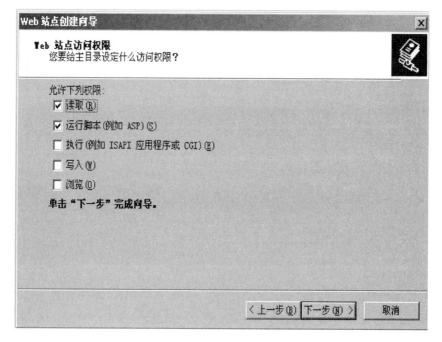

图 13-19　【Web 站点访问权限】对话框

【下一步】，弹出关于完成创建的对话框，如图 13-20 所示。

（9）单击【完成】按钮，完成了 Web 站点的创建。

（10）在【Internet 信息服务】窗口中可以看到一个名为【我的软件库】的新的 Web 站点已被创建，如图 13-21 所示。

图 13-20　关于完成创建的对话框

图 13-21　新的 Web 站点【我的软件库】已被创建

（11）可以进一步修改新的 Web 站点的属性，具体方法请参照前面的【默认 Web 站点】的设置部分。

（12）在客户机上进行测试。从客户机登录到服务器后，在浏览器 IE 地址栏中输入"http：//192.168.0.8"，果然访问到了新建的【我的软件库】Web 网站，如图 13-22所示。

4.【管理 Web 站点】的设置及访问

管理 Web 站点一般仅用于向 IIS 管理员开放的 WWW 站点，它允许 IIS 管理员通过浏览器来实现对 IIS 的远程管理和控制。管理 Web 站点的设置及访问操作如下：

图 13-22 输入"http：//192.168.0.8"访问到了新建的 Web 网站

（1）打开【Internet 信息服务】窗口，右击【管理 Web 站点】，从快捷菜单中选择【属性】命令，弹出【管理 Web 站点属性】对话框，选择【Web 站点】选项卡，如图 13-23所示。

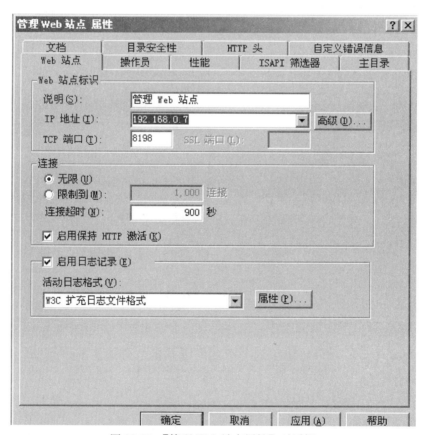

图 13-23 【管理 Web 站点属性】对话框

（2）在【Web 站点标识】选项区域内的【IP 地址】一栏选"192.168.0.7"，【TCP端口】维持原来的"8198"不变，【说明】栏内填写适当描述。

（3）选择【主目录】选项卡，保持其中各项内容不要修改。注意原路径为"D：\ Winnt \ System32 \ inetsrv \ iisadmin"，这是管理文件的路径，不可改变。

（4）选择【目录安全性】选项卡。在此选项卡中，一般只需改【IP 地址及域名限制】一项。修改方法是：单击【编辑】按钮，弹出【IP 地址及域名限制】对话框，如图 13-24所示。选中【拒绝访问】后，再单击【添加】按钮，添加一个 IP 地址"192.168.0.7"到【例外】下面的列表框中，这意味着通过该 IP 地址的计算机可以实现远程管理。

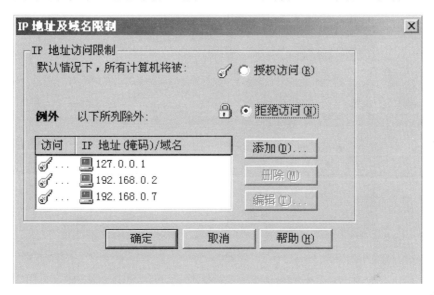

图 13-24 【IP 地址及域名限制】对话框

（5）在客户机上打开浏览器，输入"http：//192.168.0.7：8198"，按回车键后，首先会弹出一个要求【输入网络密码】对话框，如图 13-25 所示。在【用户名】文本框内输入"administrator"，在【密码】文本框内输入"administrator"的登录密码，【域】文本

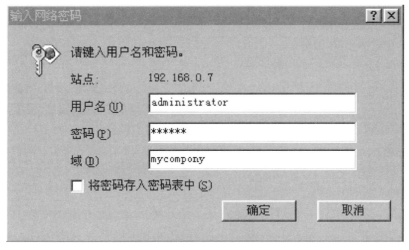

图 13-25 【输入网络密码】对话框

框内输入域服务器名称，这里输入"mycompony"。

（6）单击【确定】按钮，显示出管理界面，如图 13-26 所示。

图 13-26　访问到的管理界面

13.2　FTP 服务器实现

13.2.1　项目概述

【学习目标】

1. 理解 FTP 的工作原理。

2. 能熟练配置 FTP 服务器。

【学习任务】

FTP 服务器，是在互联网上提供存储空间的计算机，它们依照 FTP 协议提供服务。FTP 的全称是 File Transfer Protocol（文件传输协议）。顾名思义，就是专门用来传输文件的协议。简单地说，支持 FTP 协议的服务器就是 FTP 服务器。

【任务实施】

通过实际操作，使学生自己动手进行 FTP 服务器配置，并进行验证，在项目中了解 FTP 服务器的布置和应用。

其实通俗的说 FTP 是一种数据传输协议，负责将我们电脑上的数据与服务器上的数据进行交换，比如我们要将在我们电脑中制作的网站程序传到服务器上，就需要使用 FTP 工具将数据从电脑传送到服务器。专业的说，FTP 是 TCP/IP 网络上两台计算机传送文件的协议，FTP 是在 TCP/IP 网络和 Internet 上最早使用的协议之一，它属于网络协议组的应用层。如图 13-27 所示。

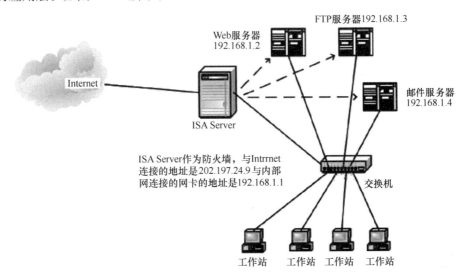

图 13-27 FTP 服务器的布置

FTP 客户机可以给服务器发出命令来下载文件，上传文件，创建或改变服务器上的目录，一般我们均是将我们电脑中的内容与服务器数据进行传输。其实电脑与服务器是一样的，只是服务器上安装的是服务器系统，并且服务器稳定性与质量要求高些，因为服务器一般放在运营商诸如电信等机房中，24 小时都开机，这样我们才可以一直访问服务器中的相关信息。如图 13-28 所示。

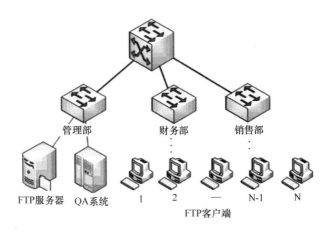

图 13-28 FTP 客户机

与大多数 Internet 服务一样，FTP 也是一个客户机/服务器系统。用户通过一个支持 FTP 协议的客户机程序，连接到在远程主机上的 FTP 服务器程序。用户通过客户机程序向服务器程序发出命令，服务器程序执行用户所发出的命令，并将执行的结果返回到客户机。比如说，用户发出一条命令，要求服务器向用户传送某一个文件的一份拷贝，服务器会响应这条命令，将指定文件送至用户的机器上。客户机程序代表用户接收到这个文件，将其存放在用户目录中。

上面我们简单的介绍下 FTP 是什么，但是还有一个 FTP 服务器概念大家不要混淆掉了。我们可以在电脑中安装 FTP 工具负责将电脑中的数据传输到服务器当中，这时服务器就称为 FTP 服务器，而我们的电脑称为客户端。简单的说 FTP 服务器就是一台存储文件的服务器，供用户上传或下载文件。

13.2.2 FTP 实现

1.【默认 FTP 站点】的设置步骤如下：

（1）打开【Internet 信息服务】窗口，右击【默认 FTP 站点】，从快捷菜单中选择【属性】命令，弹出【默认 FTP 站点属性】对话框，选择【FTP 站点】选项卡，如图 13-29 所示。在【标识】选项区域中，【IP 地址】默认为【全部未分配】，表示通过网卡绑定的 IP 地址都能访问到同样的 Web 站点或 FTP 站点，这里我们选择"192.168.0.4"，端口号保留默认值"21"不变。

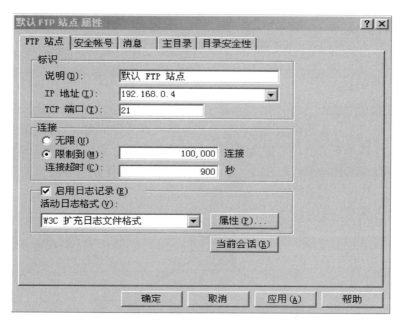

图 13-29 【默认 FTP 站点属性】对话框—【FTP 站点】选项卡

（2）选择【安全账号】选项卡，如图 13-30 所示。默认为选中【允许匿名连接】，默认的匿名用户名为"Anonymous"。若有必要，可取消对【允许匿名连接】的选中，拒绝其登录以增加安全性，或者在【FTP 站点操作员】选项区域增加其他用于管理此 FTP 服务器的用户名，默认的为"Administrators"。

（3）选择【消息】选项卡，如图 13-31 所示。在【欢迎】文本框中输入登录成功后的欢迎信息，在【退出】文本框中输入退出后显示的信息，在【最大连接数】文本框中输入允许同时登录的用户数，这里输入"10"，再单击【确定】按钮。

（4）选择【主目录】选项卡，如图 13-32 所示。在【FTP 站点目录】选项区域中通过单击【浏览】按钮来选择【本地路径】，这里把整个 D 盘作为访问对象。

（5）选择【目录安全性】选项卡，如图 13-33 所示。在此选项卡中，先在【授权访

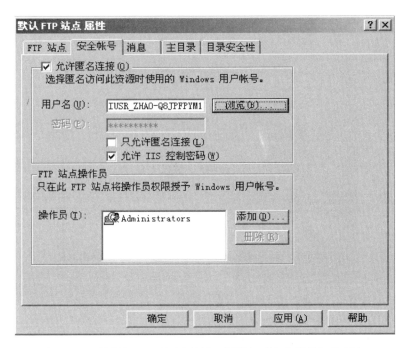

图 13-30　【默认 FTP 站点属性】对话框—【安全账号】选项卡

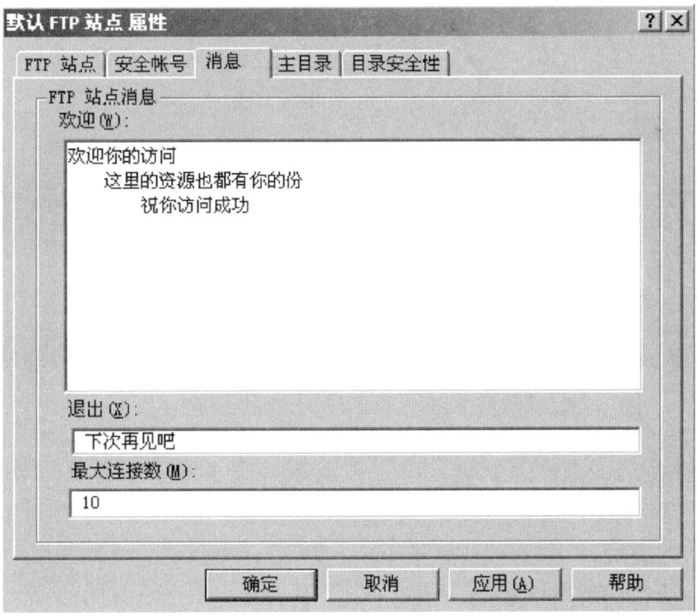

图 13-31　【默认 FTP 站点属性】对话框—【消息】选项卡

问】和【拒绝访问】两者中选择一个，然后单击【添加】按钮，向【例外】列表框中加入
IP 地址。如选择【拒绝访问】，则【例外】框中加入的 IP 地址便是不受拒绝的；如选择
【授权访问】，则【例外】框中加入的 IP 地址便是不需授权就可以访问的。

（6）如果需要创建 FTP 的虚拟目录，那么先打开【Internet 信息服务】窗口，然后

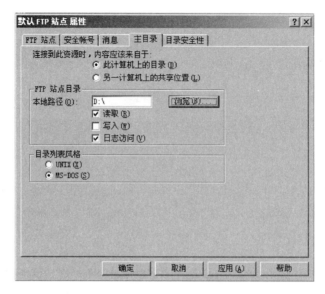

图 13-32　【默认 FTP 站点属性】对话框—【主目录】选项卡

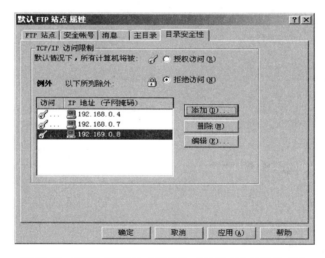

图 13-33　【默认 FTP 站点属性】—【目录安全性】选项卡

右击【默认 FTP 站点】，指向【新建】项，再从下一级子菜单中选择【虚拟目录】命令，如图 13-34 所示。具体设置过程与新建 Web 虚拟目录相似。

设置好 FTP 站点后，可以在浏览器中进行测试，也可以在 DOS 模式下用 FTP 命令进行测试，当然也可以利用诸如"CuteFTP"、"传神"之类的软件进行文件上传或下载。

13.2.3　测试

1. 在浏览器中登录测试

在客户机浏览器地址栏中输入"ftp：//192.168.0.4"进行访问，如图 13-35 所示。不仅确访问到了，而且还出现了预先设置好的欢迎消息，在这里上传和下载文件就如同在资源管理器中对本地文件进行操作一样方便。需要注意的是，要上传文件，需要对该 FTP 站点具有"写"的权限。

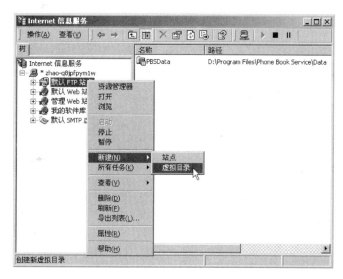

图 13-34　新建 FTP 的虚拟目录

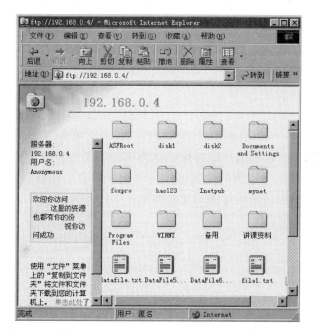

图 13-35　输入"ftp：//192.168.0.4"访问到了 FTP 站点

2. 在 DOS 下登录测试

（1）打开【开始】菜单，选择【运行】命令，在弹出的【运行】对话框中输入"command"命令（对于 Windows 2000/XP 的计算机则输入"cmd"命令），单击【确定】按钮，显示 DOS 模式窗口。

（2）在 DOS 模式"C:\>"提示符下，输入"FTP 192.168.0.4"，按 Enter 键。

（3）出现输入用户名（User）提示时，输入匿名用户名 anonymous。

（4）出现输入口令（Password：）提示时，可以不输入，直接按 Enter 键即可看到欢迎访问的提示。

以上在模拟 DOS 窗口的操作过程如图 13-36 所示。

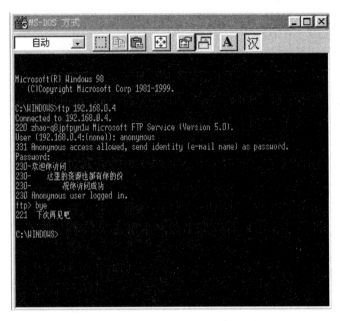

图 13-36 在 DOS 模式窗口中的操作

13.3 DNS 服务器实现

DNS 的全称是 Domain Name Server，它保存了一张域名（domain name）和与之相对应的 IP 地址（IP address）的表，以解析消息的域名。域名是 Internet 上某一台计算机或计算机组的名称，用于在数据传输时标识计算机的电子方位（有时也指地理位置）。域名是由一串用点分隔的名字组成的，通常包含组织名，而且始终包括两到三个字母的后缀，以指明组织的类型或该域所在的国家或地区。

13.3.1 项目概述

【学习目标】

1. 理解 DNS 工作原理。

2. 能熟练配置 DNS 服务器。

【学习任务】

把域名翻译成 IP 地址的软件称为域名系统，即 DNS。它是一种管理名字的方法。这种方法是：分不同的组来负责各子系统的名字。系统中的每一层叫作一个域，每个域用一个点分开。所谓域名服务器（即 Domain Name Server，简称 Name Server）实际上就是装有域名系统的主机。它是一种能够实现名字解析（name resolution）的分层结构数据库。

【任务实施】

通过实际操作，使学生自己动手进行 DNS 服务器配置，并进行验证，在项目中了解 DNS 服务器的布置和应用。

13.3.2 发展历史

1985 年，Symbolics 公司注册了第一个 ".com" 域名。当时域名注册刚刚兴起，申请者寥寥无几。

　　1993 年 Network Solutions（NSI）公司与美国政府签下 5 年合同，独家代理 .com、org、net 三个国际顶级域名注册权。当时的域名总共才 7000 左右。

　　1994 年开始 NSI 向每个域名收取 100 美元注册费，两年后每年收取 50 美元的管理费。

　　1998 年初，NSI 已注册域名 120 多万个，其中 90％使用".com"后缀，进账 6000 多万美元。有人推算，到 1999 年中期，该公司仅域名注册费一项就将年创收 2 亿美元。

　　1997 年 7 月 1 日，作为美国政府"全球电子商务体系"管理政策的一部分，克林顿总统委托美国商务部对域名系统实施民间化和引入竞争机制，并促进国际的参与。7 月 2 日，美国商务部公布了面向公众征集方案和评价的邀请，对美国政府在域名管理中的角色、域名系统的总体结构、新顶级域名的增加、对注册机构的政策和商标事务的问题征集各方意见。

　　1998 年 1 月 30 日，美国政府商务部通过其网站正式公布了《域名技术管理改进草案（讨论稿）》。这项由克林顿总统的 Internet 政策顾问麦格日那主持完成的"绿皮书"申明了美国政府将"谨慎和和缓"地将 Internet 域名的管理权由美国政府移交给民间机构，"绿皮书"总结了在域名问题上的四项基本原则，即移交过程的稳定性、域名系统的竞争性、"彻底的"协作性和民间性，以及反映所有国际用户需求的代表性。在这些原则下，"绿皮书"提出组建一个民营的非盈利性企业接管域名的管理权，并在 1998 年 9 月 30 日前将美国政府的域名管理职能交给这个联合企业，并最迟于 2000 年 9 月 30 日前顺利完成所有管理角色的移交。

　　1998 年 6 月克林顿政府发表一份"白皮书"，建议由非营利机构接管政府的域名管理职能。这份报告没有说明该机构的资金来源，但规定了一些指导原则，并建议组建一个非盈利集团机构。

　　1998 年 9 月 30 日美国政府终止了它与目前的域名提供商 NSI 之间的合同。双方的一项现有协议将延期两年至 2000 年 9 月 30 日。根据该协议，NSI 将与其他公司一道承接 Internet 顶级域名的登记工作。NSI 和美国商务部国家电信和信息管理局（NTIA）将于 1999 年 3 月 31 开始分阶段启动共享登记系统，至 1999 年 6 月 1 日完全实施。

　　1998 年 10 月组建 ICANN，一个非营利的 Internet 管理组织。它与美国政府签订协议，接管了原先 IANA 的职责，负责监视与 Internet 域名和地址有关的政策和协议，而政府则采取不干预政策。

13.3.3　域名解析

　　你在域名服务器查询注册域名并购买了主机服务后，你需要将域名解析到所购买的主机上，才能看到网站内容。在绝大部分情况下，更改了域名的 DNS 域名服务器后，并不能马上看到网站内容，而是要过几个小时，甚至一两天才能打开你的网站。

　　域名服务器 DNS 是英文 Domain Name Server 的缩写。每一个域名都至少要有两个 DNS 服务器，这样如果其中一个 DNS 服务器出现问题，另外一个也可以返回关于这个域名的数据。DNS 服务器也可以有两个以上，但所有这些 DNS 服务器上的 DNS 记录都应该是相同的。

　　这个过程描述起来很复杂，但实际上运行不到一两秒钟就完成了。

13.3.4　域名类型

　　一是国际域名（international top-level domain-names，简称 iTDs），也叫国际顶级域

名。这也是使用最早也最广泛的域名。例如表示工商企业的"．com"，表示网络提供商的"．net"，表示非营利组织的"．org"等。

二是国内域名，又称为国内顶级域名（national top-level domain names，简称 nT-LDs），即按照国家的不同分配不同后缀，这些域名即为该国的国内顶级域名。200 多个国家和地区都按照 ISO 3166 国家代码分配了顶级域名，例如中国是"．cn"，美国是"．us"，日本是"．jp"等。

13.3.5　DNS 服务的实现

配置域名服务器主要分为新建区域与新建主机两个阶段，其操作过程如下：

（1）依次选择【开始】|【程序】|【管理工具】|【DNS 选项命令】，打开 DNS 窗口。

（2）在 DNS 窗口中，打开【操作】菜单，选择【新建区域】命令，弹出【新建区域向导】对话框，如图 13-37 所示。

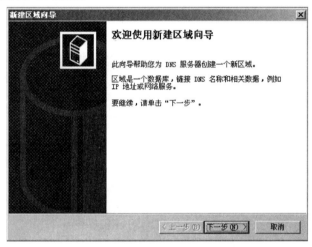

图 13-37　【新建区域向导】对话框

（3）单击【下一步】按钮，弹出【区域类型】对话框，如图 13-38 所示。

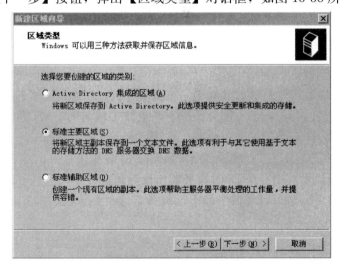

图 13-38　【区域类型】对话框

（4）根据区域存储和复制的方式从三种区域类型中选择一个，这里选择【标准主要区域】，单击【下一步】按钮，弹出【正向或反向搜索区域】对话框，如图 13-39 所示。

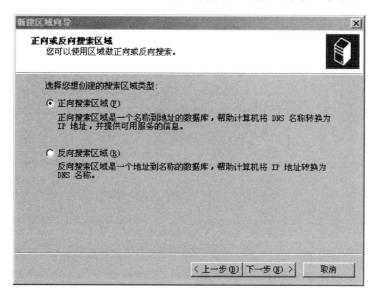

图 13-39　【正向或反向搜索区域】对话框

（5）在该对话框中选择【正向搜索区域】或【反向搜索区域】两者中的一项。选择【正向搜索区域】表示把 DNS 域名转换为 IP 地址，而【反向搜索区域】则表示把 IP 地址转换为 DNS 域名。这里选择默认值【正向搜索区域】。单击【下一步】，弹出【区域名】对话框，如图 13-40 所示。

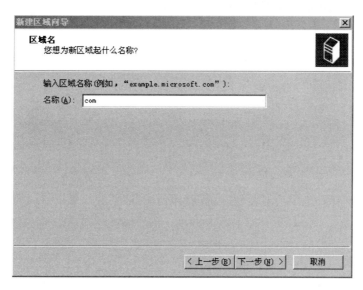

图 13-40　【区域名】对话框

（6）在对话框的【名称】文本框内输入区域名称，这里输入"com"，单击【下一步】按钮，弹出【区域文件】对话框，如图 13-41 所示。

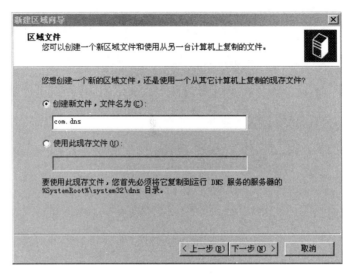

图 13-41 【区域文件】对话框

（7）在此对话框中，选择【创建新文件……】，并输入文件名"com. dns"，单击【下一步】按钮，弹出【正在完成新建区域向导】对话框，如图 13-42 所示。

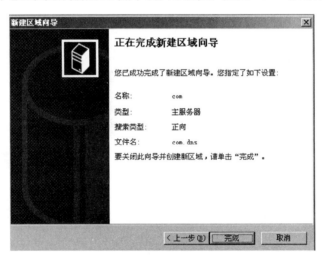

图 13-42 【正在完成新建区域向导】对话框

（8）对话框中显示了用户对新建区域进行配置的信息。如果用户认为某项配置需要重新调整，可单击【上一步】按钮进行重新配置，如果确认配置正确，就单击【完成】按钮。这里单击【完成】按钮。

（9）现在返回到 DNS 窗口，如图 13-43 所示。

（10）在 DNS 窗口中，右击新建的区域"com"，从快捷菜单中选择【新建域】命令，弹出【新建域】对话框，如图 13-44 所示。输入域名，这里输入"hao123"，单击【确定】按钮，关闭【新建域】对话框，显示 DNS 窗口。

（11）展开 DNS 窗口左边的【正向搜索区域】，可以看到"hao123. com"区域已经被创建。在此区域基础上新建若干主机，现在就可以创建形如"www. hao123. com"的域

图 13-43　DNS 窗口

名了。

（12）在 DNS 窗口左边的【正向搜索区域】里，展开区域"com"后，右击域"hao123"，从弹出的快捷菜单中选择【新建主机】命令，如图 13-45 所示。

图 13-44　【新建域】对话框

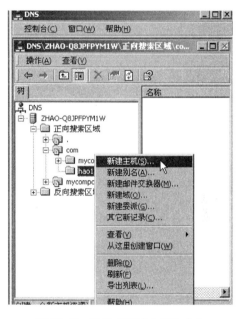

图 13-45　选择【新建主机】命令

（13）在弹出的【新建主机】对话框中输入主机域名，这里输入"www"，输入主机对应的 IP 地址，这里输入服务器绑定的一个 IP 地址"192.168.0.4"。单击【添加主机】按钮，如图 13-46 所示。

（14）弹出【成功创建了主机记录 www.hao123.com】对话框，单击【确定】按钮，如图 13-47 所示。

（15）使用同样的方法，我们可以继续在"hao123.com"区域内添加主机及其对应的 IP 地址。这里继续创建主机"software"、"ftp"，对应的 IP 地址分别为服务器上绑定的"192.168.0.7"、"192.168.0.8"。创建完毕后，各主机在 DNS 右边窗格中显示的状况如图 13-48 所示。

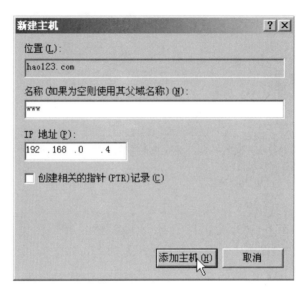

图 13-46 【新建主机】对话框

图 13-47 成功地创建了主机记录

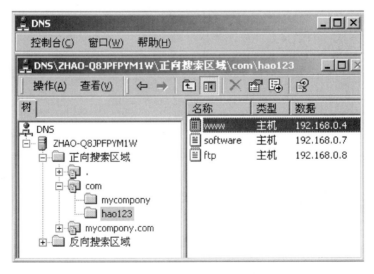

图 13-48 DNS 显示主机创建状况

13.3.6　DNS 设置后的验证

DNS 设置后有以下两种方法可以验证。

1. 使用 Ping 命令

为了测试所进行的设置是否成功，通常采用 Windows 自带的 Ping 命令来完成。现在我们在 DOS 模式下输入"ping www.hao123.com"，按 Enter 键后，屏幕显示如图 13-49 所示，表示域名"www.hao123.com"与 IP 地址"192.168.0.4"的映射关系已经成立。

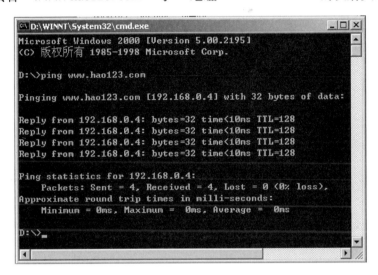

图 13-49　执行"ping www.hao123.com"命令后的显示画面图

2. 使用 IE 浏览器

直接在客户机的资源管理器或 IE 浏览器的地址栏输入域名"ftp：//www.hao123.com"，按 Enter 键后，果然成功地访问到了"192.168.0.4"的 FTP 站点，如图 13-50 所示。

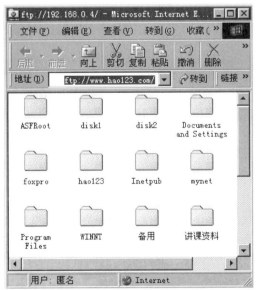

图 13-50　输入域名"ftp：//www.hao123.com"后的显示画面

习　题

1. 填空题

（1）在新建 Web 站点或 FTP 站点时，若采用_____默认值，表示通过网卡绑定的 IP 地址都能访问到同样的 Web 站点或 FTP 站点。

（2）在 DOS 模式以匿名用户登录 FTP 站点，需要输入匿名用户名_____。

05. 13. 002 ①

云题

（3）在设置 FTP 站点时，选 FTP 站点的_____，取消_____的选择即可拒绝匿名用户登录。

2. 选择题

（1）Web 站点默认的 TCP 端口号是（　　　）。

A. 21　　　　　　B. 80　　　　　　C. 2583　　　　　　D. 8080

（2）FTP 站点默认的 TCP 端口号是（　　　）。

A. 21　　　　　　B. 80　　　　　　C. 2583　　　　　　D. 8080

（3）Windows 2000 Server 提供的 FTP 服务功能位于（　　　）组件内。

A. DNS　　　　　B. IIS5.0　　　　C. DHCP　　　　D. Telnet 服务器管理

（4）下列 4 个文档中，（　　　）不是"默认 Web 站点"的默认文档，而是需要手动添加的。

A. index. htm　　　　　　　　B. iisstart. asp

C. default. htm　　　　　　　 D. default. asp

3. 问答题

（1）简述设置 WWW 服务需要做哪些准备。

（2）简述 DNS 服务的作用。

（3）简述要对 Web 网站进行远程管理，如何设置。

（4）简述 Web 虚拟目录与 FTP 虚拟目录的作用。

（5）简述如何才能让客户机自动获得 IP 地址，从而减少网络管理员手动设置 IP 地址和子网掩码的工作量。

4. 操作题

用两台计算机，以 C/S 方式连接，客户机安装 Windows 7/8/10（三者任选一项），服务器安装 Windows 20XX Server，完成下述上机操作：

（1）在服务器的网卡上绑定 4 个 IP 地址："192.168.1.10"、"192.168.1.20"、"192.168.1.30"、"192.168.1.40"，子网掩码均为"255.255.255.0"。

（2）安装并设置 DNS，建立区域 net，建立域 mysite，然后在域中新建 4 个主机，构成的域分别对应的 IP 地址如表所示。

（3）从网上任意下载一个网站分别存于"D:\WEB"、"D:\FTP"文件夹内。

（4）通过新建一个 Web 站点，实现用 IP 地址"192.168.1.10"或域名："http://www. mysite. net"访问"D:\WEB"文件夹内的网页。

（5）通过新建一个 FTP 站点，实现用 IP 地址"192.168.1.20"或域名："FTP://ftp. mysite. net"访问"D:\FTP"文件夹内的文件。

（6）实现用域名"http：//hxt. mysite. net"对所建 Web 站点的远程管理（提示：默认 TCP 端口号要改为 80）。

新建域名与 IP 地址对应表

域名	IP 地址	域名	IP 地址
www. mysite. net	192. 168. 1. 10	shool. mysite. net	192. 168. 1. 30
ftp. mysite. net	192. 168. 1. 20	hxt. mysite. net	192. 168. 1. 40

《综合布线技术与通信网络》多媒体知识点

模块一　认识综合布线系统

序号	码号	资源名称	类型	页码
1	01.00.001	MOOC 教学视频	教学视频	1
2	01.01.001	综合布线系统的组成结构	平面动画	9
3	01.01.002	工作区子系统结构	平面动画	10
4	01.01.003	配线间子系统	平面动画	10
5	01.01.004	垂直子系统结构	平面动画	11
6	01.01.005	建筑群子系统结构	平面动画	11
7	01.01.006	设备间子系统结构	平面动画	11
8	01.01.007	进线间子系统结构	平面动画	12
9	01.01.008	管理间子系统	平面动画	12
10	01.02.001	双绞线的结构及分类	知识点视频	15
11	01.02.002	同轴电缆的结构	知识点视频	18
12	01.02.003	光缆的结构及分类	知识点视频	18
13	01.02.004	非屏蔽 RJ45 连接器	三维动画	21
14	01.02.005	屏蔽 RJ45 连接器	三维动画	21
15	01.02.006	RJ45 网络跳线	三维动画	21
16	01.02.007	非屏蔽信息模块	三维动画	22
17	01.02.008	六类屏蔽信息模块	三维动画	22
18	01.02.009	免打超五类网络模块	三维动画	22
19	01.02.010	信息插座面板	三维动画	23
20	01.02.011	信息插座单线底盒	三维动画	23
21	01.02.012	机架式 110 型配线架	三维动画	25
22	01.02.013	110 型模块插孔配线架	三维动画	25
23	01.02.014	24 口模块化配线架	三维动画	26
24	01.02.015	墙式理线架	三维动画	26
25	01.02.016	光纤接头介绍	知识点视频	27
26	01.02.017	ST 连接器	三维动画	28
27	01.02.018	FC 连接器	三维动画	28
28	01.02.019	LC 光纤连接器	三维动画	28
29	01.02.020	SC 连接器	三维动画	28
30	01.02.021	MT-RJ 连接器	三维动画	28

序号	码号	资源名称	类型	页码
31	01.02.022	FC 光纤跳线	三维动画	29
32	01.02.023	ST 光纤跳线	三维动画	29
33	01.02.024	LC 光纤跳线	三维动画	29
34	01.02.025	ST 型适配器	三维动画	29
35	01.02.026	SC 型适配器	三维动画	29
36	01.02.027	FC 型适配器	三维动画	29
37	01.02.028	机架式光纤配线架	三维动画	30
38	01.02.029	光纤接续盒	三维动画	30
39	01.02.030	光纤配线箱	三维动画	30
40	01.02.031	光纤终端盒	三维动画	30
41	01.02.032	20U 标准网络机柜	三维动画	32
42	01.00.002	云题	云题库	34

模块二　综合布线系统设计

序号	码号	资源名称	类型	页码
43	02.00.001	MOOC 教学视频	教学视频	35
44	02.05.001	工作区子系统的设计	平面动画	49
45	02.05.002	超五类信息模块	三维动画	49
46	02.05.003	电话模块	三维动画	49
47	02.05.005	水平子系统的设计	平面动画	54
48	02.05.006	干线子系统的设计	平面动画	60
49	02.05.007	设备间子系统的设计	平面动画	66
50	02.05.008	进线间子系统的设计	平面动画	69
51	02.05.009	管理间子系统的设计	平面动画	70
52	02.05.010	建筑群子系统的设计	平面动画	75
53	02.00.002	云题	云题库	84

模块三　综合布线系统施工

序号	码号	资源名称	类型	页码
54	03.00.001	MOOC 教学视频	教学视频	86
55	03.07.001	信息插座底盒明装	知识点视频	91
56	03.07.002	信息插座底盒暗装	知识点视频	91
57	03.07.003	六类打线式信息模块的制作	知识点视频	91
58	03.07.004	超五类网络信息模块的制作	知识点视频	91
59	03.07.005	信息面板的安装	知识点视频	91
60	03.07.006	RJ45 网络跳线的制作	知识点视频	91
61	03.07.007	RJ11 电话线的制作	知识点视频	91

序号	码号	资源名称	类型	页码
62	03.07.008	墙面明装线槽施工	知识点视频	92
63	03.07.009	墙面暗埋管线施工	知识点视频	92
64	03.07.010	PVC管弯管及铺设	知识点视频	93
65	03.07.011	墙面线槽安装施工	知识点视频	94
66	03.07.012	地面线槽铺设施工	知识点视频	94
67	03.07.013	平三通	三维动画	95
68	03.07.014	堵头	三维动画	95
69	03.07.015	直接	三维动画	95
70	03.07.016	阴角	三维动画	95
71	03.07.017	阳角	三维动画	95
72	03.07.018	吊顶上架空线槽施工	知识点视频	95
73	03.07.019	梯形式桥架	三维动画	95
74	03.07.020	槽式桥架	三维动画	95
75	03.07.021	托盘式桥架	三维动画	95
76	03.07.022	桥架安装施工	知识点视频	96
77	03.07.023	楼道桥架布线施工	知识点视频	96
78	03.07.024	单对与五对打线工具的使用	知识点视频	100
79	03.07.025	110配线架的安装	知识点视频	101
80	03.07.026	110打线刀	三维动画	103
81	03.07.027	24口网络配线架的安装	知识点视频	103
82	03.07.028	配线端接技术原理	平面动画	105
83	03.07.029	5对连接块的端接	知识点视频	105
84	03.07.030	建筑物竖井内管理区的安装	知识点视频	106
85	03.07.031	建筑物楼道明装的方式	知识点视频	106
86	03.07.032	建筑物楼道半嵌墙安装方式	平面动画	107
87	03.07.033	网络交换机的安装	知识点视频	107
88	03.07.034	视频头的制作	知识点视频	108
89	03.07.035	光纤的熔接原理	平面动画	108
90	03.07.036	光纤剥离钳	三维动画	108
91	03.07.037	光纤熔接机	三维动画	108
92	03.07.038	架空布线法	平面动画	110
93	03.07.039	直埋布线法	知识点视频	111
94	03.07.040	管道布线法	知识点视频	112
95	03.07.041	隧道内布线法	平面动画	113
96	03.00.002	云题	云题库	114

模块四　综合布线工程测试技术

序号	码号	资源名称	类型	类型
97	04.00.001	MOOC 教学视频	教学视频	115
98	04.08.001	网络测试仪的使用	知识点视频	116
99	04.08.002	永久链路测试	平面动画	119
100	04.08.003	信道测试	平面动画	120
101	04.00.002	云题	云题库	128

模块五　计算机网络与设备调试

序号	码号	资源名称	类型	页码
102	05.00.001	MOOC 教学视频	教学视频	129
103	05.10.001	云题	云题库	133
104	05.10.002	OSI 七层参考模型封装和解封流程	平面动画	136
105	05.10.003	TCP-IP 模型	平面动画	138
106	05.10.004	云题	云题库	139
107	05.11.001	学习模拟器辅助学习工具	知识点视频	141
108	05.11.002	学习设备初始化配置	知识点视频	144
109	05.11.003	简单局域网配置与测试	知识点视频	145
110	05.11.004	交换机安全端口配置	知识点视频	146
111	05.11.005	云题	云题库	155
112	05.11.006	Vlan 配置与测试	知识点视频	156
113	05.12.001	家庭网络的组成	平面动画	174
114	05.12.002	云题	云题库	192
115	05.13.001	web 服务器	知识点视频	206
116	05.13.002	云题	云题库	234

主要参考文献

[1] 刘彦舫. 网络综合布线实用技术 [M]. 北京：清华大学出版社，2010.

[2] 陈红. 通信网络与综合布线 [M]. 北京：机械工业出版社，2014.

[3] 王公儒. 网络综合布线系统工程技术实训教程 [M]. 北京：机械工业出版社，2009.